数理計画入門

第３版

ー最適化の数理モデルとアルゴリズムー

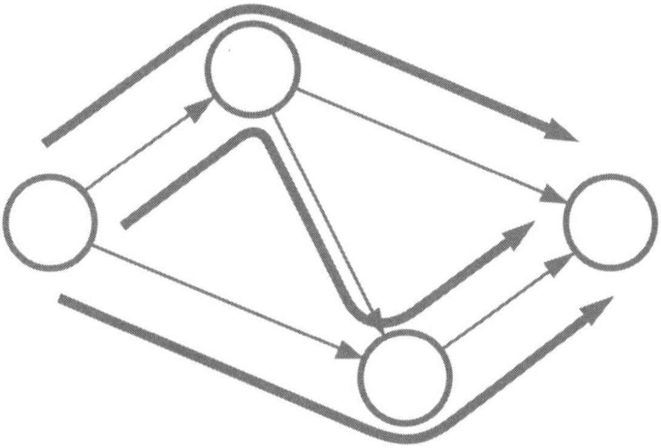

福島雅夫・山下信雄

著

朝倉書店

まえがき

数理最適化の主要な目的は，現実の問題を「いくつかの制約条件のもとで，目的関数と呼ばれる評価尺度を最適化 (最大化あるいは最小化) する」という形の数学モデルに定式化し，それをコンピュータを用いて解くことにより，問題解決に役立つ情報を提供することである．1940 年代のシンプレックス法 (単体法) を始めとする線形最適化問題の研究を嚆矢として，数理最適化の方法論は線形最適化から非線形最適化，組合せ最適化，ネットワーク最適化などに対象を拡げて発展し，実社会の様々な問題解決に貢献してきた．とくに 21 世紀に入ってからは，世界中の人々がスマートフォンなどの情報機器を介して知らず知らずのうちに数理最適化の恩恵を受けている．

本書の主眼は，数理最適化のいくつかの基本モデルと解法 (アルゴリズム) を取り上げ，それらの考え方を平易に説明することにある．とくに，数理最適化を初めて学ぶ読者を想定して，数学的な証明などの厳密性にはあまりこだわらず，できるだけ具体例を用いて直感的に理解しやすい説明を心がけた．まず，第 1 章では，どのようにして現実の問題を数理最適化モデルに表現するかを説明している．これは数理最適化の基本的な問題である線形最適化問題，ネットワーク最適化問題，非線形最適化問題，組合せ最適化問題の紹介も兼ねている．以下，第 2 章から第 5 章の各章において，これら四つのタイプの数理最適化問題に対して，それぞれの問題の基本的な性質や代表的な解法について説明している．これらの章の内容はほとんど独立しているので，必ずしもこの順に読み進める必要はない．たとえば，まず非線形最適化について知りたいならば，第 1 章にざっと目を通した後，第 4 章から読み始めることを勧める．なお，各章末に演習問題を与え，それらに対する詳しい解答を巻末にまとめている．これらの演習問題と解答は読者の理解度を確認するためだけでなく，本文中で触れることができなかった事柄についての説明を加え，各章の内容を補強することをねらったものである．ぜひ本文と併せて読んでいただきたい.

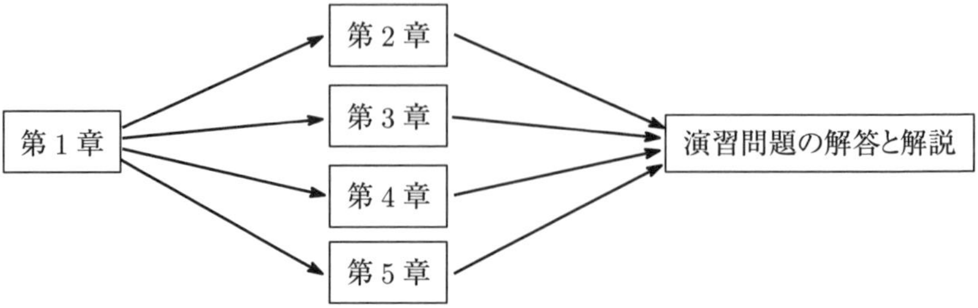

本書『数理計画入門 第 3 版—最適化の数理モデルとアルゴリズム—』は,『数理計画入門』(福島雅夫著, 朝倉書店, 1996 年刊) の改訂版『新版 数理計画入門』(福島雅夫著, 朝倉書店, 2011 年刊) の内容に, 社会的ニーズの高いデータ科学に関連した最適化モデルやアルゴリズムなどを追補したものである. また近年, 最適化の方法論は「数理計画 (mathematical programming)」よりも「数理最適化 (mathematical optimization)」と呼ばれることが多くなってきている. この事実を考慮して, 本書では以下のように用語を変更した.

『新版 数理計画入門』		本書
数理計画	⟹	数理最適化
線形計画	⟹	線形最適化
ネットワーク計画	⟹	ネットワーク最適化
非線形計画	⟹	非線形最適化
組合せ計画	⟹	組合せ最適化

本書は入門書ではあるが, 初歩的な内容の紹介にとどめることなく, 基本的事項の要点を押さえたうえで, やや高度な事柄にも言及している. 読者には, 本書によって数理計画の基礎を一通り身に付け, さらに高度な教科書や専門書に進まれることを期待する. 数理最適化は実社会の広範な諸問題に適用できる方法論の集合体であり, 今後も様々な問題解決の場面において重要な役割を果たし続けるであろう. 本書がその一助となれば, それは筆者らにとってこの上ない喜びである. 末筆ながら, 本書の出版に際してたいへんお世話になった朝倉書店編集部の方々に厚くお礼申し上げる.

2024 年 9 月　京都にて

福島雅夫・山下信雄

目　　次

第1章

数理最適化モデル

数理最適化問題はその数学的な性質によっていくつかの問題に分類され，体系的に研究されている．この章ではそれらのうち，線形最適化問題，ネットワーク最適化問題，非線形最適化問題，組合せ最適化問題という四つの最も基本的な問題をいくつかの具体例を通して紹介する．この章で述べるモデルは非常に単純なものばかりであり，現実の問題がいつでもこのような形で直接取り扱えるわけではないが，これらの基本モデルを拡張あるいは複合することにより定式化できる場合も少なくない．

1.1　線形最適化モデル

◆1.1.1　生産計画問題

4 種類の原料 A, B, C, D を用いて，3 種類の製品 I, II, III を生産している工場が，最大の利益をあげるにはどのような生産計画をたてればよいかという問題を考えよう．

この問題を数学モデルとして定式化するためには，まず何を変数とするかを決めなければならない．そこで，各製品 I, II, III の生産量を変数と考え，それぞれを x_1, x_2, x_3 と表すことにしよう．いま，製品を 1 単位生産するごとに得られる利益は製品ごとに一定と仮定し，その値は製品 I, II, III のそれぞれに対して 70 万円，120 万円，30 万円とすれば，各製品を x_1, x_2, x_3 単位ずつ生産したときの総利益は

$$70x_1 + 120x_2 + 30x_3 \quad (\text{万円}) \tag{1.1}$$

となる．これは変数 x_1, x_2, x_3 の 1 次関数であるが，この値を最大にすることが目的なので，問題の目的関数と呼ぶ．

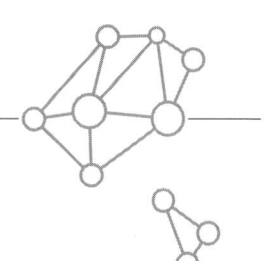

表 **1.1**　生産計画問題のデータ

	I	II	III
A	5	0	6
B	0	2	8
C	7	0	15
D	3	11	0

次に，各製品を 1 単位生産するために必要な各原料の量を調べたところ，表 1.1 のようになった．たとえば，表 1.1 の左上角の数字が 5 となっているのは，製品 I を 1 単位生産するのに原料 A は 5 単位必要であることを示している．この工場における各原料の利用可能量が，原料 A は 80 単位，B は 50 単位，C は 100 単位，D は 70 単位であるとすれば，各製品をそれぞれ x_1, x_2, x_3 単位ずつ生産したとき，使用する原料が利用可能量以下であるためには，次の不等式が満たされなければならない．

$$\begin{array}{rrrcr} 5x_1 & & +\ 6x_3 & \leqq & 80 \\ & 2x_2 & +\ 8x_3 & \leqq & 50 \\ 7x_1 & & +\ 15x_3 & \leqq & 100 \\ 3x_1 & +\ 11x_2 & & \leqq & 70 \end{array} \tag{1.2}$$

さらに，各製品の生産量は 0 以上であるから

$$x_1 \geqq 0, \quad x_2 \geqq 0, \quad x_3 \geqq 0 \tag{1.3}$$

でなければならない．(1.2) 式と (1.3) 式が，この問題において変数 x_1, x_2, x_3 に対して課せられた**制約条件**である．

したがって，この生産計画問題は制約条件 (1.2) 式と (1.3) 式のもとで，(1.1) 式の目的関数が最大になるような変数 x_1, x_2, x_3 の値を求める問題に定式化できる．このように，変数に関する 1 次の等式や不等式で与えられた制約条件のもとで，変数の 1 次関数を最大化 (または最小化) する問題を**線形最適化問題**と呼ぶ．

ここで，問題を簡潔に表現するため

$$\boldsymbol{x} = \begin{pmatrix} x_1 \\ x_2 \\ x_3 \end{pmatrix}, \quad \boldsymbol{A} = \begin{pmatrix} 5 & 0 & 6 \\ 0 & 2 & 8 \\ 7 & 0 & 15 \\ 3 & 11 & 0 \end{pmatrix}, \quad \boldsymbol{b} = \begin{pmatrix} 80 \\ 50 \\ 100 \\ 70 \end{pmatrix}, \quad \boldsymbol{c} = \begin{pmatrix} 70 \\ 120 \\ 30 \end{pmatrix}$$

とおけば，上の問題はこれらのベクトルと行列を用いて，次のように書ける．

$$\begin{aligned} &\text{目的関数：} \quad \boldsymbol{c}^\top \boldsymbol{x} \longrightarrow \text{最大} \\ &\text{制約条件：} \quad \boldsymbol{A}\boldsymbol{x} \leqq \boldsymbol{b}, \ \boldsymbol{x} \geqq \boldsymbol{0} \end{aligned} \tag{1.4}$$

ただし，$\top$ はベクトルや行列の転置を表す記号である．

◆1.1.2 多期間計画問題

2 種類の原料 A, B を加工して 2 種類の製品 I, II を生産している工場が，1 月から 3 月までの向こう 3 か月間の生産計画をたてようとしている．各製品を 1 単位生産するために必要な原料の量は表 1.2 (a) に示されている．また，各製品の出荷量は月ごとに決まっていて，それぞれ表 1.2 (b) のように与えられている．さらに，各原料の利用可能量も月ごとに異なり，それらの値は表 1.2 (c) のとおりである．

表 1.2 から明らかなように，各月に出荷する製品をその月中にすべて生産できるとは限らない．3 月を例にとってみれば，製品 I の出荷量は 80 単位，製品 II の出荷量は 90 単位であるが，それだけの製品を生産するには原料 A を $2 \times 80 + 7 \times 90 = 790$ 単位，原料 B を $5 \times 80 + 3 \times 90 = 670$ 単位必要とする．ところが，3 月には原料 A, B の利用可能量はそれぞれ 500 単位，480 単位しかないので，要求される出荷量を確保するには，2 月以前に製品を多めに生産しておき，それを在庫として保有しておかなければならない．

要求される製品の出荷量と与えられた原料の利用可能量の制約条件を満たすには，各月における各製品の生産量と在庫量をどのように決定すればよいであろうか．

そこで，まず t 月 $(t = 1, 2, 3)$ における製品 I の生産量を変数 x_{1t} $(t = 1, 2, 3)$ で，製品 II の生産量を変数 x_{2t} $(t = 1, 2, 3)$ で表すことにする．そうすると，そ

表 1.2 多期間計画問題のデータ (1)

(a) 単位製品あたりの原料使用量

	I	II
A	2	7
B	5	3

(b) 製品の出荷量

	I	II
1 月	30	20
2 月	60	50
3 月	80	90

(c) 原料の利用可能量

	A	B
1 月	920	790
2 月	750	600
3 月	500	480

れぞれの原料の利用可能量に関する制約条件は，月ごとに考えればよいので，以下の六つの不等式で表される．

$$\begin{aligned} 2x_{11}+7x_{21} &\leqq 920 \\ 5x_{11}+3x_{21} &\leqq 790 \\ 2x_{12}+7x_{22} &\leqq 750 \\ 5x_{12}+3x_{22} &\leqq 600 \\ 2x_{13}+7x_{23} &\leqq 500 \\ 5x_{13}+3x_{23} &\leqq 480 \end{aligned} \tag{1.5}$$

次に，t 月から翌月に持ち越す製品 I, II の在庫量をそれぞれ変数 y_{1t}, y_{2t} $(t=1,2)$ で表せば，各月の出荷量から導かれる制約条件は次のように書ける．

$$\begin{aligned} x_{11} \qquad\qquad - y_{11} &= 30 \\ x_{21} \qquad\qquad - y_{21} &= 20 \\ x_{12} + y_{11} - y_{12} &= 60 \\ x_{22} + y_{21} - y_{22} &= 50 \\ x_{13} + y_{12} \qquad\quad &= 80 \\ x_{23} + y_{22} \qquad\quad &= 90 \end{aligned} \tag{1.6}$$

さらに，製品の生産量と在庫量に対して次の非負条件が課せられる．

$$\begin{gathered} x_{11},\ x_{21},\ x_{12},\ x_{22},\ x_{13},\ x_{23} \geqq 0 \\ y_{11},\ y_{21},\ y_{12},\ y_{22} \geqq 0 \end{gathered} \tag{1.7}$$

以上の条件を満たす生産・在庫計画のなかから最適なものを求めることが目的である．

いま，各製品 1 単位あたりの生産コストと在庫コストは各月を通して一定であると仮定し，それらの値は表 1.3 のように与えられているとする．そのとき，3 か月間にかかるコストの総和は

表 1.3 多期間計画問題のデータ (2)

	I	II
生産コスト	75	50
在庫コスト	8	7

$$75x_{11} + 50x_{21} + 8y_{11} + 7y_{21} + 75x_{12} + 50x_{22} + 8y_{12} + 7y_{22} + 75x_{13} + 50x_{23} \tag{1.8}$$

となる．したがって，問題は (1.5) 式，(1.6) 式，(1.7) 式の制約条件のもとで，(1.8) 式の目的関数を最小化することである．目的関数と制約条件はすべて変数 x_{it} $(i = 1, 2\,; t = 1, 2, 3)$ と y_{it} $(i = 1, 2\,; t = 1, 2)$ の 1 次関数であるから，これは線形最適化問題である．

この例のような問題を**多期間モデル**あるいは**多段階モデル**という．現実の多期間モデルは，一般に，非常に多くの変数と制約条件式をもつ大規模問題になるが，制約条件が比較的簡単で規則的な構造をもつのが特徴である．

◆1.1.3　輸　送　問　題

A 社は二つの工場 A_1, A_2 で製品を生産し，それを三つの取引先 B_1, B_2, B_3 に納入している．各取引先からの今月の注文量は表 1.4 (a) のとおりであり，A 社ではその注文に応じるため，各工場において表 1.4 (b) に示す量の生産を行うことにした．

製品は各工場から各取引先まで配達しなければならないが，その輸送コストは工場と取引先の組合せによって異なる．製品 1 単位あたりの具体的な輸送コストは表 1.4 (c) のとおりである．問題は，各工場の生産量と各取引先の注文量に関する制約条件を満たし，かつ総輸送コストが最小となるような輸送計画をたてることである．

工場 A_i から取引先 B_j への輸送量を x_{ij} $(i = 1, 2\,; j = 1, 2, 3)$ としよう．まず，工場 A_1, A_2 での生産量に関する条件は，表 1.4 (b) より

$$\begin{aligned} x_{11} + x_{12} + x_{13} &= 90 \\ x_{21} + x_{22} + x_{23} &= 80 \end{aligned} \tag{1.9}$$

となる．また，取引先 B_1, B_2, B_3 の注文量に関する条件は，表 1.4 (a) より

表 1.4　輸送問題のデータ

(a) 注文量

B_1	70
B_2	40
B_3	60

(b) 生産量

A_1	90
A_2	80

(c) 輸送コスト

	B_1	B_2	B_3
A_1	4	7	12
A_2	11	6	3

$$
\begin{aligned}
x_{11} + x_{21} &= 70 \\
x_{12} + x_{22} &= 40 \\
x_{13} + x_{23} &= 60
\end{aligned}
\tag{1.10}
$$

となる．これらに輸送量に対する非負条件

$$x_{ij} \geqq 0 \quad (i = 1, 2\,;\, j = 1, 2, 3) \tag{1.11}$$

を付け加えたものがこの問題の制約条件である．したがって，最適な輸送計画は(1.9) 式，(1.10) 式，(1.11) 式の制約条件のもとで，輸送コストの総和

$$4x_{11} + 7x_{12} + 12x_{13} + 11x_{21} + 6x_{22} + 3x_{23}$$

が最小となるような輸送量 x_{ij} $(i = 1, 2\,;\, j = 1, 2, 3)$ を求めることにより得られる．この問題は線形最適化の分野における古典的な問題であり，一般に輸送問題と呼ばれている．

上の問題に現れる二つの工場と三つの取引先を模式的に表すと図 1.1 のようになる．ここで，矢印は工場 (供給点) から取引先 (需要点) へ製品のフロー (流れ) が存在しうることを示している．また，工場や取引先の横に書かれた数字は，それぞれの生産量 (供給量) あるいは注文量 (需要量) を表している．ただし，需要量は本来の注文量に -1 を掛けた値になっている．つまり，数字はその点において発生するフロー (送り出す製品) の量を表すと考え，フローを吸収する (製品を受け取る) ことは「負の」フローが発生することであると解釈する．図 1.1 は輸送ネットワークと呼ばれるものであり，輸送問題における変数間の関係を表現している．

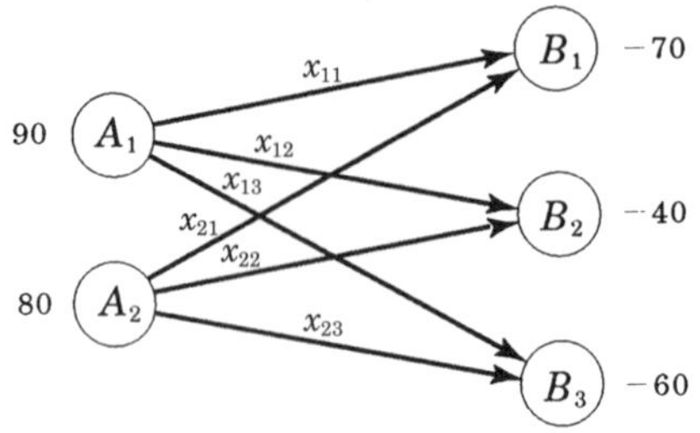

図 **1.1** 輸送ネットワークの例

輸送問題は図 1.1 のようなネットワークによって表現できるが，これ以外にもネットワークに関連する重要な最適化問題は数多く存在する．次節では，そのような例をいくつか見ていくことにしよう．

1.2　ネットワーク最適化モデル

◆1.2.1　グラフとネットワーク

図 1.2 のように，いくつかの点とそれらを結ぶ矢印からなるものを**グラフ**という．点のことを**節点**あるいは**ノード**といい，矢印を**枝**あるいは**アーク**という．このグラフでは枝に向きがあるので，とくに**有向グラフ**という．これに対して，枝の向きを考えないグラフを**無向グラフ**という．この節で紹介するモデルはすべて有向グラフで表されるので，以下では有向グラフを想定して話を進める．

節点には一つずつ順に番号をつけ，節点 1，節点 2 あるいは一般に節点 i と呼ぶ．また，節点 i から出て節点 j に向かう枝を (i,j) で表し，i をこの枝の**始点**，j を**終点**，i と j をあわせて**端点**という．いま，枝には向きがあると考えているので，枝 (i,j) と枝 (j,i) は別のものとみなすことに注意しよう．なお，節点の場合と同様，枝に一つずつ番号をつけ，枝 e_1，枝 e_2 あるいは一般に枝 e_j と呼ぶこともある．節点全体の集合を V で，枝全体の集合を E で表す．図 1.2 のグラフにおいては，$V=\{1,2,3,4\}$，$E=\{(1,2),(1,3),(2,4),(3,2),(3,4),(4,2)\}$ である．

ある節点 i と j に対して，i を始点，j を終点とする枝が複数存在するとき，それらを**多重枝**という．また，始点と終点が同じ節点であるような枝を**自己ループ**という．多重枝や自己ループをもたないグラフを**単純グラフ**という．本書では単純グラフだけを扱う．

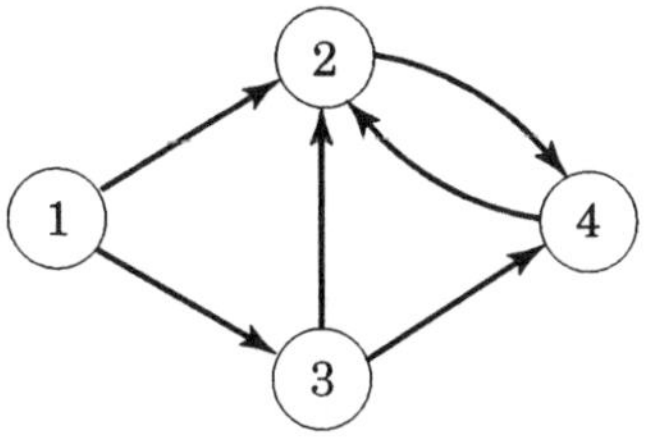

図 1.2　有向グラフの例

グラフに関連してネットワークという言葉を使うときは，グラフ上のフローを考えたり，あるいは枝や節点になんらかの属性や数値が与えられているのがふつうである．たとえば前節の輸送ネットワーク (図 1.1) では，製品のフローに対して，各節点での需要・供給量や各枝の輸送コストを考えている．それ以外にも，ネットワークの枝の容量や長さなどを考えることも多い．

◆1.2.2 最短路問題

A 市から G 市まで電車やバスなどの公共交通機関を使って行こうとすれば，何度か乗り継ぎをしなければならない．図 1.3 は各交通機関の路線と，それらの乗り継ぎ地点をネットワーク表現したものである．図 1.3 において，二つの地点 (節点) を結ぶ路線 (枝) の横に書かれている数値は，その路線を利用したときの所要時間を示している．図 1.3 からわかるように，A 市から G 市へは何通りかの可能な経路が存在するが，そのなかで所要時間が最小であるような経路を見出す問題がいわゆる**最短路問題**である．上の例では所要時間を考えたが，かわりに物理的な距離や所要コスト (運賃) を考えても問題の本質的な構造は変わらない．

一般に，最短路問題は次のように定義できる．まず，前の枝の終点が次の枝の始点に一致するような枝の列 (枝を順に並べたもの) を路あるいはパスという．図 1.3 における枝の列 (A,C) (C,D) (D,E) (E,G) は節点 A から節点 G への路である (本書ではしばしば路を A → C → D → E → G のように表す)．各枝に長さと呼ばれる量が与えられたとき，路に含まれる枝の長さの和を路の長さと定義する (上に述べたように「長さ」という言葉は象徴的な意味で使われているので，必ずしも物理的な長さを意味するとは限らない)．そのとき，ある節点 (始点) から別のある節点 (終点) に至る長さ最小の路を見つける問題が最短路問題である．

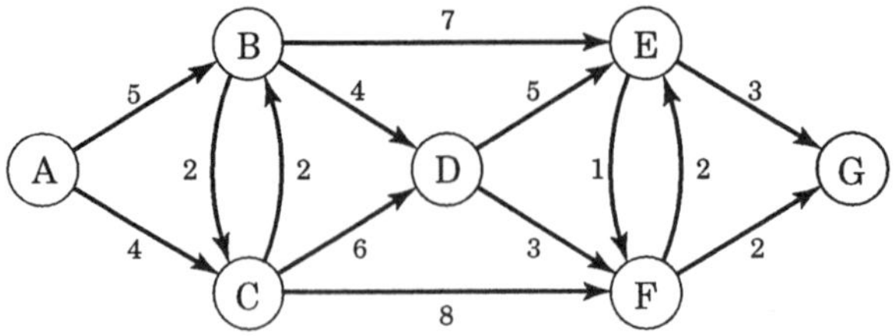

図 1.3　最短路問題の例

◆1.2.3　最大流問題と最小費用流問題

図 1.4 のような六つの都市を結んで宅配便を営んでいる運送会社がある．図 1.4 のネットワークの枝の横に書かれた数値は，1 日の輸送量の上限値を表している．たとえば，節点 A と節点 B を結ぶ枝の 120 は，A 市から B 市へ 1 日に輸送できる品物の数が 120 個以内であることを示している．

いま A 市から F 市へ大量の品物を至急送りたいという客が現れたとしよう．しかし，各都市間の 1 日の輸送可能量には制限があるので，A 市から F 市に至る様々な経路を使い，さらに必要に応じて途中の都市で荷物の積み替えを行いながら，品物を目的地まで送り届けなければならない．そのようにして A 市から F 市まで 1 日に送ることができる品物の最大量はいくらであろうか．

このように各枝に**容量**が与えられたネットワークにおいて，ある節点からほかのある節点へ流すことができるフローの最大値を求める問題を**最大流問題**という．とくに，この例の A 市のようにフローを送り出す節点を**ソース**，F 市のようにフローが流入する節点を**シンク**と呼ぶ．

上の例ではソースからシンクへできるだけたくさんの品物を送ることが目的であったが，今度はある限られた量の品物をできるだけ効率的に送ることを考えよう．いま，各都市間の輸送にかかるコスト (費用) は距離や道路事情などによって異なるものとすれば，途中の節点でうまく積み替えを行い，さらに品物を運ぶ経路を適切に選ぶことによって，輸送費用を軽減することが可能となる．このように，各枝の単位輸送量あたりのコストが与えられたネットワークにおいて，定められた量の品物を輸送コストの合計が最小となるようにソースからシンクに送る問題を**最小費用流問題**という．なお，この例ではソースとシンクはそれぞれ一つずつであったが，より一般に，複数のソースやシンクをもつネットワークを考え

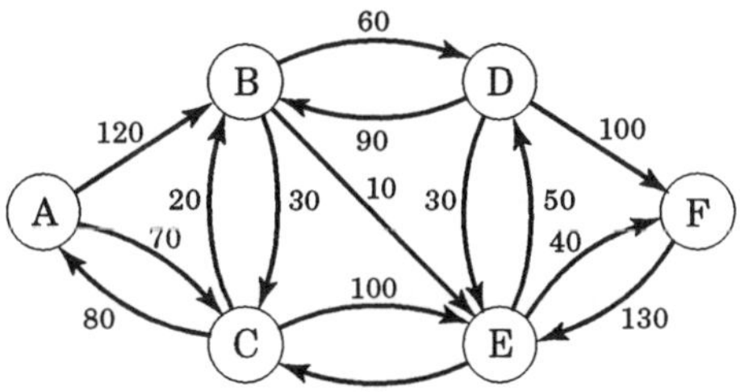

図 1.4　最大流問題の例

ることもできる．また，最小費用流問題は，それぞれの枝にいくらでもフローを流せる (すなわち容量が無限大) という仮定のもとでの定式化も可能である．前節で紹介した輸送問題は最小費用流問題の代表的な問題の一つである．

1.3 非線形最適化モデル

◆1.3.1 資源配分問題

大学生の Y 君は 1 週間後にせまった期末試験に備えて，本格的に試験勉強の予定をたてることにした．今学期に受験する科目は S_1, S_2, S_3 の 3 科目であり，試験日までに勉強のために使える時間は最大 T 時間である．ある科目に対して，より多くの時間を勉強に費やせばより良い成績を取ることが期待できるが，実際の試験の得点は勉強時間に単純に比例するとは考えられない．たとえば，勉強を 1 時間すれば試験で 50 点を取ることができても，さらに 1 時間の勉強をしたときの得点は 70 点，さらにもう 1 時間の勉強をしても得点は 80 点というように，勉強時間を増やしていったときの得点の増加率は次第に減少していくと考えるのが妥当だろう．すなわち，ある科目の得点 h とその科目に費やす勉強時間 t の関係は，図 1.5 のような単調増加な凹関数 (上に凸な関数) として表されると考えられる．このような現象，すなわち資源 (この例では時間) を投入していくにつれて，得られる収益 (この例では得点) の「増加する割合」が減少していくという現象は，経済学の用語で**収益逓減の法則**と呼ばれ，現実の様々な状況において現れる．

いま，科目 S_1, S_2, S_3 に対して，Y 君がそれぞれ t_1, t_2, t_3 の勉強時間を費やし

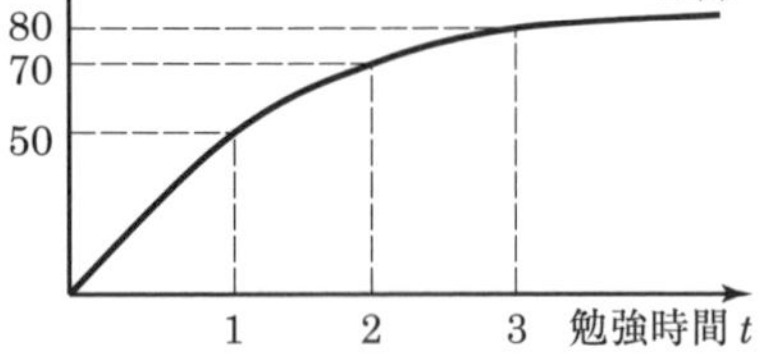

図 1.5　ある科目の勉強時間 t と試験の得点 $h(t)$ の関係 (収益逓減の法則)

たときの得点を $h_1(t_1), h_2(t_2), h_3(t_3)$ とする [*1)]．そのとき，3 科目の得点の合計を最大化するには，次の問題を解いて，各科目の勉強時間を定めればよい．

$$\begin{array}{ll} \text{目的関数：} & h_1(t_1)+h_2(t_2)+h_3(t_3) \longrightarrow \text{最大} \\ \text{制約条件：} & t_1+t_2+t_3=T,\ t_i \geqq 0\ (i=1,2,3) \end{array} \tag{1.12}$$

目的関数は非線形関数であるから，問題 (1.12) は**非線形最適化問題**である [*2)]．この問題のような，いくつかの活動に対して，限られた資源の最適な配分を求める問題は**資源配分問題**と呼ばれる．

◆1.3.2　ポートフォリオ選択問題

ポートフォリオとはもともと紙挟みや折鞄のことであるが，転じて株式や証券などの資産を組み合わせたものを指す言葉として使われている．いま，ある投資家が現在自分のもっている資産 w 円を 3 種類の株式 A_1, A_2, A_3 に分散して投資しようとしている．投資期間は 1 か月とし，それらの株式の (1 株あたりの) 現在価格はそれぞれ p_1, p_2, p_3 円である．1 か月後の各株式の価格はもちろん未知であるから，それらを確率的に変動する量，すなわち確率変数と考え，それぞれ P_1, P_2, P_3 円で表す (この項では確率変数を表すのに大文字を用いる)．各株式に対する投資額を x_1, x_2, x_3 円とすれば

$$x_1+x_2+x_3=w,\ x_1, x_2, x_3 \geqq 0 \tag{1.13}$$

であり，さらに 1 か月後の資産の総額は

$$W=\frac{P_1x_1}{p_1}+\frac{P_2x_2}{p_2}+\frac{P_3x_3}{p_3}$$

となるので，(1.13) 式を考慮すると，得られる利益は

$$Z=W-w$$

---

*1)　実際には，勉強時間 t に対して試験の得点を事前に「確定的に」知ることはできないが，ここでは簡単のため，関数 $h_i(t_i)$ $(i=1,2,3)$ は既知であるとする．

*2)　関数 $h_i(t_i)$ $(i=1,2,3)$ がすべて図 1.5 のような形の関数であれば，目的関数 $h_1(t_1)+h_2(t_2)+h_3(t_3)$ は凹関数 (4.1 節参照) になるので，問題 (1.12) は 1 次の制約条件のもとで凹関数を最大化する問題である．凹関数の最大化は凸関数の最小化と実質的に等価であるから，この非線形最適化問題は凸最適化問題 (4.1 節参照) である．

$$= \frac{P_1x_1}{p_1} + \frac{P_2x_2}{p_2} + \frac{P_3x_3}{p_3} - w$$
$$= \frac{P_1 - p_1}{p_1}x_1 + \frac{P_2 - p_2}{p_2}x_2 + \frac{P_3 - p_3}{p_3}x_3 \tag{1.14}$$

と書ける．ここで

$$R_i = \frac{P_i - p_i}{p_i} \qquad (i = 1, 2, 3)$$

とおけば，(1.14) 式は

$$Z = R_1x_1 + R_2x_2 + R_3x_3 \tag{1.15}$$

と簡潔に表せる．なお，R_i は株式 A_i の単位投資額あたりの儲けを表す確率変数であり，株式 A_i の**収益率**と呼ぶ *3)．

投資家は (1.15) 式で表される 1 か月後の利益 Z が最大となるように投資を行おうとするのであるが，利益 Z もまた確率変数であるから，このままでは取り扱うことはできない．このような不確実性のもとでの意思決定問題を定式化するため，期待効用理論に基づく最適化規範を導入する．まず，得られる利益の大きさが z のときの投資家の満足度の大きさを**効用関数**と呼ばれる関数 $u(z)$ によって数値的に表す．

得られる利益が大きいほど投資家の満足度も大きいと考えられるので，効用関数は一般に単調増加関数となる．また，効用関数はふつう図 1.6 のような凹関数

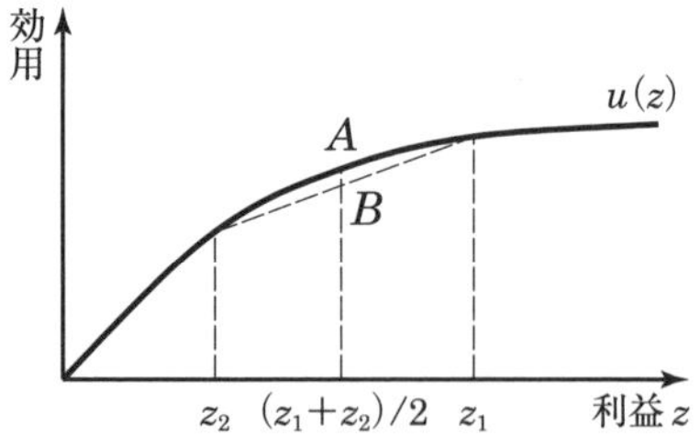

図 **1.6** 効用関数の例

---

*3) たとえば，株式の現在の株価が $(p_1, p_2, p_3) = (50, 100, 80)$，1 か月後の株価が確率 2/5 で $(P_1, P_2, P_3) = (60, 90, 100)$，確率 3/5 で $(P_1, P_2, P_3) = (40, 120, 80)$ の値をとる確率変数として与えられるとき，収益率は確率 2/5 で $(R_1, R_2, R_3) = (\frac{60-50}{50}, \frac{90-100}{100}, \frac{100-80}{80}) = (0.2, -0.1, 0.25)$，確率 3/5 で $(R_1, R_2, R_3) = (\frac{40-50}{50}, \frac{120-100}{100}, \frac{80-80}{80}) = (-0.2, 0.2, 0)$ の値をとる確率変数となる．

(上に凸な関数) となる．これは，利益の増加分がおなじ 1 万円でも，現在の利益が 1000 万円のとき 1 万円だけ増えて 1001 万円になるよりも 100 万円から 101 万円に増えるほうが，さらにそれよりも 10 万円から 11 万円に増えるほうが投資家にとって「嬉しさ」が大きいことを意味している．

このような効用関数をもつ投資家は，不確実性から生じるリスクに対してやや消極的な行動をとることが知られている．たとえば，当たる確率が 1/2 で，当たれば z_1 円，外れれば z_2 円 (ただし $z_1 > z_2$) の賞金が得られる抽選に参加するか，抽選に参加するかわりに賞金の期待値に等しい $\frac{1}{2}(z_1 + z_2)$ 円を確実に受け取るかの二者択一をせまられたとき，この投資家は後者を選択する *4)．このことから，図 1.6 のような形の効用関数をもつ投資家は**危険回避的**であるという．一般に，通常の投資家は危険回避的であると考えられる．

効用関数を用いれば，投資家にとっての最適なポートフォリオを選択する問題は，(1.13) 式を満たす $\boldsymbol{x} = (x_1, x_2, x_3)^\top$ のなかから，効用関数の期待値

$$E\{u(Z)\} = E\{u(R_1x_1 + R_2x_2 + R_3x_3)\} \tag{1.16}$$

が最大となるようなものを求める問題として定式化できる．効用関数が図 1.6 のような非線形関数のときには，(1.16) 式で定義される目的関数も非線形となるので，この問題は非線形最適化問題である．

ここで，とくに効用関数が次の 2 次関数で表される場合を考えよう．

$$u(z) = z - \beta z^2 \tag{1.17}$$

ただし β は正定数である．(1.17) 式の $u(z)$ は z が大きいとき (具体的には $z > 1/(2\beta)$ の範囲では) 単調増加ではないが，β が十分小さければ，現実的な大きさの z の範囲内で $u(z)$ が単調増加関数となるので実際上ほとんど問題はない．まず，(1.17) 式より

$$E\{u(Z)\} = E\{Z\} - \beta E\{Z^2\}$$

*4)　図 1.6 において，A は $\frac{1}{2}(z_1 + z_2)$ 円を確実に受け取ったときの満足度 $u(\frac{1}{2}(z_1 + z_2))$ を表し，B は抽選に参加して当たったときの満足度 $u(z_1)$ と外れたときの満足度 $u(z_2)$ の期待値 (平均) を表している．$A > B$ であるから，この投資家は $\frac{1}{2}(z_1 + z_2)$ 円を確実に受け取るほうを好む．

$$= E\{Z\} - \beta(E\{Z\}^2 + V\{Z\}) \tag{1.18}$$

と書けることに注意しよう．ただし，$V\{Z\}$ は Z の分散 $E\{(Z - E\{Z\})^2\}$ を表す．株式 A_i の収益率 R_i の平均を r_i，分散を σ_i^2 とし，R_i と R_j の共分散 $E\{(R_i - r_i)(R_j - r_j)\}$ を σ_{ij} とする [*5]．そのとき，(1.15) 式と $\sigma_{ij} = \sigma_{ji}$ が成り立つことから，$E\{Z\}$ と $V\{Z\}$ はそれぞれ

$$\begin{aligned}
E\{Z\} &= r_1x_1 + r_2x_2 + r_3x_3 \\
V\{Z\} &= \sigma_1^2x_1^2 + \sigma_2^2x_2^2 + \sigma_3^2x_3^2 + 2\sigma_{12}x_1x_2 + 2\sigma_{23}x_2x_3 + 2\sigma_{13}x_1x_3
\end{aligned}$$

となる．これらを (1.18) 式に代入すると，目的関数は

$$\begin{aligned}
E\{u(Z)\} = r_1x_1 + r_2x_2 + r_3x_3 - \beta\,[&(\sigma_1^2 + r_1^2)x_1^2 + (\sigma_2^2 + r_2^2)x_2^2 + (\sigma_3^2 + r_3^2)x_3^2 \\
&+ 2(\sigma_{12} + r_1r_2)x_1x_2 + 2(\sigma_{23} + r_2r_3)x_2x_3 + 2(\sigma_{13} + r_1r_3)x_1x_3]
\end{aligned}$$

となるので，変数 x_1, x_2, x_3 の 2 次関数である．2 次の目的関数を (1.13) 式のような 1 次の制約条件のもとで最大化または最小化する問題を，とくに **2 次最適化**

[*5] 脚注 [*3] の例に対してこれらの値を計算すると次のようになる．

$$\begin{aligned}
r_1 &= \tfrac{2}{5} \times 0.2 + \tfrac{3}{5} \times (-0.2) = -0.04 \\
r_2 &= \tfrac{2}{5} \times (-0.1) + \tfrac{3}{5} \times 0.2 = 0.08 \\
r_3 &= \tfrac{2}{5} \times 0.25 + \tfrac{3}{5} \times 0 = 0.1 \\
\sigma_1^2 &= \tfrac{2}{5} \times [0.2 - (-0.04)]^2 + \tfrac{3}{5} \times [(-0.2) - (-0.04)]^2 = 0.0384 \\
\sigma_2^2 &= \tfrac{2}{5} \times [(-0.1) - 0.08]^2 + \tfrac{3}{5} \times [0.2 - 0.08]^2 = 0.0216 \\
\sigma_3^2 &= \tfrac{2}{5} \times [0.25 - 0.1]^2 + \tfrac{3}{5} \times [0 - 0.1]^2 = 0.015 \\
\sigma_{12} = \sigma_{21} &= \tfrac{2}{5} \times [0.2 - (-0.04)] \times [(-0.1) - 0.08] \\
&\qquad + \tfrac{3}{5} \times [(-0.2) - (-0.04)] \times [0.2 - 0.08] = -0.0288 \\
\sigma_{13} = \sigma_{31} &= \tfrac{2}{5} \times [0.2 - (-0.04)] \times [0.25 - 0.1] \\
&\qquad + \tfrac{3}{5} \times [(-0.2) - (-0.04)] \times [0 - 0.1] = 0.024 \\
\sigma_{23} = \sigma_{32} &= \tfrac{2}{5} \times [(-0.1) - 0.08] \times [0.25 - 0.1] \\
&\qquad + \tfrac{3}{5} \times [0.2 - 0.08] \times [0 - 0.1] = -0.018
\end{aligned}$$

分散と共分散の値から，これらの株式の特徴がわかる．$\sigma_1^2 > \sigma_2^2 > \sigma_3^2$ は，荒っぽくいえば，A_1 の値動きが最も大きく，A_3 のそれが最も小さいことを意味する．さらに，$\sigma_{13} > 0$ は，A_1 と A_3 はおなじような値動きをする (つまり，一方が上がれば他方も上がり，一方が下がれば他方も下がる) 傾向にあることを，$\sigma_{12} < 0$ と $\sigma_{23} < 0$ は，A_2 は A_1 や A_3 の値動きと逆の値動きをする傾向にあることを示している．このような様々な特徴をもつ株式を組み合わせることにより，利益 (リターン) とリスクのバランスのとれた投資を行うのがポートフォリオ選択問題の目的である．

問題という．2 次最適化問題は非線形最適化問題のなかでも最も基本的な問題である [*6)]．

◆1.3.3 交通流割当問題

図 1.7 のようなネットワークで表される道路網を考える．ここで，節点 A は郊外の住宅地，節点 D は都心部であり，節点 B と C は郊外から都心へ向かう道路の分岐点を表すものとする．いま，w 台の車が朝のラッシュアワーに A を出発するとき，どのような経路を通って D に行けば道路網の効率利用の観点から望ましいかを考えてみよう．

簡単のため，A から D へ向かう車だけがこの道路網を利用しているものとし，各道路を通る車の台数を図 1.7 のように変数 x_1, x_2, x_3, x_4, x_5 で表す．A から出ていく車の総数が $x_1 + x_2$ であることから

$$x_1 + x_2 = w \tag{1.19}$$

が成り立ち，B と C においては，そこに入ってくる車の台数とそこから出ていく車の台数が等しいことから

$$x_1 - x_3 - x_4 = 0 \tag{1.20}$$

$$x_2 + x_3 - x_5 = 0 \tag{1.21}$$

が成り立つ．さらに，D に到着する車の総数が $x_4 + x_5$ であることから

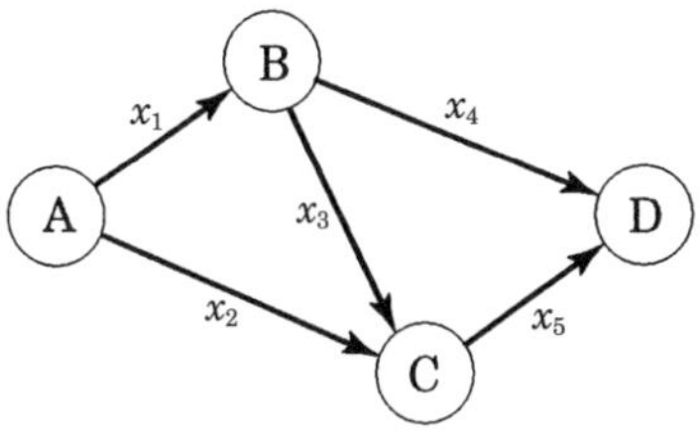

図 1.7 道路網における交通流

---

*6) (1.15) 式と (1.16) 式から導かれる目的関数 $E\{u(Z)\}$ は凹関数 (4.1 節参照) になることが知られているので，これは 1 次の制約条件のもとで凹関数を最大化する問題である．凹関数の最大化は凸関数の最小化と実質的に等価であるから，この 2 次最適化問題は凸最適化問題 (4.1 節参照) である．

$$x_4 + x_5 = w$$

であるが，これは (1.20) 式から得られる関係 $x_1 = x_3 + x_4$ と (1.21) 式から得られる関係 $x_2 = x_5 - x_3$ を (1.19) 式に代入することにより導かれる．

したがって，変数 x_1, x_2, x_3, x_4, x_5 が満たすべき条件は，車の流れが各節点で保存されることを表す (1.19) ～ (1.21) 式と車の台数が非負の数であることを表す

$$x_i \geqq 0 \qquad (i = 1, 2, \ldots, 5) \tag{1.22}$$

となる．

次に，道路交通網の効率を評価するための尺度として，各道路を通行するのに要する時間を考えよう．一般に，ある道路を通行する際の所要時間はその道路の交通量に依存する．たとえば道路を通行している車の台数を x，その道路の通行所要時間を $f(x)$ とすれば，x が小さいときは $f(x)$ の値はほぼ一定であるが，道路が混雑して x の値が大きくなりはじめると $f(x)$ の値は急速に増加していき，x がある臨界値に達すると道路は完全に渋滞状態となり $f(x)$ の値はほとんど無限大とみなせるほどになる．関数 $f(x)$ の形は道路幅などの条件によって異なるが，一般に図 1.8 のような非線形の単調増加関数になっていると考えられる [*7)]．

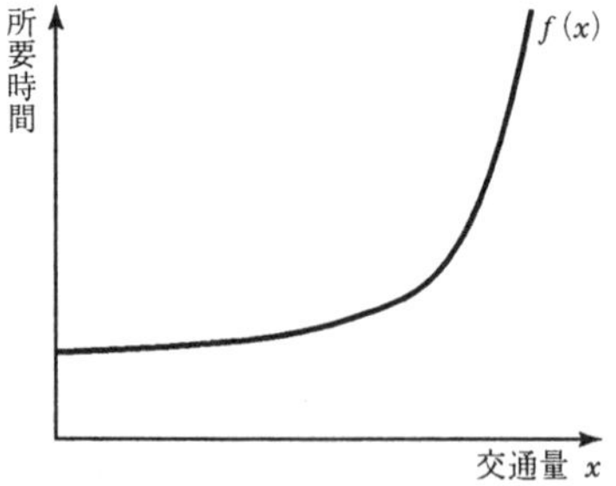

図 1.8 道路の交通量 x と通行所要時間 $f(x)$ の関係

*7) 次の BPR 関数と呼ばれる関数が交通流割当問題においてよく用いられる．

$$f(x) = a\left(1 + \alpha(x/b)^{\beta}\right)$$

ここで，a, b, α, β はいずれも正のパラメータであり，道路の長さや幅などの条件に応じて値が定められる．とくに，パラメータ β については $\beta = 4$ あるいは $\beta = 5$ とすることが多い．

さて，図 1.7 の各道路 $i = 1, 2, \ldots, 5$ における交通量が x_i のときの通行所要時間を $f_i(x_i)$ とすれば，道路 i に対する延べ所要時間は $x_i f_i(x_i)$ であり，道路網全体の延べ所要時間は

$$\sum_{i=1}^{5} x_i f_i(x_i) \tag{1.23}$$

になる．したがって，道路網が効率的に運用されるためには，各道路の交通量が (1.19) ～ (1.22) 式の制約条件のもとで (1.23) 式の目的関数を最小化する非線形最適化問題の最適解となることが望ましい．このような問題を**交通流割当問題**というが，これは 1.2.3 項で述べた最小費用流問題において目的関数を非線形関数に一般化したモデルになっている [*8)]．

上のモデルでは各道路の交通量 x_i を変数としていたが，出発地から目的地への可能な経路を考え，それらの経路を利用する車の台数を変数として問題を定式化することもできる．たとえば図 1.7 の道路網において，出発地 A から目的地 D に至る経路は A → B → D, A → C → D, A → B → C → D の三つである．これらの経路を利用する車の台数をそれぞれ y_1, y_2, y_3 としよう (図 1.9 参照)．

そのとき，A を出て D に向かう車の総数が w であることと，各経路を利用する車の台数は非負であることから，変数 y_1, y_2, y_3 は次の関係式を満たさなければならない．

$$y_1 + y_2 + y_3 = w \tag{1.24}$$

$$y_1 \geqq 0, \quad y_2 \geqq 0, \quad y_3 \geqq 0 \tag{1.25}$$

また，変数 x_i $(i = 1, 2, \ldots, 5)$ と y_j $(j = 1, 2, 3)$ のあいだには

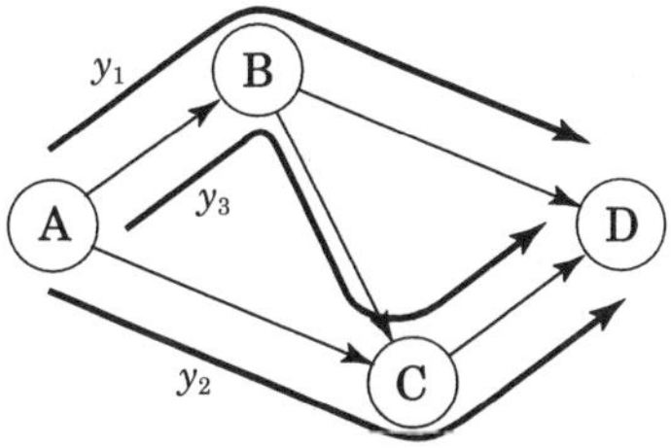

図 1.9 出発地から目的地へ至る経路

---

*8) 各々の i に対して $f_i(x_i)$ が単調増加な凸関数 (4.1 節参照) であれば，$x_i f_i(x_i)$ は $x_i \geqq 0$ において凸関数であることがいえるので，この問題は凸最適化問題 (4.1 節参照) である．

$$
\begin{aligned}
x_1 &= y_1 + y_3 \\
x_2 &= y_2 \\
x_3 &= y_3 \\
x_4 &= y_1 \\
x_5 &= y_2 + y_3
\end{aligned}
$$

なる関係が成り立つので，(1.23) 式の目的関数は

$$
\begin{aligned}
&(y_1 + y_3)f_1(y_1 + y_3) + y_2 f_2(y_2) + y_3 f_3(y_3) \\
&\quad + y_1 f_4(y_1) + (y_2 + y_3) f_5(y_2 + y_3)
\end{aligned}
\tag{1.26}
$$

と書ける．したがって，この定式化においては (1.24) 式，(1.25) 式の制約条件のもとで (1.26) 式の目的関数を最小化する $\boldsymbol{y} = (y_1, y_2, y_3)^\top$ を求める問題となる．

上に述べた二つの定式化，すなわち道路 (アーク) のフロー $\boldsymbol{x}$ を用いた定式化と経路 (パス) のフロー $\boldsymbol{y}$ を用いた定式化は数学的に等価であるが，その取り扱いの容易さには一長一短がある．とくに，経路フローを用いる定式化は制約条件の形が簡単という長所があるが，すべての可能な経路を列挙しなければならないので，ネットワークが大規模になると変数が著しく増加するという欠点がある．

上記のモデルでは，ネットワークの交通流を自由にコントロールできると仮定し，システム全体として最も効率的な交通流を定めることを考えていた．このような規範のもとで定まる交通流は**システム最適**なフローと呼ばれる．ところが，現実の道路網では，車を運転する一人一人のドライバーは自分が目的地へ早く到着することを考えて経路を選択する．そのように道路網の各ユーザ (ドライバー) が自分の利益を優先して経路を選択した結果生じる交通流，すなわち**ユーザ最適**なフローはネットワーク全体の効率的運用の観点からは必ずしも最適ではない．ユーザ最適なフローを求めるには，上に述べたシステム最適なフローを求める問題において目的関数 (1.23) を

$$
\sum_{i=1}^{5} \int_0^{x_i} f_i(t)dt
$$

で置き換えればよいことが知られている．

図 1.7 の例ではネットワークには一組の出発地と目的地しか存在しないと仮定

していたが，通常の道路網を走行している車はそれぞれ様々な出発地と目的地をもっている．そのような交通流問題を定式化するためには，異なる出発地・目的地をもつ車を違う種類のフローとみなして区別して取り扱わなければならない．このようにして定式化されるネットワークフロー問題を一般に**多品種フロー問題**という．多品種フロー問題は実用上きわめて重要な問題であるが，通常の (単一品種の) ネットワークフロー問題に比べて問題の数学的構造が複雑であり，取り扱いが難しくなる．

◈ 1.3.4　データ解析と最小 2 乗問題

データ科学とはデータから科学的な知見を得るアプローチである．莫大なデータから，理論科学や実験科学では得られなかったような新たな知見を得ることが期待されている．データの分析や処理を行うデータ解析の技術は数理最適化とは密接な関係にある．

最適化モデルに現れる様々なパラメータは，多くの場合，そのパラメータに関連したデータをデータ解析することによって決定される．一方，機械学習などの高度なデータ解析技術には，数理最適化のモデルやアルゴリズムが利用されている．この節では，そのようなデータ解析の基礎となる**最小 2 乗問題**を説明する．

最も基本的な最小 2 乗問題は，二つの数量 x と y に対する m 個のデータ (x^i, y^i) $(i = 1, 2, \ldots, m)$ が与えられたとき，x と y の関係を表す関数，つまり $y = g(x)$ となるような関数 g を求める問題である．そのような x と y として，価格と売り上げや，道路の交通量とその通行所要時間などがあげられる．

最小 2 乗問題を定式化するためには，まず，データの特性にあうような関数 g の数理モデルを決める．ここではそのような数理モデルとして 2 次関数を考えよう．2 次関数は $g(x; \boldsymbol{a}) = a_1 x^2 + a_2 x + a_3$ として，三つのパラメータを要素とする $\boldsymbol{a} = (a_1, a_2, a_3)^\top$ を用いて表せる．このとき関数 g を求めることは，$y^i = g(x^i; \boldsymbol{a})$ $(i = 1, 2, \ldots, m)$ を満たすような $\boldsymbol{a}$ の値を求めることに置き換えられる．

以下では，発電機において，発電量 x(Mw) と燃料費 [*9)] y(万円) との関係 $y = a_1 x^2 + a_2 x + a_3$ を与える $\boldsymbol{a}$ を求めることを考える．発電量と燃料費の

---

*9)　エネルギーの使用料や二酸化炭素の排出量と考えてもよい．

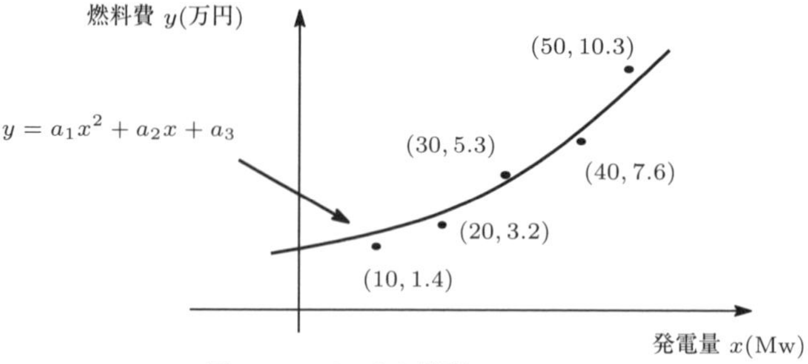

図 1.10　データと数理モデル

データは次の表で与えられているとする．図 1.10 はこれらのデータとその数理モデルである 2 次関数を表している．

発電量 x(Mw)	10	20	30	40	50
燃料費 y(万円)	1.4	3.2	5.3	7.6	10.3

発電量と燃料費のデータは 5 組あり，2 次関数のパラメータは三つであることから，データに測定誤差が含まれていた場合には，すべての i に対して $y^i = g(x^i; \boldsymbol{a})$ を満たす $\boldsymbol{a}$ はふつう存在しない．そこで，数理モデルによる燃料費の値 $g(x^i; \boldsymbol{a})$ とデータとして与えられた燃料費 y^i との差 $|g(x^i; \boldsymbol{a}) - y^i|$ をできるだけ小さくするような $\boldsymbol{a}$ を求めることを考える．最小 2 乗問題とはこの差の 2 乗 $(g(x^i; \boldsymbol{a}) - y^i)^2$ の和を最小とするパラメータ $\boldsymbol{a}$ を求める (制約条件をもたない) 数理最適化問題であり，発電機の例では以下のように定式化される．

$$
\begin{aligned}
\text{目的関数:}\quad & (100a_1 + 10a_2 + a_3 - 1.4)^2 + (400a_1 + 20a_2 + a_3 - 3.2)^2 \\
& +(900a_1 + 30a_2 + a_3 - 5.3)^2 + (1600a_1 + 40a_2 + a_3 - 7.6)^2 \\
& +(2500a_1 + 50a_2 + a_3 - 10.3)^2 \quad \to \quad \text{最小}
\end{aligned}
$$

上記の例のように数理モデル g が多項式であった場合には，g はパラメータ (多項式の係数) の 1 次式とみなせる．そのため，最小 2 乗問題は 2 次関数を最小化する問題となる．数理モデル g がパラメータに関して 1 次式でない場合にも最小 2 乗問題を定義できる．例えば，交通流割当問題における交通量 x と所要時間 y との関係がパラメータ a, b, α, β を含む BPR 関数 $y = a(1 + \alpha(x/b)^\beta)$ で表されているとき，交通量と所要時間のデータによって定式化された最小 2 乗問題を解くことによって，それらのパラメータを決めることができる．ただし，目的関数は a, b, α, β を変数とするやや複雑な非線形関数になる．

1.4 組合せ最適化モデル

◆1.4.1 生産計画問題

1.1.1 項で考察した生産計画問題では生産する製品の量はどのような実数値であっても構わないという暗黙の仮定があった．この仮定は，農産物のように連続量として取り扱えるものや，家庭用電化製品のように大量生産するため実際は1個2個と数えるものであっても，生産量を連続量で近似しても一般性を失わないものに対しては有効である．しかし，船，飛行機，住宅のように生産量が比較的少なく，また1単位未満の量に分割することが意味をもたないような場合には，変数を離散量として問題を定式化しなければならない．そのとき 1.1.1 項で定式化した生産計画問題 (1.4) は次のように書くことができる．

$$
\begin{aligned}
\text{目的関数：}\quad & \boldsymbol{c}^\top \boldsymbol{x} \quad \longrightarrow \quad \text{最大} \\
\text{制約条件：}\quad & \boldsymbol{A}\boldsymbol{x} \leqq \boldsymbol{b},\ \ \boldsymbol{x} \geqq \boldsymbol{0} \\
& \boldsymbol{x}\ \text{の各要素は整数}
\end{aligned}
$$

このような問題を**整数最適化問題**という [*10)]．整数最適化問題は見かけは線形最適化問題と似ているが，数学的な性質は非常に異なっている．とくに変数が整数値に限定されたことによって問題が易しくなったように思われるが，実際はその逆で，変数が多いとき問題は格段に難しくなる．

◆1.4.2 固定費つき輸送問題

1.1.3 項で述べた輸送問題に類似した次のような問題を考える．二つの倉庫 A_1, A_2 から取引先 B_1, B_2, B_3 の注文を満たすように品物を送るものとする．取引先 B_1, B_2, B_3 の注文量と各倉庫から各取引先への輸送コストはそれぞれ

---

*10) 問題のすべての変数に対して整数条件が課せられている問題を**全整数最適化問題**，一部の変数に対してのみ整数条件が課せられ，残りの変数は実数値をとることが許されているような問題を**混合整数最適化問題**という．混合整数最適化問題において，整数値をとる変数を**離散変数**，実数値をとる変数を**連続変数**と呼ぶ．

表 1.5 固定費つき輸送問題のデータ

(a) 注文量

B_1	20
B_2	30
B_3	15

(b) 輸送コスト

	B_1	B_2	B_3
A_1	5	3	2
A_2	2	7	4

(c) 固定費

A_1	300
A_2	200

表 1.5 (a), (b) のとおりである．また，各倉庫には十分な在庫があり，必ずしも二つの倉庫を使って輸送する必要はないが，実際に倉庫を使用するときには，輸送量の大きさに関係なく，表 1.5 (c) に示すような一定の費用がかかるものとする．これを各倉庫の固定費と呼ぶ．

倉庫を使用しないときには固定費はかからないので，倉庫 A_i から取引先 B_j への輸送量を x_{ij} $(i=1,2; j=1,2,3)$ としたとき，輸送費と固定費をあわせた各倉庫 A_i に対する費用 z_i は次のように書ける．

$$z_1 = \begin{cases} 300 + 5x_{11} + 3x_{12} + 2x_{13}, & \text{倉庫 } A_1 \text{ を使用するとき} \\ 0, & \text{倉庫 } A_1 \text{ を使用しないとき} \end{cases} \tag{1.27}$$

$$z_2 = \begin{cases} 200 + 2x_{21} + 7x_{22} + 4x_{23}, & \text{倉庫 } A_2 \text{ を使用するとき} \\ 0, & \text{倉庫 } A_2 \text{ を使用しないとき} \end{cases} \tag{1.28}$$

ここで，各倉庫 A_i $(i=1,2)$ に対して変数

$$y_i = \begin{cases} 1, & \text{倉庫 } A_i \text{ を使用するとき} \\ 0, & \text{倉庫 } A_i \text{ を使用しないとき} \end{cases}$$

を導入すると，条件式

$$\begin{aligned} x_{11} + x_{12} + x_{13} &\leqq 65y_1 \\ x_{21} + x_{22} + x_{23} &\leqq 65y_2 \end{aligned} \tag{1.29}$$

$$x_{ij} \geqq 0 \ \ (i=1,2;\ j=1,2,3) \tag{1.30}$$

によって，倉庫 A_i を使用しないときには，その倉庫からの輸送量 x_{ij} $(j=1,2,3)$ がすべて 0 であり，使用するときには，その倉庫から (すべての取引先からの全注文量 65 $(=20+30+15)$ をまかなえるだけの) 十分な量の輸送が可能であることが表現できる．また，変数 y_i を用いれば，(1.27) 式と (1.28) 式の費用関数をそれぞれ

$$z_1 = 300y_1 + 5x_{11} + 3x_{12} + 2x_{13} \tag{1.31}$$

$$z_2 = 200y_2 + 2x_{21} + 7x_{22} + 4x_{23} \tag{1.32}$$

と表せる [*11]．したがって，問題は，各取引先の注文量に対する条件

$$\begin{aligned} x_{11} + x_{21} &= 20 \\ x_{12} + x_{22} &= 30 \\ x_{13} + x_{23} &= 15 \end{aligned} \tag{1.33}$$

と (1.29) 式，(1.30) 式の制約条件のもとで，(1.31) 式と (1.32) 式で定義される費用の和 $z_1 + z_2$ が最小となるような変数 $x_{11}, x_{12}, \ldots, x_{23}$ および y_1, y_2 の値を求める問題として定式化できる．この問題は混合整数最適化問題であるが，ここでは変数 y_1, y_2 のとりうる値が 0 または 1 の 2 値に限定されているので，とくに**混合 0-1 最適化問題**といい，y_1, y_2 のような変数を **0-1 変数**と呼ぶ．この問題のように，何かを行うか行わないかという決定を含む問題を定式化する際に，しばしば 0-1 変数が用いられる．

◆1.4.3 ナップサック問題

ハイキングの準備をしている桃子さんは，いくつかの品物のなかからどれとどれを選んでもっていけばよいか迷っている．品物は全部で n 個あり，品物 i の重さを a_i kg，その利用価値を数量的に表したものを c_i とする．ナップサックには全部で b kg までしか詰め込めないとすれば，利用価値の総計が最大となるように品物を選ぶにはどうすればよいだろうか．

そこで，各品物 i $(i = 1, \ldots, n)$ に対して，0-1 変数

$$x_i = \begin{cases} 1, & \text{品物 } i \text{ を選ぶとき} \\ 0, & \text{品物 } i \text{ を選ばないとき} \end{cases}$$

---

*11) 条件式 (1.29) を用いるかわりに，費用関数を $z_1 = y_1(300 + 5x_{11} + 3x_{12} + 2x_{13})$，$z_2 = y_2(200 + 2x_{21} + 7x_{22} + 4x_{23})$ と定義して，$z_1 + z_2$ を最小化すると考えてもおなじことのように思われる．確かにこのようにしても「数学的に」問題は等価であるが，費用関数は変数 y_i と x_{ij} の積を含むため線形ではない．実際，非線形混合整数最適化問題は線形混合整数最適化問題に比べて格段に取り扱いが困難になるので，この定式化は望ましいとはいえない．すなわち，問題のモデル化の観点からは，このような定式化は「間違い」と判断される．

を導入しよう．すると問題は制約条件

$$\sum_{i=1}^{n} a_i x_i \leqq b$$

$$x_i = 0, 1 \quad (i = 1, 2, \ldots, n)$$

のもとで，目的関数

$$\sum_{i=1}^{n} c_i x_i$$

を最大にする整数最適化問題として定式化できる．

この問題は，制約条件を満たし，かつ目的関数を最大化する品物の組合せを見つける問題であり，最も基本的な組合せ最適化問題の一つである．一般に，ただ一つの不等式制約条件をもつ 0-1 最適化問題として定式化される問題は，上に述べた例に因んで**ナップサック問題**と呼ばれる．

◆ 1.4.4 巡回セールスマン問題

巡回セールスマン問題 (**行商人問題**) とは，節点集合 $V = \{1, 2, \ldots, n\}$ をもつネットワーク $G = (V, E)$ において，各枝 $(i, j) \in E$ の長さ a_{ij} が与えられたとき，すべての節点をちょうど一度ずつ訪問して出発点に戻る**巡回路**のなかで最短のものを見つける問題である．ここでは，枝 (i, j) と枝 (j, i) の長さは常に等しい (すなわち，節点 i から節点 j への距離と節点 j から節点 i への距離は等しい) と仮定する．これは，G を無向グラフと考えることに対応する．この仮定を満たす問題をとくに対称な巡回セールスマン問題という．対称な巡回セールスマン問題の例を図 1.11 に示す．

巡回セールスマン問題は最短路問題と一見よく似ているが，すべての節点を必ず経由しなければならないという点が最短路問題と異なっている．つまり，巡回セールスマン問題は n 個の節点 $1, 2, \ldots, n$ の最適な並べ換え (順列) を求める問題ということができる．図 1.11 の例における最短の巡回路は $1 \to 3 \to 2 \to 4 \to 1$ で，その長さは 21 である．

◆ 1.4.5 0-1 変数についての補足

いくつかの行動をするかどうかの決定を含む問題では，しばしばそれらの決定のあいだになんらかの相互関係が存在する．以下では，簡単のため三つの行動

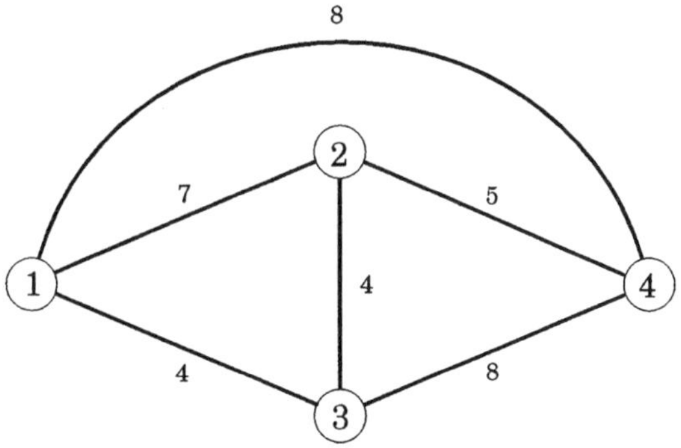

図 **1.11**　巡回セールスマン問題の例 (数字は枝の長さ)

A_1, A_2, A_3 を考え，それらのあいだの様々な相互関係が，0-1 変数を用いてどのように表現できるかを説明する．まず，それぞれの行動をするかどうかを表す 0-1 変数を次式で定義する．

$$x_i = \begin{cases} 1, & A_i \text{ をするとき} \\ 0, & A_i \text{ をしないとき} \end{cases} \quad (i = 1, 2, 3)$$

① 「A_1 をすることができるのは A_2 と A_3 の両方をしたときに限る」，すなわち「A_2 と A_3 の少なくとも一つをしなかったときは A_1 をすることはできない」という条件は次のように表せる [*12)]．

$$x_1 \leqq x_2,\ x_1 \leqq x_3 \tag{1.34}$$

実際，これら二つの不等式条件のもとでは，$x_2 = 1$ かつ $x_3 = 1$ のときのみ $x_1 = 1$ とすることが可能であり，x_2 と x_3 の少なくとも一つが 0 であれば，$x_1 = 0$ とならざるをえない．

② 「A_1 をすることができるのは A_2 と A_3 の少なくとも一つをしたときに限る」，すなわち「A_2 と A_3 のどちらもしなかったときは A_1 をすることはできない」という条件は次の不等式で表せる [*13)]．

---

*12)　$x_1 \leqq x_2 x_3$ としてもおなじ条件を表すことができる．しかし，この不等式は変数の積を含むため非線形であり，脚注 *11) でも述べたように，(1.34) 式のほうが「正しい」定式化ということができる．また，「A_1 をしたときは A_2 と A_3 をともにしなければならない」という条件も (1.34) 式で表せる．

*13)　「A_1 をしたときは A_2 または A_3 の少なくとも一つをしなければならない」という条件も (1.35) 式で表せる．

$$x_1 \leqq x_2 + x_3 \tag{1.35}$$

③「A_2 と A_3 の少なくとも一つをしたときは A_1 をすることはできない」という条件は次のように表せる [*14].

$$x_1 \leqq 1 - x_2,\ x_1 \leqq 1 - x_3 \tag{1.36}$$

なお，この条件は次のように表すこともできる．

$$2x_1 \leqq 2 - x_2 - x_3$$

④「A_2 と A_3 をどちらもしたときは A_1 をすることはできない」という条件は次のように表せる [*15].

$$x_1 \leqq 2 - x_2 - x_3 \tag{1.37}$$

⑤「A_2 と A_3 の少なくとも一つをしたときは A_1 をしなければならない」という条件は次のように表せる [*16].

$$x_1 \geqq x_2,\ x_1 \geqq x_3 \tag{1.38}$$

なお，この条件は次のように表すこともできる．

$$2x_1 \geqq x_2 + x_3$$

⑥「A_2 と A_3 をどちらもしたときは A_1 をしなければならない」という条件は次のように表せる [*17].

$$x_1 \geqq x_2 + x_3 - 1 \tag{1.39}$$

これらの条件は**論理的制約条件**と呼ばれ，現実の問題においてしばしば現れる．上では三つの行動のあいだの相互関係を考えたが，もっと複雑な論理的制約条件

---

*14) 「A_1 をしたときは A_2 と A_3 はどちらもすることができない」という条件も (1.36) 式で表せる．

*15) 「A_1 をしたときは A_2 と A_3 をともにすることはできない (すなわち A_2 と A_3 のうち高々どちらか一つしかすることはできない)」という条件も (1.37) 式で表せる．

*16) 「A_1 をしないときは A_2 と A_3 はどちらもすることはできない」という条件も (1.38) 式で表せる．

*17) 「A_1 をしないときは A_2 と A_3 をともにすることはできない (すなわち A_2 と A_3 のうち高々どちらか一つしかすることはできない)」という条件も (1.39) 式で表せる．

でも 0-1 変数を用いて都合よく表される場合は少なくない．

最後に，とりうる値が変則的な変数を，0-1 変数と連続変数を組み合わせて表現する方法を紹介する．まず，変数 x は $x = a$ または $b \leqq x \leqq c$ を満たさなければならないとしよう．ただし $a < b < c$ である．このような変数は次のように，0-1 変数 y と二つの連続変数 z_1, z_2 を用いて表すことができる．

$$
\begin{aligned}
&x = ay + bz_1 + cz_2 \\
&y + z_1 + z_2 = 1 \\
&y = 0, 1,\ z_1 \geqq 0,\ z_2 \geqq 0
\end{aligned}
$$

実際，$y = 1$ のときは $z_1 = z_2 = 0$ であるから $x = a$ となり，$y = 0$ のときは $x = bz_1 + cz_2$ と $z_1 + z_2 = 1,\ z_1 \geqq 0,\ z_2 \geqq 0$ より，x は区間 $[b, c]$ 内の任意の値をとることができる．

次に，変数 x は $a \leqq x \leqq b$ または $c \leqq x \leqq d$ を満たさなければならないとしよう．ただし $a < b < c < d$ である．この変数は二つの 0-1 変数 y_1, y_2 と四つの連続変数 z_1, z_2, z_3, z_4 を用いて次のように表すことができる [*18)]．

$$
\begin{aligned}
&x = az_1 + bz_2 + cz_3 + dz_4 \\
&y_1 + z_3 + z_4 = 1,\ y_2 + z_1 + z_2 = 1 \\
&y_1 + y_2 = 1,\ y_i = 0, 1\ (i = 1, 2),\ z_j \geqq 0\ (j = 1, 2, 3, 4)
\end{aligned}
$$

まず，$y_1 + y_2 = 1$ より，$y_1 = 1,\ y_2 = 0$ または $y_1 = 0,\ y_2 = 1$ のどちらかが必ず成り立つことに注意しよう．前者の場合は，$y_1 + z_3 + z_4 = 1$ より，$z_3 = z_4 = 0$ であるから，$x = az_1 + bz_2,\ z_1 + z_2 = 1,\ z_1 \geqq 0,\ z_2 \geqq 0$ となり，x は区間 $[a, b]$ 内の値をとる．後者の場合も，同様の議論により，x は区間 $[c, d]$ 内の値をとることがいえる．

1.5 数理最適化問題

この章で取り上げた問題はいずれも次のような一般的な形で表すことができる．

---

*18) これまでもたびたび指摘しているように，この表現は変数 $y_1, y_2, z_1, z_2, z_3, z_4$ に関して「線形」であることに注意しよう．$x = y_1(az_1 + bz_2) + y_2(cz_3 + dz_4)$ としてもよいように思われるが，これは変数の積を含む非線形な表現であるから，数理最適化モデルとしては望ましくない．

$$
\begin{aligned}
&\text{目的関数：} \quad f(\boldsymbol{x}) \longrightarrow \text{最小 (あるいは最大)} \\
&\text{制約条件：} \quad \boldsymbol{x} \in \boldsymbol{S}
\end{aligned}
$$

ここで，変数 $\boldsymbol{x}$ は n 次元実ベクトル，目的関数 f は n 次元実ベクトル空間 $\mathbb{R}^n$ 上で定義された実数値関数である．また，制約条件を満たす $\boldsymbol{x}$ を**実行可能解**，その集まりである集合 $\boldsymbol{S} \subseteqq \mathbb{R}^n$ を**実行可能集合**あるいは**実行可能領域**，実行可能解のなかで目的関数が最小 (あるいは最大) となるものを**最適解**という．このような問題を総称して**数理最適化問題**という．

1.6 演 習 問 題

1.1 農業を営む林さんは 10 ヘクタールの芋畑を所有しているが，来年はその一部を「かぼちゃ」と「なす」の畑に転用することを考えている．ところが，現在の芋畑を「かぼちゃ」の畑にするには当座の資金として 1 ヘクタールあたり 5 万円が，「なす」の畑にするには当座の資金として 1 ヘクタールあたり 8 万円が必要であり，来年も引き続いて「いも」を作るのであれば 1 ヘクタールあたり 2 万円の当座の資金があれば十分である．林さんは当座の資金として現在 40 万円しかもっていないので，10 ヘクタールの芋畑を分割して，それらの野菜を栽培することにした．そこで，それらの野菜を栽培して得られる純利益を予測したところ，1 ヘクタールあたり「いも」「かぼちゃ」「なす」に対してそれぞれ 20 万円，30 万円，60 万円であることがわかった．林さんが最大の利益を得るためには畑をどのように分割して野菜を栽培すればよいか．これを数理最適化問題として定式化せよ．

1.2 藤村さんは大手スーパーの出店計画を担当しており，現在 A 市内で新しい店舗の候補地を探している．A 市には三つの大きな団地があり，店舗は最も遠い団地からの距離が最小となるような位置におくことが望ましい．A 市の市域を平面上の座標系を用いて表すと $\{(x, y) \,|\, 0 \leqq x \leqq 10,\ 0 \leqq y \leqq 10\}$ の正方形となり，三つの団地の位置はそれぞれ $(1,4), (6,8), (9,2)$ で与えられるものとする．新店舗は市内のどこにでもおけるものとして，その最適な位置を決定する問題を数理最適化問題として定式化せよ．ただし，平面上の 2 点 (x, y) と (a, b) の距離は $\sqrt{(x-a)^2 + (y-b)^2}$ で定義する．

1.3 町田さんは草野球チーム「三振タイガース」の監督をしている．チームには，山田さん，今井さん，大下さんの 3 人の強打者がおり，町田さんはクリーンナップでの 3 人の打順をどうすればいいかといつも頭を悩ましている．かれら 3 人のクリーンナップの各打順でのこれまでの成績 (打率) は次の表のとおりである．

	3 番	4 番	5 番
山田	0.295	0.309	0.315
今井	0.310	0.301	0.308
大下	0.288	0.285	0.302

3 人の打率の合計が最大となるような打順を求める問題を数理最適化問題として定式化せよ．

1.4 1.4.2 項の固定費つき輸送問題を考える．1.4.2 項では，倉庫を使用する場合，その倉庫からはいくらでも品物を輸送できるとしていたが，この条件を少し変更して，倉庫 A_1 を使用するときは倉庫 A_1 から最低でも 20 単位，倉庫 A_2 を使用するときは倉庫 A_2 から最低でも 15 単位の品物を輸送しなければならないという制限が課されるとする．また，倉庫を使用しないときも倉庫の維持管理費として，倉庫 A_1 には 50，倉庫 A_2 には 35 の費用がかかるとする．そのとき問題はどのように定式化されるか．

1.5 市内に M 軒の店舗 $A_1, A_2, \ldots, A_M$ をもつコンビニチェーンが，複数の配送センターを配置しようと計画している．配送センターは全部で N か所に配置するものとし，$B_1, B_2, \ldots, B_K$ の K か所がその候補地としてあがっている．ただし $K \geqq N$ であり，店舗 A_i と候補地 B_j の距離を d_{ij} とする．各店舗に対して一つの配送センターを割り当て，その店舗には割り当てられた配送センターからのみ商品を配送すると仮定する．そのとき，配送距離の総和が最小となるように K か所の候補地から N か所を選んで配送センターを配置する問題を数理最適化問題として定式化せよ．ただし，配送センターから商品を配送する際には，1 回の配送につき一つの店舗にのみ商品を配送するものとする．また，各配送センターから各店舗への配送は 1 日に 1 回とする．

第 2 章

線 形 最 適 化

線形最適化問題は最も基本的な数理最適化問題であり，現実の大規模な問題を解くことができる効率的な方法が開発されている．この章ではまず，一般に広く用いられているシンプレックス法 (単体法) を詳しく説明し，さらに双対定理や感度分析の考え方について述べる．次に，線形最適化問題に対する最初の多項式時間アルゴリズムである楕円体法を簡単に紹介した後，大規模な問題に対して最も効率的な方法とされている内点法にも言及する．

2.1　線形最適化問題

線形最適化問題とは，1.1 節で述べたように，いくつかの 1 次不等式や等式で表される制約条件のもとで，1 次関数を最大あるいは最小にする問題である．現実の線形最適化問題は様々な形に定式化されるが，問題の表現が不統一では不便なので，以下では主として問題を次の形に限定して話を進めることにする．

$$
\begin{aligned}
&\text{目的関数：}\quad \boldsymbol{c}^\top \boldsymbol{x} \;\longrightarrow\; \text{最小} \\
&\text{制約条件：}\quad A\boldsymbol{x} = \boldsymbol{b},\ \ \boldsymbol{x} \geqq \boldsymbol{0}
\end{aligned}
\tag{2.1}
$$

次の例に見るように，どのような線形最適化問題もこの形の問題に変換することができるので，問題の形を限定して議論しても一般性は失わない．問題 (2.1) を標準形の問題と呼ぶ．

例として次の問題を考えよう．

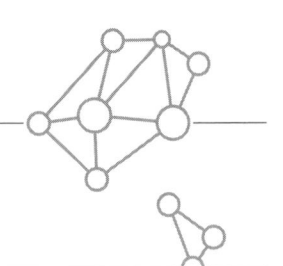

$$
\begin{array}{ll}
\text{目的関数：} & -2x_1 + 5x_2 \longrightarrow \text{最大} \\
\text{制約条件：} & 4x_1 - 6x_2 = 30 \\
& 2x_1 + 8x_2 \leqq 50 \\
& 7x_1 + 5x_2 \geqq 10 \\
& x_1 \geqq 0,\ x_2 \text{ は符号制約なし}
\end{array}
$$

この問題は問題 (2.1) と比較して

(1)　目的関数を最大化している．

(2)　変数 x_2 には符号の制約がない．

(3)　2 番目と 3 番目の制約条件がそれぞれ $\leqq$ と $\geqq$ を含む不等式になっている．

の三つの点が異なっている．(1) は，目的関数全体に -1 を掛けた関数 $2x_1 - 5x_2$ を最小化しても問題は変わらないので簡単に解決できる．(2) については，二つの非負変数 x_2' と x_2'' を新たに導入し，変数 x_2 を

$$x_2 = x_2' - x_2'', \qquad x_2' \geqq 0,\ x_2'' \geqq 0$$

で置き換えればよい．ただし，変数の記号に $'$ や $''$ を付けるのは少々煩雑なので，改めて x_2' を x_2 とおき，x_2'' は x_3 と表すことにすれば，上の問題は次の等価な問題に書き換えることができる．

$$
\begin{array}{ll}
\text{目的関数：} & 2x_1 - 5x_2 + 5x_3 \longrightarrow \text{最小} \\
\text{制約条件：} & 4x_1 - 6x_2 + 6x_3 = 30 \\
& 2x_1 + 8x_2 - 8x_3 \leqq 50 \\
& 7x_1 + 5x_2 - 5x_3 \geqq 10 \\
& x_1 \geqq 0,\ x_2 \geqq 0,\ x_3 \geqq 0
\end{array}
$$

最後に (3) を考えよう．2 番目の不等式 ($\leqq$) は，新しい非負変数 x_4 を用いて

$$2x_1 + 8x_2 - 8x_3 + x_4 = 50, \quad x_4 \geqq 0$$

とし，3 番目の不等式 ($\geqq$) も，別の非負変数 x_5 を新たに導入して

$$7x_1 + 5x_2 - 5x_3 - x_5 = 10, \quad x_5 \geqq 0$$

とすれば，どちらの不等式制約条件も等式制約条件に書き換えることができる．

x_4 や x_5 のように，不等式を等式に変換するために導入される非負変数をスラック変数 [*1] と呼ぶ．以上をまとめると，次の標準形の問題が得られる．

$$
\begin{aligned}
&\text{目的関数：} && 2x_1 - 5x_2 + 5x_3 \quad \longrightarrow \quad \text{最小} \\
&\text{制約条件：} && 4x_1 - 6x_2 + 6x_3 \qquad\qquad\qquad = 30 \\
& && 2x_1 + 8x_2 - 8x_3 + x_4 \qquad\quad = 50 \\
& && 7x_1 + 5x_2 - 5x_3 \qquad\quad - x_5 = 10 \\
& && x_1 \geqq 0,\ \ x_2 \geqq 0,\ \ x_3 \geqq 0,\ \ x_4 \geqq 0,\ \ x_5 \geqq 0
\end{aligned}
$$

この問題は最初の問題と見かけは異なっているが，まったく等価な問題である．

2.2 基底解と最適解

例として次の線形最適化問題を考えよう．

$$
\begin{aligned}
&\text{目的関数：} && -x_1 - x_2 \quad \longrightarrow \quad \text{最小} \\
&\text{制約条件：} && 3x_1 + 2x_2 \leqq 12 \\
& && x_1 + 2x_2 \leqq 8 \\
& && x_1 \geqq 0,\ \ x_2 \geqq 0
\end{aligned}
\tag{2.2}
$$

図 2.1 はこの問題の実行可能領域と目的関数の等高線を示している．この図からわかるように，2 変数の線形最適化問題においては，一般に実行可能領域は平面上の凸多角形 [*2] となり，目的関数の等高線は平行な直線となるので，最適解は実行可能領域である凸多角形の境界上に存在する．さらに，その凸多角形の頂点のうち少なくとも一つが最適解になっている [*3]．さらに，これと同様の性質は一般の n 変数の問題に対しても成り立つ．すなわち，線形最適化問題の実行可能領域は一般に空間 $\mathbb{R}^n$ 内の**凸多面体**であり，最適解が存在するとき [*4]，それはその

[*1] スラック (slack) は本来「緩み，たるみ」を意味する言葉であるが，この場合は不等式の右辺と左辺の差にたとえられている．

[*2] ある図形が凸であるとは「へこみ」のない状態をいう．4.1 節で凸集合の正式な定義を与える．

[*3] 図 2.1 の例では最適解は一つだけであるが，目的関数の等高線が実行可能領域の一つの辺と平行になっている場合には，その辺上の点がすべて最適解となる．しかし，そのような場合でも，その辺の両端の頂点は最適解であるから，実行可能領域の頂点のうち少なくとも一つが最適解であるという主張は正しい．

[*4] 後述するように，問題が最適解をもたない場合もある．

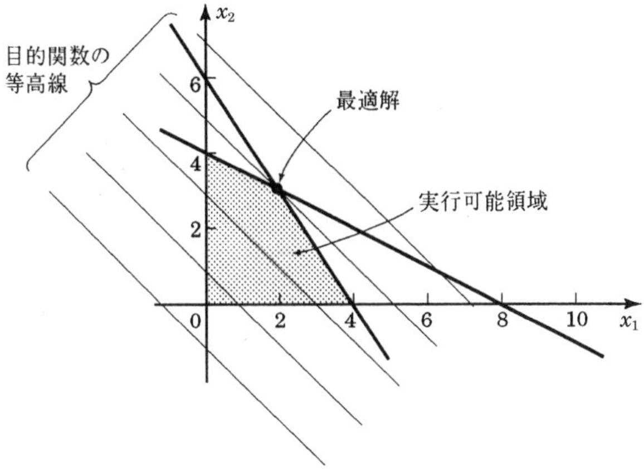

図 **2.1**　線形最適化問題の例

凸多面体の頂点のなかにあることがいえる.

この性質から，線形最適化問題の最適解を見つけるには，実行可能領域内のすべての点を考慮する必要はなく，その頂点だけを調べればよいことがわかる．頂点の個数は有限であるから，原理的には，すべての頂点をしらみつぶしに調べていけば最適解を見つけることができる．しかしながら，頂点の個数は問題の変数や制約条件式が増えるにつれて急激に大きくなるので，全頂点を調べるのではなく，ごく一部の頂点だけを探索して最適解を見出すような効率的なアルゴリズムが必要である．その代表的な手法が 1947 年にダンツィク (G. B. Dantzig) によって提案されたシンプレックス法 (単体法) である.

シンプレックス法の基本的な考え方は，実行可能領域の一つの頂点から始めて，目的関数の値が減少するように次々と隣接する頂点に移動していき，最終的に最適解に到達しようというものである．これを実現するには，まず実行可能領域の頂点をどのようにして計算するかを考えなければならない．そこで，説明のため，この節の最初にあげた問題 (2.2) を例として取り上げよう．まずスラック変数を用いて問題を標準形に変換する.

$$
\begin{array}{ll}
\text{目的関数：} & -x_1 - x_2 \longrightarrow \text{最小} \\
\text{制約条件：} & 3x_1 + 2x_2 + x_3 \phantom{{}+x_4} = 12 \\
& x_1 + 2x_2 \phantom{{}+x_3} + x_4 = 8 \\
& x_1 \geqq 0,\ x_2 \geqq 0,\ x_3 \geqq 0,\ x_4 \geqq 0
\end{array}
\tag{2.3}
$$

この問題の二つの等式制約条件を満たす $\boldsymbol{x} = (x_1, x_2, x_3, x_4)^\top$ は無数に存在するが，二つの変数を適当に選んでそれらを 0 とおけば，残りの二つの変数の値は一意的に定まる．そのようにして定まる $\boldsymbol{x}$ は等式制約条件を満たす特殊な解であり，**基底解**と呼ばれる．さらに，基底解のうち $\boldsymbol{x} \geqq \mathbf{0}$ を満たすものは問題の実行可能解であるから，とくに**実行可能基底解**という．また，基底解を定める際に 0 とおいた変数を**非基底変数**と呼び，それらを要素とするベクトルを $\boldsymbol{x}_N$ で表す．また，それ以外の変数を**基底変数**と呼び，それらを要素とするベクトルを $\boldsymbol{x}_B$ で表す [*5]．問題 (2.3) には次の六つの基底解が存在する．

(a) $\boldsymbol{x} = (2, 3, 0, 0)^\top$：基底変数 $\boldsymbol{x}_B = (x_1, x_2)^\top$，非基底変数 $\boldsymbol{x}_N = (x_3, x_4)^\top$

(b) $\boldsymbol{x} = (8, 0, -12, 0)^\top$：基底変数 $\boldsymbol{x}_B = (x_1, x_3)^\top$，非基底変数 $\boldsymbol{x}_N = (x_2, x_4)^\top$

(c) $\boldsymbol{x} = (4, 0, 0, 4)^\top$：基底変数 $\boldsymbol{x}_B = (x_1, x_4)^\top$，非基底変数 $\boldsymbol{x}_N = (x_2, x_3)^\top$

(d) $\boldsymbol{x} = (0, 4, 4, 0)^\top$：基底変数 $\boldsymbol{x}_B = (x_2, x_3)^\top$，非基底変数 $\boldsymbol{x}_N = (x_1, x_4)^\top$

(e) $\boldsymbol{x} = (0, 6, 0, -4)^\top$：基底変数 $\boldsymbol{x}_B = (x_2, x_4)^\top$，非基底変数 $\boldsymbol{x}_N = (x_1, x_3)^\top$

(f) $\boldsymbol{x} = (0, 0, 12, 8)^\top$：基底変数 $\boldsymbol{x}_B = (x_3, x_4)^\top$，非基底変数 $\boldsymbol{x}_N = (x_1, x_2)^\top$

図 2.2 は問題 (2.3) の実行可能領域を (x_1, x_2) 平面に表したものである (図 2.1 参照)．ここで，縦軸 (x_2 軸) と横軸 (x_1 軸) がそれぞれ $x_1 = 0$ と $x_2 = 0$ を，直線 $3x_1 + 2x_2 = 12$ と $x_1 + 2x_2 = 8$ がそれぞれ $x_3 = 0$ と $x_4 = 0$ を表すこと

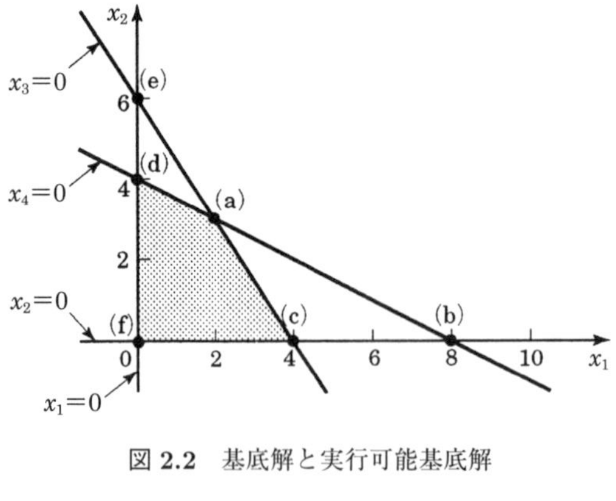

図 **2.2** 基底解と実行可能基底解

*5) 添字 B は基底変数 (basic variable)，N は非基底変数 (nonbasic variable) のそれぞれ頭文字からきている．

に注意しよう．したがって，上の六つの基底解は，図 2.2 において縦軸と横軸を含む 4 本の直線のうち 2 本が交わる点にほかならない．とくに，六つの基底解のうち実行可能基底解は (a), (c), (d), (f) の四つであるが，これらは確かに実行可能領域の頂点に対応している．

この例では一つの実行可能基底解がちょうど一つの頂点に対応していたが，そうでない場合もあるので少し注意が必要である．問題 (2.3) の制約条件の 2 番目の不等式の右辺を 8 から 4 に変更した制約条件を考えてみよう．

$$\begin{aligned} 3x_1 + 2x_2 + x_3 \qquad &= 12 \\ x_1 + 2x_2 \qquad + x_4 &= \ 4 \\ x_1 \geqq 0,\ x_2 \geqq 0,\ x_3 \geqq 0,\ &x_4 \geqq 0 \end{aligned} \tag{2.4}$$

この場合も，問題 (2.3) の場合と同様，次の六つの基底解が存在する．

(a′)　$\boldsymbol{x} = (4,0,0,0)^\top$: 基底変数 $\boldsymbol{x}_B = (x_1, x_2)^\top$，非基底変数 $\boldsymbol{x}_N = (x_3, x_4)^\top$

(b′)　$\boldsymbol{x} = (4,0,0,0)^\top$: 基底変数 $\boldsymbol{x}_B = (x_1, x_3)^\top$，非基底変数 $\boldsymbol{x}_N = (x_2, x_4)^\top$

(c′)　$\boldsymbol{x} = (4,0,0,0)^\top$: 基底変数 $\boldsymbol{x}_B = (x_1, x_4)^\top$，非基底変数 $\boldsymbol{x}_N = (x_2, x_3)^\top$

(d′)　$\boldsymbol{x} = (0,2,8,0)^\top$: 基底変数 $\boldsymbol{x}_B = (x_2, x_3)^\top$，非基底変数 $\boldsymbol{x}_N = (x_1, x_4)^\top$

(e′)　$\boldsymbol{x} = (0,6,0,-8)^\top$: 基底変数 $\boldsymbol{x}_B = (x_2, x_4)^\top$，非基底変数 $\boldsymbol{x}_N = (x_1, x_3)^\top$

(f′)　$\boldsymbol{x} = (0,0,12,4)^\top$: 基底変数 $\boldsymbol{x}_B = (x_3, x_4)^\top$，非基底変数 $\boldsymbol{x}_N = (x_1, x_2)^\top$

さらに，(2.4) 式で表される実行可能領域を図示すると図 2.3 のようになる．すなわち，この例では三つの実行可能基底解 (a′), (b′), (c′) が実行可能領域の一つの頂点に集まってしまったため，前の例のような 1 対 1 の対応関係が成立してい

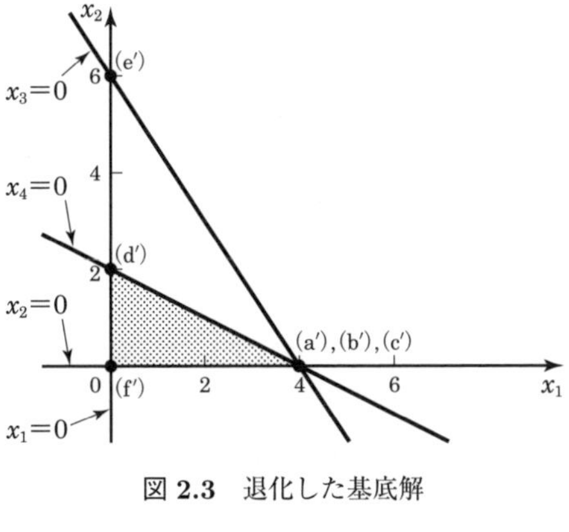

図 **2.3**　退化した基底解

ない．また，これらの実行可能基底解では，基底変数のなかに値が 0 であるようなものが存在している．このような基底解は退化した基底解と呼ばれる．この例のような状況はかなり特殊な状況と考えられるが，現実の問題においてはその問題の構造上，退化した基底解が現れることは珍しいことではなく，シンプレックス法の振る舞いを考えるときには少し注意が必要となる．

さて，ここで一般の線形最適化問題に対して実行可能基底解を正式に定義しておこう．標準形線形最適化問題の制約条件を考える．

$$\boldsymbol{A}\boldsymbol{x} = \boldsymbol{b}, \quad \boldsymbol{x} \geqq \boldsymbol{0}$$

ただし $\boldsymbol{A}$ は $m \times n$ 行列であり，$m < n$ かつ $\operatorname{rank} \boldsymbol{A} = m$ とする [*6)]．このとき変数は全部で n 個，そのうち基底変数は m 個，非基底変数は $n-m$ 個となる．上の例と同様，m 次元基底変数ベクトルを $\boldsymbol{x}_B$ で，$(n-m)$ 次元非基底変数ベクトルを $\boldsymbol{x}_N$ で表す．さらに，行列 $\boldsymbol{A}$ の n 本の列を，基底変数に対応する m 本の列と非基底変数に対応する $n-m$ 本の列に分割し，前者からなる $m \times m$ 行列を $\boldsymbol{B}$ で，後者からなる $m \times (n-m)$ 行列を $\boldsymbol{N}$ で表す．とくに，$\boldsymbol{B}$ が正則行列であるとき [*7)]，行列 $\boldsymbol{B}, \boldsymbol{N}$ をそれぞれ基底行列，非基底行列と呼ぶ．

問題 (2.3) においては，たとえば (a) の基底解 $\boldsymbol{x}_B = (x_1, x_2)^\top$, $\boldsymbol{x}_N = (x_3, x_4)^\top$ に対する基底行列と非基底行列はそれぞれ

$$\boldsymbol{B} = \begin{pmatrix} 3 & 2 \\ 1 & 2 \end{pmatrix}, \quad \boldsymbol{N} = \begin{pmatrix} 1 & 0 \\ 0 & 1 \end{pmatrix}$$

となり，(c) の基底解 $\boldsymbol{x}_B = (x_1, x_4)^\top$, $\boldsymbol{x}_N = (x_2, x_3)^\top$ に対する基底行列と非基底行列はそれぞれ

$$\boldsymbol{B} = \begin{pmatrix} 3 & 0 \\ 1 & 1 \end{pmatrix}, \quad \boldsymbol{N} = \begin{pmatrix} 2 & 1 \\ 2 & 0 \end{pmatrix}$$

となる．

---

*6) 行列 $\boldsymbol{A}$ の m 個の行 (ベクトル) のなかで 1 次独立なものの最大個数を $\boldsymbol{A}$ の階数といい，$\operatorname{rank} \boldsymbol{A}$ と書く．したがって，$\operatorname{rank} \boldsymbol{A} = m$ は $\boldsymbol{A}$ のすべての行が 1 次独立であることを意味している．

*7) $\operatorname{rank} \boldsymbol{A} = m$ であっても，$\boldsymbol{A}$ の n 本の列から m 本を選んでできる $m \times m$ 行列 $\boldsymbol{B}$ が正則にならないこともある．

ある分割 $\boldsymbol{A} = (\boldsymbol{B}, \boldsymbol{N})$ が与えられたとき，制約条件式 $\boldsymbol{Ax} = \boldsymbol{b}$ は次のように表すことができる．

$$\boldsymbol{Bx}_B + \boldsymbol{Nx}_N = \boldsymbol{b} \tag{2.5}$$

ここで $\boldsymbol{B}$ が正則ならば，非基底変数の値を 0 とおくことにより，基底解

$$\boldsymbol{x}_B = \boldsymbol{B}^{-1}\boldsymbol{b}, \qquad \boldsymbol{x}_N = \boldsymbol{0}$$

が得られる．とくに $\boldsymbol{B}^{-1}\boldsymbol{b} \geqq \boldsymbol{0}$ のとき，この基底解は**実行可能基底解**となる．ふつう，上の例のように，基底変数の選び方に応じていくつもの実行可能基底解が得られるが，その各々が実行可能領域 (凸多面体) の頂点に対応する．また，ある実行可能基底解に対して，一組の基底変数と非基底変数を入れ替えた基底解がまた実行可能解となるとき，この操作は実行可能領域の一つの頂点からそれと隣り合う別の頂点に移動することを意味する．たとえば，問題 (2.3) の実行可能基底解 (c) において基底変数 x_4 を非基底変数 x_2 と入れ替えることにより実行可能基底解 (a) が得られるが，図 2.2 を見ると，(a) は確かに (c) に隣接する頂点になっている．このような基底変数と非基底変数の入れ替えを**ピボット操作**と呼ぶ．

先に述べたように，最適解は実行可能基底解のなかに存在するが，それでは実際に，ある実行可能基底解 $(\boldsymbol{x}_B, \boldsymbol{x}_N) = (\boldsymbol{B}^{-1}\boldsymbol{b}, \boldsymbol{0})$ が最適解かどうかを調べるにはどうすればよいであろうか．(2.5) 式より，基底変数 $\boldsymbol{x}_B$ は非基底変数 $\boldsymbol{x}_N$ を用いて

$$\boldsymbol{x}_B = \boldsymbol{B}^{-1}\boldsymbol{b} - \boldsymbol{B}^{-1}\boldsymbol{N}\boldsymbol{x}_N \tag{2.6}$$

と表されるので，これを目的関数に代入すると

$$\begin{aligned} \boldsymbol{c}^\top \boldsymbol{x} &= \boldsymbol{c}_B^\top \boldsymbol{x}_B + \boldsymbol{c}_N^\top \boldsymbol{x}_N \\ &= \boldsymbol{c}_B^\top \boldsymbol{B}^{-1}\boldsymbol{b} + (\boldsymbol{c}_N - \boldsymbol{N}^\top (\boldsymbol{B}^\top)^{-1}\boldsymbol{c}_B)^\top \boldsymbol{x}_N \end{aligned} \tag{2.7}$$

となる．ただし，$\boldsymbol{c}_B$ と $\boldsymbol{c}_N$ はそれぞれ $\boldsymbol{x}_B$ と $\boldsymbol{x}_N$ に対応するベクトル $\boldsymbol{c}$ の要素からなるベクトルである．ここで m 次元ベクトル $\boldsymbol{\pi}$ を次式で定義する．

$$\boldsymbol{\pi} = (\boldsymbol{B}^\top)^{-1}\boldsymbol{c}_B \tag{2.8}$$

$\boldsymbol{\pi}$ は**シンプレックス乗数**と呼ばれる．そのとき，(2.6) ～ (2.8) 式より，問題 (2.1) は次のように非基底変数 $\boldsymbol{x}_N$ のみを含む等価な問題に書き換えることができる．

$$\begin{array}{ll} \text{目的関数：} & \boldsymbol{\pi}^\top \boldsymbol{b} + (\boldsymbol{c}_N - \boldsymbol{N}^\top \boldsymbol{\pi})^\top \boldsymbol{x}_N \quad \longrightarrow \quad \text{最小} \\ \text{制約条件：} & \boldsymbol{B}^{-1}\boldsymbol{b} - \boldsymbol{B}^{-1}\boldsymbol{N}\boldsymbol{x}_N \geqq \boldsymbol{0}, \quad \boldsymbol{x}_N \geqq \boldsymbol{0} \end{array} \tag{2.9}$$

さて，いま

$$\boldsymbol{c}_N - \boldsymbol{N}^\top \boldsymbol{\pi} \geqq \boldsymbol{0} \tag{2.10}$$

が成立しているとしよう．そのとき，問題 (2.9) のすべての実行可能解は $\boldsymbol{x}_N \geqq \boldsymbol{0}$ を満たすので，目的関数は $\boldsymbol{x}_N = \boldsymbol{0}$ のとき最小値 $\boldsymbol{c}^\top \boldsymbol{x} = \boldsymbol{\pi}^\top \boldsymbol{b}$ ($= \boldsymbol{c}_B^\top \boldsymbol{B}^{-1}\boldsymbol{b}$) をとる．このことから，いま考えている実行可能基底解 $(\boldsymbol{x}_B, \boldsymbol{x}_N) = (\boldsymbol{B}^{-1}\boldsymbol{b}, \boldsymbol{0})$ は問題 (2.1) の最適解であることがいえる．すなわち，(2.10) 式が実行可能基底解の最適性を判定する条件となる．(2.10) 式を満たす実行可能基底解を**最適基底解**と呼び，そのときの基底行列を**最適基底行列**あるいは単に**最適基底**という．

問題 (2.3) の実行可能基底解 (a) に対して，最適性条件 (2.10) を調べてみよう．$\boldsymbol{c}_B = (-1, -1)^\top$，$\boldsymbol{c}_N = (0, 0)^\top$ であり，(2.8) 式より $\boldsymbol{\pi} = (-1/4, -1/4)^\top$ を得るので

$$\begin{aligned} \boldsymbol{c}_N - \boldsymbol{N}^\top \boldsymbol{\pi} &= \begin{pmatrix} 0 \\ 0 \end{pmatrix} - \begin{pmatrix} 1 & 0 \\ 0 & 1 \end{pmatrix} \begin{pmatrix} -1/4 \\ -1/4 \end{pmatrix} \\ &= \begin{pmatrix} 1/4 \\ 1/4 \end{pmatrix} \end{aligned}$$

となる．よって，(2.10) 式が成り立つので，この実行可能基底解は最適解であることが確かめられる．なお，ベクトル $\boldsymbol{c}_N - \boldsymbol{N}^\top \boldsymbol{\pi}$ の各要素を非基底変数 $\boldsymbol{x}_N$ の**相対コスト係数**と呼ぶ．

2.3　シンプレックス法

現在の実行可能基底解 $(\boldsymbol{x}_B, \boldsymbol{x}_N) = (\boldsymbol{B}^{-1}\boldsymbol{b}, \boldsymbol{0})$ において最適性条件 (2.10) が成り立たないときは，基底変数の入れ替え，すなわちピボット操作を行うことにより，新しい実行可能基底解に移る．その際，目的関数値が減少するように移動するのがシンプレックス法の基本的な考え方である．

条件 (2.10) が成り立たないとき，問題 (2.9) の目的関数における変数 $\boldsymbol{x}_N$ の係数すなわち相対コスト係数 $\boldsymbol{c}_N - \boldsymbol{N}^\top \boldsymbol{\pi}$ の要素のなかに負であるものが少なく

とも一つ存在する．そこで，そのような負の係数をもつ非基底変数 x_k を一つ選び，ほかの非基底変数の値はすべて 0 に固定した上で，x_k の値を現在の値 0 から増加させれば，問題 (2.9) の目的関数，すなわち問題 (2.1) の目的関数の値が減少すると考えられる．その際，(2.6) 式より，基底変数 $\boldsymbol{x}_B$ は

$$\boldsymbol{x}_B = \boldsymbol{B}^{-1}\boldsymbol{b} - \boldsymbol{B}^{-1}\boldsymbol{a}_k x_k \tag{2.11}$$

にしたがって変化するので，制約条件 $\boldsymbol{A}\boldsymbol{x} = \boldsymbol{b}$ は満たされる．ただし，$\boldsymbol{a}_k$ は非基底変数 x_k に対応する行列 $\boldsymbol{A}$ の列を表す．ここで表記を簡単にするため

$$\bar{\boldsymbol{b}} = \boldsymbol{B}^{-1}\boldsymbol{b}, \quad \boldsymbol{y} = \boldsymbol{B}^{-1}\boldsymbol{a}_k \tag{2.12}$$

とおく．そのとき，(2.11) 式と (2.12) 式より，非基底変数 x_k を最大

$$\theta = \min\left\{ \bar{b}_i/y_i \;\middle|\; y_i > 0 \ (i = 1, 2, \ldots, m) \right\} \tag{2.13}$$

まで増加させても，すべての変数に対して非負条件 $\boldsymbol{x} \geqq \boldsymbol{0}$ は保たれる．また，(2.11) 式より，x_k の値を θ まで増やしたとき，$\theta = \bar{b}_i/y_i$ を満たす i に対応する基底変数の値は 0 になっているので，そのような基底変数と非基底変数 x_k を入れ替えるピボット操作を行う [*8]．

なお，$y_i > 0$ であるような i が存在しないときは，非基底変数 x_k をどんどん大きくしていくと，問題 (2.9) の制約条件を破ることなく，目的関数値をいくらでも小さくできるので，問題 (2.9) すなわち問題 (2.1) は有限な最小値をもたないことがわかる．そのような問題は有界でないという．

シンプレックス法の計算手順は次のようにまとめられる．

シンプレックス法

(0)　初期実行可能基底解 $(\boldsymbol{x}_B, \boldsymbol{x}_N) = (\boldsymbol{B}^{-1}\boldsymbol{b}, \boldsymbol{0})$ を選ぶ．$\bar{\boldsymbol{b}} = \boldsymbol{B}^{-1}\boldsymbol{b}$ とおく．

(1)　シンプレックス乗数 $\boldsymbol{\pi} = (\boldsymbol{B}^\top)^{-1}\boldsymbol{c}_B$ を計算する．

(2)　非基底変数の相対コスト係数 $c_j - \boldsymbol{\pi}^\top \boldsymbol{a}_j$ がすべて 0 以上なら，最適基底解が得られているので計算終了．そうでなければ，$c_k - \boldsymbol{\pi}^\top \boldsymbol{a}_k < 0$ であるような非基底変数 x_k を一つ選ぶ．

---

*8)　$\theta = \bar{b}_i/y_i$ となる i が複数存在することもある．そのような i に対応する複数の基底変数のなかからどれを選ぶかは (理論的には) 少し微妙な問題であるが，後述するように，実際上は適当な規則にしたがって選べば十分である．

(3) ベクトル $\boldsymbol{y} = \boldsymbol{B}^{-1}\boldsymbol{a}_k$ を計算する.

(4) ベクトル $\boldsymbol{y}$ に正の要素がなければ，問題は有界でないので計算終了．そうでなければ，(2.13) 式の θ および $\theta = \bar{b}_i/y_i$ となる i を求める.

(5) 非基底変数 x_k の値を θ，それ以外の非基底変数の値を 0 とおく．基底変数 $\boldsymbol{x}_B$ の値を $\boldsymbol{x}_B = \bar{\boldsymbol{b}} - \theta\boldsymbol{y}$ とおく．非基底変数 x_k を基底変数とし，ステップ (4) で求めた i に対応する基底変数を非基底変数として基底解を更新する．ステップ (1) に戻る.

シンプレックス法の計算が終了したとき，問題が有界でないと判定されるか，または最適解が得られている.

なお，$\boldsymbol{\pi} = (\boldsymbol{B}^\top)^{-1}\boldsymbol{c}_B$ と $\boldsymbol{y} = \boldsymbol{B}^{-1}\boldsymbol{a}_k$ の計算は，逆行列 $\boldsymbol{B}^{-1}$ を実際に求めるのではなく，それぞれ 1 次方程式

$$\boldsymbol{B}^\top\boldsymbol{\pi} = \boldsymbol{c}_B$$

$$\boldsymbol{B}\boldsymbol{y} = \boldsymbol{a}_k$$

を解けばよい．さらに，1 回の反復 (ピボット操作) によって基底行列 $\boldsymbol{B}$ はちょうど一つの列の成分だけが変化することに着目すれば，前回の反復で計算に用いた情報を次の反復において有効に利用できる．シンプレックス法を効率的に実行するには，そのような方法を取り入れる必要があるが，少し煩雑な議論を必要とするので，ここでは説明を省略する.

具体例として，前節の問題 (2.3) をシンプレックス法で解いてみよう．出発点となる初期実行可能基底解を $\boldsymbol{x}_B = (x_3, x_4)^\top = (12, 8)^\top\ (= \bar{\boldsymbol{b}})$, $\boldsymbol{x}_N = (x_1, x_2)^\top = (0, 0)^\top$ とする．なお，出発点での目的関数値は 0 である.

[反復 1]

(1) $\boldsymbol{\pi} = (\boldsymbol{B}^\top)^{-1}\boldsymbol{c}_B = \begin{pmatrix} 1 & 0 \\ 0 & 1 \end{pmatrix}^{-1} \begin{pmatrix} 0 \\ 0 \end{pmatrix} = \begin{pmatrix} 0 \\ 0 \end{pmatrix}$

(2) $c_1 - \boldsymbol{\pi}^\top\boldsymbol{a}_1 = -1 - (0, 0)\begin{pmatrix} 3 \\ 1 \end{pmatrix} = -1, \quad c_2 - \boldsymbol{\pi}^\top\boldsymbol{a}_2 = -1 - (0, 0)\begin{pmatrix} 2 \\ 2 \end{pmatrix} = -1$

相対コスト係数はともに負なので，非基底変数 x_1, x_2 のいずれを選んでもよいが，ここでは x_1 を選ぶことにする.

(3) $\boldsymbol{y} = \boldsymbol{B}^{-1}\boldsymbol{a}_1 = \begin{pmatrix} 1 & 0 \\ 0 & 1 \end{pmatrix}^{-1} \begin{pmatrix} 3 \\ 1 \end{pmatrix} = \begin{pmatrix} 3 \\ 1 \end{pmatrix}$

(4) $\theta = \min\{12/3, 8/1\} = 4$, $i = 1$ ($i = 1$ であるから，1 番目の基底変数 x_3 の値が 0 になる).

(5) $\boldsymbol{x}_N = \begin{pmatrix} x_1 \\ x_2 \end{pmatrix} = \begin{pmatrix} 4 \\ 0 \end{pmatrix}, \boldsymbol{x}_B = \begin{pmatrix} x_3 \\ x_4 \end{pmatrix} = \begin{pmatrix} 12 \\ 8 \end{pmatrix} - 4 \begin{pmatrix} 3 \\ 1 \end{pmatrix} = \begin{pmatrix} 0 \\ 4 \end{pmatrix}$

x_1 と x_3 を入れ替えて，$\boldsymbol{x}_B = (x_1, x_4)^\top = (4, 4)^\top$，$\boldsymbol{x}_N = (x_2, x_3)^\top = (0, 0)^\top$ とする．目的関数値は -4 に減少する．次の反復に進む.

[反復 **2**]

(1) $\boldsymbol{\pi} = (\boldsymbol{B}^\top)^{-1}\boldsymbol{c}_B = \begin{pmatrix} 3 & 1 \\ 0 & 1 \end{pmatrix}^{-1} \begin{pmatrix} -1 \\ 0 \end{pmatrix} = \begin{pmatrix} -1/3 \\ 0 \end{pmatrix}$

(2) $c_2 - \boldsymbol{\pi}^\top \boldsymbol{a}_2 = -1 - (-1/3, 0) \begin{pmatrix} 2 \\ 2 \end{pmatrix} = -1/3$

$c_3 - \boldsymbol{\pi}^\top \boldsymbol{a}_3 = 0 - (-1/3, 0) \begin{pmatrix} 1 \\ 0 \end{pmatrix} = 1/3$

相対コスト係数が負である非基底変数は x_2 だけであるから，x_2 を選ぶ.

(3) $\boldsymbol{y} = \boldsymbol{B}^{-1}\boldsymbol{a}_2 = \begin{pmatrix} 3 & 0 \\ 1 & 1 \end{pmatrix}^{-1} \begin{pmatrix} 2 \\ 2 \end{pmatrix} = \begin{pmatrix} 2/3 \\ 4/3 \end{pmatrix}$

(4) $\theta = \min\{4/(2/3), 4/(4/3)\} = 3$, $i = 2$ ($i = 2$ であるから，2 番目の基底変数 x_4 の値が 0 となる).

(5) $\boldsymbol{x}_N = \begin{pmatrix} x_2 \\ x_3 \end{pmatrix} = \begin{pmatrix} 3 \\ 0 \end{pmatrix}, \boldsymbol{x}_B = \begin{pmatrix} x_1 \\ x_4 \end{pmatrix} = \begin{pmatrix} 4 \\ 4 \end{pmatrix} - 3 \begin{pmatrix} 2/3 \\ 4/3 \end{pmatrix} = \begin{pmatrix} 2 \\ 0 \end{pmatrix}$

x_2 と x_4 を入れ替えて，$\boldsymbol{x}_B = (x_1, x_2)^\top = (2, 3)^\top$，$\boldsymbol{x}_N = (x_3, x_4)^\top = (0, 0)^\top$ とする．目的関数値は -5 に減少する．次の反復に進む.

[反復 **3**]

(1) $\boldsymbol{\pi} = (\boldsymbol{B}^\top)^{-1}\boldsymbol{c}_B = \begin{pmatrix} 3 & 1 \\ 2 & 2 \end{pmatrix}^{-1} \begin{pmatrix} -1 \\ -1 \end{pmatrix} = \begin{pmatrix} -1/4 \\ -1/4 \end{pmatrix}$

(2) $c_3 - \boldsymbol{\pi}^\top \boldsymbol{a}_3 = 0 - (-1/4, -1/4) \begin{pmatrix} 1 \\ 0 \end{pmatrix} = 1/4$

$c_4 - \boldsymbol{\pi}^\top \boldsymbol{a}_4 = 0 - (-1/4, -1/4) \begin{pmatrix} 0 \\ 1 \end{pmatrix} = 1/4$

相対コスト係数はどちらも正であるから，現在の基底解は最適解.

問題 (2.3) に対して，初期解を $\boldsymbol{x} = (0, 0, 12, 8)^\top$ としてシンプレックス法を適用すると，2 回の反復で最適解 $\boldsymbol{x} = (2, 3, 0, 0)^\top$ が得られることが示せた．上の計算例では，最初の反復のステップ (2) で非基底変数 x_1 を選んだが，かわりに x_2 を選んでもやはり最終的におなじ最適解に到達する．このように，各反復において，相対コスト係数が負であるような非基底変数が複数あるとき，理論上はどれを選んでも構わないが，実際にはその選び方によって最適解に到達するまでに要する反復回数は変動する．反復回数を減少させるという観点からは，一般に，相対コスト係数の小さいもの (つまり負の相対コスト係数で絶対値の大きいもの) を選ぶのが有力とされている．

また，上の例では起こらなかったが，一般に，ある反復のステップ (3) において，$\theta = \bar{b}_i/y_i$ であるような i が複数存在する可能性がある．そのような場合には，次の反復に入る時点で，値が 0 であるような基底変数をもつ実行可能基底解，すなわち退化した実行可能基底解 [*9] が現れる．退化した基底解が計算の途中で現れると，$\bar{b}_i = 0$ となる i が存在するので，(2.13) 式より $\theta = 0$ となる可能性がある．もし $\theta = 0$ となれば，ピボット操作 (基底変数と非基底変数の入れ替え) を行っても，実際には変数の値が変化せず，目的関数値も減少しない [*10]．

さらに，退化が生じると，実質的におなじ点にとどまったまま基底の入れ替えが続けられ，何回かのピボット操作の後に，おなじ実行可能基底解 (おなじ基底変数と非基底変数の組合せ) に戻ってくるという事態も考えられる．このような現象を**循環**というが，いったん循環が起これば，シンプレックス法は無限ループに陥り，決して最適解に到達することはない．循環を避ける方法はいくつか考案されており，なかでも，ピボット操作の対象となる基底変数と非基底変数の候補が複数存在するときには，変数に前もって付けられている番号 (添字) が最小のものを選ぶという簡単な方法 (**最小添字規則**あるいは発見者の名をとって**ブランドの規則** [*11] という) がよく知られている．ただし，最小添字規則は最適解に到達するのに要する反復回数の面で必ずしも有利とはいえない．さらに現実の問題においては，このような方法を用いなくても，循環が起こる可能性はきわめて低いので，実際には上に述べたような相対コスト係数の大きさに基づく方法を用い

---

*9) 2.2 節の (2.4) 式の例を参照．

*10) 2.2 節でも述べたように，退化が生じているときには，見かけ上は一つの点 (実行可能領域の頂点) であっても，それが複数の「異なる」実行可能基底解に対応しており，ピボット操作によりこれらの実行可能基底解のあいだを「移動」する．

*11) 1977 年に R. G. Bland によって示された．

ることが多い．

2.4　シンプレックス・タブロー

2.3 節で述べたシンプレックス法の計算はシンプレックス・タブローあるいは単にタブローと呼ばれる表を用いて実行できる．2.3 節同様，問題 (2.3) を例にとって説明していこう．まず，問題 (2.3) を次のような表形式で表す．

	-1	-1	0	0	0
x_3	3^*	2	1	0	12
x_4	1	2	0	1	8

このタブローの最初の行は目的関数における各変数の係数，その下の部分は制約条件における各変数の係数，右端の数 12 と 8 は制約条件の右辺の定数を表している (タブロー中の $*$ については後で説明する)．この問題の初期実行可能基底解は $\boldsymbol{x}_B = (x_3, x_4)^\top = (12, 8)^\top$，$\boldsymbol{x}_N = (x_1, x_2)^\top = (0, 0)^\top$ である．とくに，制約条件の第 1 式，第 2 式に対応する基底変数がそれぞれ x_3, x_4 であることはタブローの欄外に示されている．さらに，基底変数 x_3 と x_4 の値は，それぞれ対応する行の一番右の数 12 と 8 に等しい．また，右上角にはこの基底解における目的関数値に -1 を掛けた数が現れている．初期実行可能基底解においてはこの値は 0 である．

一般に，シンプレックス法の計算の途中では，タブローの最初の行には相対コスト係数 $\boldsymbol{c}_N - \boldsymbol{N}^\top \boldsymbol{\pi}$ の要素が，その下の部分にはベクトル $\boldsymbol{B}^{-1}\boldsymbol{a}_j$ $(j = 1, 2, \ldots, n)$ が並んでいる．また，右端の列には $\boldsymbol{B}^{-1}\boldsymbol{b}$ が現れている．

したがって，上のタブローが表す実行可能基底解が最適解かどうかを調べるには，一番上の行に現れている相対コスト係数のなかに負の要素があるかどうかを見ればよい．もし，すべての要素が 0 または正なら，この実行可能基底解は最適解である．上のタブローにおいては，第 1 要素と第 2 要素がともに -1 であるから最適ではない．このことは，たとえば，現在の非基底変数である x_1 を基底変数とすれば目的関数値が改善できることを示している．しかし，そのためには，x_1 と入れ替わりに基底から出る基底変数を決定する必要がある．そこで，第 1 列 (変数 x_1 に対応する列) 中の正の要素に着目し，それらの各要素でその行の右端の列の要素を割った値を計算する．いまの場合，それらの値は 12/3 (= 4) と 8/1 (= 8) となるが，その小さいほうの行に対応する基底変数 x_3 が変数 x_1 と入れ違いに基底から出る変数となる．基底に入る非基底変数に対応する列 (ピボット列という) と基底から出る基底変数に対応する行 (ピボット行という) が交差する位置にある要素 (タブロー中で * を付けた要素) をピボット要素と呼ぶ．

非基底変数 x_1 と基底変数 x_3 を入れ替えるピボット操作を実際にタブロー上で実行するには，以下のようにすればよい．まず，ピボット行のすべての要素をピボット要素 3 で割る．その結果，とくにピボット要素の値は 1 となる．次に，ピボット列の要素がピボット要素以外はすべて 0 となるように，ピボット行全体を何倍かしたものを各行から引く．この例では，一番上の行からは (ピボット要素で行全体を割る操作を施した後の) ピボット行を -1 倍して引き，一番下の行からはピボット行を 1 倍したものを引けばよい．そのような操作を行うと，タブローは次のようになる．

	0	$-1/3$	$1/3$	0	4
x_1	1	$2/3$	$1/3$	0	4
x_4	0	$4/3^*$	$-1/3$	1	4

このタブローは，新しい実行可能基底解が $\boldsymbol{x}_B = (x_1, x_4)^\top = (4,4)^\top$, $\boldsymbol{x}_N = (x_2, x_3)^\top = (0,0)^\top$ であり，そのときの目的関数値は -4 (右上角の数に -1 を掛けたもの) であることを示している．

このタブローが最適解を表しているかどうかを調べるために，一番上の行を見ると，変数 x_2 の相対コスト係数は $-1/3$ と負になっているので，この実行可能基底解は最適ではないことがわかる．そこで，変数 x_2 の列をピボット列とし，その列の正の要素で右端の要素を割って値を比較する．その結果，$4/(2/3)$ (= 6) と $4/(4/3)$ (= 3) の小さいほうに対応する基底変数 x_4 の行がピボット行と定まり，ピボット要素は 4/3 となる．したがって，ピボット操作では，非基底変数 x_2 を基底に入れ，かわりに基底変数 x_4 を基底から出すことになる．新しい実行可能基底解に対応するタブローは，ピボット行全体をピボット要素 4/3 で割り，さらに，そうして得られたピボット行を $-1/3$ 倍したものを一番上の行から，2/3 倍したものを次の行からそれぞれ引くことにより求められる．

	0	0	1/4	1/4	5
x_1	1	0	1/2	−1/2	2
x_2	0	1	−1/4	3/4	3

このタブローは，新しい実行可能基底解が $\boldsymbol{x}_B = (x_1, x_2)^\top = (2,3)^\top$, $\boldsymbol{x}_N = (x_3, x_4)^\top = (0,0)^\top$ であり，目的関数値が -5 であることを示している．また，一番上の行の相対コスト係数に負のものはもはや存在しないので，この実行可能基底解は最適解である．

以下では，タブローとその更新方法について詳しく見てみよう．この節のはじめに述べたように，一般に，タブローには現在の実行可能基底解に関する情報が図 2.4 のように格納されている．

$c_1 - \boldsymbol{\pi}^\top \boldsymbol{a}_1$	$c_2 - \boldsymbol{\pi}^\top \boldsymbol{a}_2$	$\cdots$	$c_n - \boldsymbol{\pi}^\top \boldsymbol{a}_n$	$-\boldsymbol{c}^\top \boldsymbol{x}$
$\boldsymbol{B}^{-1}\boldsymbol{a}_1$	$\boldsymbol{B}^{-1}\boldsymbol{a}_2$	$\cdots$	$\boldsymbol{B}^{-1}\boldsymbol{a}_n$	$\boldsymbol{B}^{-1}\boldsymbol{b}$

図 **2.4** シンプレックス・タブローの一般形

具体的には，タブローの左上のブロックにステップ (2) で用いる相対コスト係数 $c_j - \boldsymbol{\pi}^\top \boldsymbol{a}_j$ が並んでいる．また，ステップ (3) のベクトル $\boldsymbol{y} = \boldsymbol{B}^{-1}\boldsymbol{a}_k$ は左下のブロックに並んでいるベクトルのなかの一つである．右下のベクトル $\boldsymbol{B}^{-1}\boldsymbol{b}$ は基底変数の値を表す．右上の $-\boldsymbol{c}^\top \boldsymbol{x}$ はシンプレックス法の実行において必要のない情報であるが，タブローを更新する際に副次的に得られるものである．

タブローには，基底変数に対応して必ず 0 または 1 となるところがある．タブローの左上のブロックでは，$\boldsymbol{\pi}$ の定義より

$$\boldsymbol{c}_B^\top - \boldsymbol{\pi}^\top \boldsymbol{B} = \boldsymbol{c}_B - \boldsymbol{c}_B^\top \boldsymbol{B}^{-1}\boldsymbol{B} = \boldsymbol{0}$$

となることから，基底変数 x_i に対応する $c_i - \boldsymbol{\pi}^\top \boldsymbol{a}_i$ は 0 となる．また，タブローの左下のブロックでは，基底変数 x_i に対応する $\boldsymbol{B}^{-1}\boldsymbol{a}_i$ の要素は 0 または 1 となる．たとえば，$n = 4, m = 2$，基底変数 $\boldsymbol{x}_B = (x_2, x_4)^\top$ のときには

$$\boldsymbol{B} = (\boldsymbol{a}_2\ \boldsymbol{a}_4),\ \ \boldsymbol{B}^{-1}\boldsymbol{a}_2 = \begin{pmatrix} 1 \\ 0 \end{pmatrix},\ \ \boldsymbol{B}^{-1}\boldsymbol{a}_4 = \begin{pmatrix} 0 \\ 1 \end{pmatrix}$$

$$\boldsymbol{\pi}^\top = (c_2, c_4)\boldsymbol{B}^{-1},\ \ c_2 - \boldsymbol{\pi}^\top \boldsymbol{a}_2 = 0,\ c_4 - \boldsymbol{\pi}^\top \boldsymbol{a}_4 = 0$$

となり，タブローは以下のようになる．

	x_1	x_2	x_3	x_4	
		0		0	
x_2		1		0	
x_4		0		1	

ここで，タブローの上部の x_1, x_2, x_3, x_4 は説明の便宜上つけたものである．

次に，タブローの更新について，問題 (2.3) を用いて説明しよう．ここでは，初期実行可能基底解 $\boldsymbol{x}_B = (x_3, x_4)^\top$，$\boldsymbol{x}_N = (x_1, x_2)^\top$ のタブローを更新して，基底変数を $\boldsymbol{x}_B = (x_1, x_4)^\top$ としたタブローを作成することを考える．新しいタブローは基底変数 x_1, x_4 に対応する列に 0 または 1 が並ぶ以下のようなものとなる．

	x_1	x_2	x_3	x_4	
	0			0	
x_1	1			0	
x_4	0			1	

このようなタブローを得るために現在の実行可能基底解のタブローに対して，以下の操作を行う *12)．

- ある行のすべての要素を一律に何倍かする，あるいはある行を何倍かしたものを他の行に足す，または他の行から引く．

問題 (2.3) の例では，まずピボット行 (x_3 の行) をピボット要素で割り，次にそのピボット行を 1 倍したものを一番上の行に足し，−1 倍したものを一番下の行に足すことによって，次のタブローを得ている (ここで基底変数 x_3 の行は，入れ替わった新しい基底変数 x_1 の行となる)．

	x_1	x_2	x_3	x_4	
	0	−1/3	1/3	0	4
x_1	1	2/3	1/3	0	4
x_4	0	4/3	−1/3	1	4

とくに，ピボット操作に関与しない基底変数 (いまの場合は x_4) に対応する列では，ピボット行の値が 0 であることから，このような操作では値が変わらないこ

*12) このような操作は行列に対する**行基本変形**と呼ばれ，連立 1 次方程式に対するガウスの消去法を行列を用いて実行するときなどに使われる．

とに注意しよう．

以下では，このようにして作成されたタブローが実際に新しい実行可能基底解に対応したタブローになっていることを簡単に説明する．一般に，図 2.4 のタブローの下部 $[\boldsymbol{B}^{-1}\boldsymbol{a}_1\ \boldsymbol{B}^{-1}\boldsymbol{a}_2\ \cdots\ \boldsymbol{B}^{-1}\boldsymbol{a}_n\ \boldsymbol{B}^{-1}\boldsymbol{b}]$，すなわち $\boldsymbol{B}^{-1}[\boldsymbol{a}_1\ \boldsymbol{a}_2\ \cdots\ \boldsymbol{a}_n\ \boldsymbol{b}]$ は，ある行列 $\boldsymbol{H}$ を用いて

$$\boldsymbol{B}^{-1}[\boldsymbol{a}_1\ \boldsymbol{a}_2\ \cdots\ \boldsymbol{a}_n\ \boldsymbol{b}] \ \Rightarrow\ \boldsymbol{H}\boldsymbol{B}^{-1}[\boldsymbol{a}_1\ \boldsymbol{a}_2\ \cdots\ \boldsymbol{a}_n\ \boldsymbol{b}]$$

と変換されたと考えることができる．実際，上記の例では

$$\boldsymbol{H} = \begin{pmatrix} 1/3 & 0 \\ -1/3 & 1 \end{pmatrix}$$

である．この変換によって，新しいタブローにおいて基底変数 $(x_1, x_4)^\top$ に対応する列は行列

$$\boldsymbol{H}\boldsymbol{B}^{-1}[\boldsymbol{a}_1\ \boldsymbol{a}_4] = \begin{pmatrix} 1 & 0 \\ 0 & 1 \end{pmatrix}$$

の列となる．ここで，行列 $[\boldsymbol{a}_1\ \ \boldsymbol{a}_4]$ は新しい基底行列であることに注意すれば，行列 $\boldsymbol{H}\boldsymbol{B}^{-1}$ は新しい基底行列の逆行列となることがわかる．この事実は一般の場合にも成り立ち，更新されたタブローの下部は新しい実行可能基底解の基底行列 (これを $\boldsymbol{B}_{\text{new}}$ と表す) に対する $\boldsymbol{B}_{\text{new}}^{-1}[\boldsymbol{a}_1\ \boldsymbol{a}_2\ \cdots \boldsymbol{a}_n\ \boldsymbol{b}]$ になる．同様にして，更新されたタブローの上部が新しい相対コスト係数や $-\boldsymbol{c}^\top\boldsymbol{x}$ に対応することもいえる．

2.5　2 段階シンプレックス法

2.3 節と 2.4 節で示した計算例では初期解を簡単に見つけることができたが，一般に初期実行可能基底解をどのようにして見つけるかは必ずしも自明なことではない．**2 段階シンプレックス法**あるいは**2 段階法**とは，第 1 段階でまず問題の実行可能基底解を求め，第 2 段階でそれを初期実行可能基底解として最適解を計算する方法である．

2.1 節で述べたように，任意の線形最適化問題は標準形 (2.1) で表現できる．以下では，次の標準形の問題を用いて，2 段階法の考え方を説明する．

$$
\begin{array}{ll}
\text{目的関数：} & -2x_1 - x_2 - x_3 \longrightarrow \text{最小} \\
\text{制約条件：} & x_1 + 2x_2 \qquad\qquad = 12 \\
& x_1 + 4x_2 + 2x_3 = 20 \\
& x_1 \geqq 0,\ x_2 \geqq 0,\ x_3 \geqq 0
\end{array}
\tag{2.14}
$$

ここで，等式制約条件の右辺の定数はすべて非負であることに注意しておこう (もし制約条件のなかに右辺の定数が負のものがあれば，前もってその式の両辺に -1 を掛けておく．明らかに，このようにしても問題は実質的に変わらない)．問題 (2.14) に対して，次のような補助問題を考える．

$$
\begin{array}{ll}
\text{目的関数：} & x_4 + x_5 \longrightarrow \text{最小} \\
\text{制約条件：} & x_1 + 2x_2 \qquad\quad + x_4 \qquad = 12 \\
& x_1 + 4x_2 + 2x_3 \qquad + x_5 = 20 \\
& x_1 \geqq 0,\ \ x_2 \geqq 0,\ \ x_3 \geqq 0,\ \ x_4 \geqq 0,\ \ x_5 \geqq 0
\end{array}
\tag{2.15}
$$

ここで，x_4, x_5 はもとの問題の等式制約条件のそれぞれに対応して導入された変数であり，**人為変数**あるいは**人工変数**と呼ばれる．補助問題 (2.15) の目的関数の最小値は，$x_4 \geqq 0$, $x_5 \geqq 0$ より，明らかに 0 以上であり，とくに最小値が 0 ならば人為変数 x_4, x_5 の値はすべて 0 になっている．さらに，そのとき変数 x_1, x_2, x_3 の値はもとの問題 (2.14) の実行可能解を与えることがわかる．逆に，もとの問題 (2.14) に実行可能解が存在するときには補助問題 (2.15) において人為変数 x_4, x_5 がすべて 0 であるような実行可能解が存在する．このことはまた，補助問題 (2.15) の最小値が 0 でなければ，もとの問題 (2.14) には実行可能解が存在しないことを意味している．

さらに，補助問題 (2.15) においては，人為変数 x_4, x_5 を基底変数，それ以外の変数 (もとの問題の変数) x_1, x_2, x_3 を非基底変数とすることにより，実行可能基底解 $\boldsymbol{x}_B = (x_4, x_5)^\top = (12, 20)^\top$, $\boldsymbol{x}_N = (x_1, x_2, x_3)^\top = (0, 0, 0)^\top$ がただちに得られるので，これを初期解としてシンプレックス法を適用することができる．このように補助問題をシンプレックス法を用いて解き，もとの問題の実行可能基底解を得る**第 1 段階**と，得られた実行可能基底解を出発点としてもとの問題を解く**第 2 段階**からなる方法が 2 段階法である．

上の例題では，初期実行可能基底解 $\boldsymbol{x}_B = (x_4, x_5)^\top = (12, 20)^\top$, $\boldsymbol{x}_N = (x_1, x_2, x_3)^\top = (0, 0, 0)^\top$ から始めると，1 回目の反復で基底変数 x_5 と非基底

変数 x_2 を入れ替えるピボット操作により基底解 $\boldsymbol{x}_B = (x_4, x_2)^\top = (2, 5)^\top$, $\boldsymbol{x}_N = (x_1, x_3, x_5)^\top = (0, 0, 0)^\top$ が得られ，さらに次の反復で基底変数 x_4 と非基底変数 x_1 を入れ替えるピボット操作を行って基底解 $\boldsymbol{x}_B = (x_1, x_2)^\top = (4, 4)^\top$, $\boldsymbol{x}_N = (x_3, x_4, x_5)^\top = (0, 0, 0)^\top$ に到達する *13)．これは補助問題 (2.15) の最適解であるから，ここで第 1 段階が終了する．第 2 段階では，第 1 段階の最後に得られている基底解から人為変数 x_4, x_5 を取り除いた基底解 $\boldsymbol{x}_B = (x_1, x_2)^\top = (4, 4)^\top$, $\boldsymbol{x}_N = (x_3) = (0)$ を初期解として問題 (2.14) にピボット操作を施す．この場合，1 回の反復で基底解 $\boldsymbol{x}_B = (x_1, x_3)^\top = (12, 4)^\top$, $\boldsymbol{x}_N = (x_2) = (0)$ を得るが，これは問題 (2.14) の最適解になっている．

以上の計算を，2.4 節で考えたシンプレックス・タブローを用いて実際に実行してみよう．まず，第 1 段階の補助問題 (2.15) をそのままタブローの形に表すと次のようになる．

	0	0	0	1	1	0
x_4	1	2	0	1	0	12
x_5	1	4	2	0	1	20

このタブローを見ると，一番上の行には負の要素は存在しないが，これで最適解が得られていると早合点してはいけない．2.4 節で取り上げた問題に対する初期タブローと見比べると，そこでは一番上の行において基底変数に対応する要素はすべて 0 になっていた．これは，その行が初期基底解に対する相対コスト係数を表しているためである．上のタブローにおいて，一番上の行をそのような形にするには，基底変数 x_4 と x_5 に対応する行全体をそれぞれ一番上の行から引けばよい．その結果，次のタブローを得る．

	−2	−6	−2	0	0	−32
x_4	1	2	0	1	0	12
x_5	1	4*	2	0	1	20

タブローの右上角の要素が -32 となったが，これは現在の実行可能基底解 $\boldsymbol{x}_B = (x_4, x_5)^\top = (12, 20)^\top$, $\boldsymbol{x}_N = (x_1, x_2, x_3)^\top = (0, 0, 0)^\top$ における補助問

*13)　基底の入れ替えは一通りではないので，別のピボット操作を行えば，ここで示したのとは異なる基底解に到達することもある．

題 (2.15) の目的関数値が 32 であることを表している．このタブローの一番上の行 (相対コスト係数) のなかで最も絶対値の大きい負の要素である −6 に対応する第 2 列をピボット列として，ピボット要素を求めると，上のタブローで $*$ 印をつけた要素 4 が定まる．これは，非基底変数 x_2 を基底に入れたとき，それと入れ替わりに基底変数 x_5 が基底から出ることを示している．このピボット操作を実行すると，タブローは次のようになる．

	$-1/2$	0	1	0	$3/2$	-2
x_4	$1/2^*$	0	-1	1	$-1/2$	2
x_2	$1/4$	1	$1/2$	0	$1/4$	5

このタブローにおいては $*$ 印をつけた要素 1/2 がピボット要素となり，非基底変数 x_1 と基底変数 x_4 を入れ替えるピボット操作が行われる．その結果，次のタブローを得る．

	0	0	0	1	1	0
x_1	1	0	-2	2	-1	4
x_2	0	1	1	$-1/2$	$1/2$	4

ここで，一番上の行 (相対コスト係数) には負のものがないので，このタブローが表す基底解 $\boldsymbol{x}_B = (x_1, x_2)^\top = (4, 4)^\top$，$\boldsymbol{x}_N = (x_3, x_4, x_5)^\top = (0, 0, 0)^\top$ は補助問題 (2.15) の最適解であり，そのときの目的関数値は 0 である．さらに，この基底解から人為変数 x_4 と x_5 を取り除いた基底解 $\boldsymbol{x}_B = (x_1, x_2)^\top = (4, 4)^\top$，$\boldsymbol{x}_N = (x_3) = (0)$ はもとの問題 (2.14) の実行可能基底解になっているので，これを第 2 段階の初期解として計算を続行する．

この初期実行可能基底解に対応する問題 (2.14) のシンプレックス・タブローは，第 1 段階の最後に得られているタブローを利用して，次のように構成できる．

	-2	-1	-1	0
x_1	1	0	-2	4
x_2	0	1	1	4

このタブローは，一番上の行を除いて，第 1 段階の最後のタブローから人為変数に関係する部分を取り除いたものである．一番上の行は問題 (2.14) の目的関数の係数をとりあえず並べたものであり，第 1 段階の初期実行可能基底解の場合

と同様，このままではこの基底解の相対コスト係数を表していない．そこで，基底変数に対応する要素が 0 になるように，一番上の行から基底変数 x_1 に対応する行を -2 倍したものと基底変数 x_2 に対応する行を -1 倍したものを引く．その結果，次のタブローが得られる．

	0	0	-4	12
x_1	1	0	-2	4
x_2	0	1	1^*	4

このタブローにおいては $*$ 印をつけた要素 1 がピボット要素となるので，非基底変数 x_3 と基底変数 x_2 を入れ替えるピボット操作が行われ，次のタブローが得られる．

	0	4	0	28
x_1	1	2	0	12
x_3	0	1	1	4

相対コスト係数は正であるから，この基底解 $\boldsymbol{x}_B = (x_1, x_3)^\top = (12, 4)^\top$, $\boldsymbol{x}_N = (x_2) = (0)$ は問題 (2.14) の最適解である．また，目的関数の最小値は -28 である．

上の例では，補助問題 (2.15) の最適基底解が得られたとき，人為変数がすべて非基底変数になっていたので，それらを取り除いた基底解はそのまま問題 (2.14) の初期実行可能基底解として用いることができた．しかし，第 1 段階が終わった時点で基底解が退化しているときには，人為変数が基底変数のなかに残っていることがある．このような場合でも，基底に残っている人為変数を強制的に基底から追い出すようなピボット操作を行うことにより，もとの問題の変数だけを含む実行可能基底解を求めることが可能であり，それを初期解として第 2 段階に進むことができる．

また，補助問題の最小値が 0 でないとき，もとの問題に実行可能解は存在しないので，第 2 段階には進まず，ただちに計算を終了する．すなわち，2 段階法は解くべき問題の実行可能性を判定する機能も備えている．

2.6 双対性

前節まではもっぱら線形最適化問題の解法を考察してきたが，この節では線形最適化の理論的側面である**双対性**について述べる *14)．双対性は単なる数学的な性質というだけでなく，次の節で説明する感度分析や様々な数理最適化のアルゴリズムを構成する際にもしばしば用いられる重要な概念である．

与えられた任意の線形最適化問題に対して，その**双対問題**と呼ばれるもう一つの線形最適化問題を定義することができる．双対問題を考えるとき，もとの問題を**主問題**と呼ぶ．

標準形 (2.1) の問題

$$\begin{array}{ll} \text{目的関数：} & \boldsymbol{c}^\top \boldsymbol{x} \longrightarrow \text{最小} \\ \text{制約条件：} & \boldsymbol{A}\boldsymbol{x} = \boldsymbol{b},\ \boldsymbol{x} \geqq \boldsymbol{0} \end{array} \tag{2.16}$$

に対する双対問題を次式で定義する．

$$\begin{array}{ll} \text{目的関数：} & \boldsymbol{b}^\top \boldsymbol{w} \longrightarrow \text{最大} \\ \text{制約条件：} & \boldsymbol{A}^\top \boldsymbol{w} \leqq \boldsymbol{c} \end{array} \tag{2.17}$$

ただし，ベクトル $\boldsymbol{w}$ がこの問題の変数である．主問題の形が変われば，それにともなって双対問題の形も変わる．たとえば，主問題が

$$\begin{array}{ll} \text{目的関数：} & \boldsymbol{c}^\top \boldsymbol{x} \longrightarrow \text{最小} \\ \text{制約条件：} & \boldsymbol{A}\boldsymbol{x} \geqq \boldsymbol{b},\ \boldsymbol{x} \geqq \boldsymbol{0} \end{array} \tag{2.18}$$

ならば，双対問題は

$$\begin{array}{ll} \text{目的関数：} & \boldsymbol{b}^\top \boldsymbol{w} \longrightarrow \text{最大} \\ \text{制約条件：} & \boldsymbol{A}^\top \boldsymbol{w} \leqq \boldsymbol{c},\ \boldsymbol{w} \geqq \boldsymbol{0} \end{array} \tag{2.19}$$

となる．ただし，適当な一対 (つい) の主・双対問題から，ほかの任意の主・双対問題の対を導くことができるので，双対問題の定義を問題の形ごとにすべて覚えておく必要はない．たとえば，問題対 (2.18), (2.19) は問題対 (2.16), (2.17) か

*14) 双対性は「そういせい」と読む．

ら次のようにして導ける．まず，主問題 (2.18) を問題 (2.16) の形に書き換える．

$$\begin{aligned}&\text{目的関数：}\quad \boldsymbol{c}^\top \boldsymbol{x} \longrightarrow \text{最小}\\&\text{制約条件：}\quad \boldsymbol{A}\boldsymbol{x}-\boldsymbol{y}=\boldsymbol{b},\ \boldsymbol{x}\geqq \boldsymbol{0},\ \boldsymbol{y}\geqq \boldsymbol{0}\end{aligned}$$

この問題は

$$\begin{pmatrix}\boldsymbol{x}\\ \boldsymbol{y}\end{pmatrix} \to \boldsymbol{x},\quad \begin{pmatrix}\boldsymbol{c}\\ \boldsymbol{0}\end{pmatrix} \to \boldsymbol{c},\quad (\boldsymbol{A},-\boldsymbol{I}) \to \boldsymbol{A},\quad \boldsymbol{b} \to \boldsymbol{b}$$

と対応づければ確かに問題 (2.16) の形になっている．そこで，この対応関係を問題 (2.17) にあてはめれば，双対問題

$$\begin{aligned}&\text{目的関数：}\quad \boldsymbol{b}^\top \boldsymbol{w} \longrightarrow \text{最大}\\&\text{制約条件：}\quad \boldsymbol{A}^\top \boldsymbol{w}\leqq \boldsymbol{c},\ -\boldsymbol{w}\leqq \boldsymbol{0}\end{aligned}$$

を得るが，明らかにこれは問題 (2.19) と等価である．

また，双対問題を主問題とみなして，その双対問題を考えると，もとの主問題とおなじ形になる．たとえば，問題 (2.19) を主問題 (2.18) とおなじ形に書き換えてみる．

$$\begin{aligned}&\text{目的関数：}\quad (-\boldsymbol{b})^\top \boldsymbol{w} \longrightarrow \text{最小}\\&\text{制約条件：}\quad (-\boldsymbol{A})^\top \boldsymbol{w}\geqq -\boldsymbol{c},\ \boldsymbol{w}\geqq \boldsymbol{0}\end{aligned}$$

ここで，対応関係

$$\boldsymbol{w} \to \boldsymbol{x},\quad -\boldsymbol{b} \to \boldsymbol{c},\quad -\boldsymbol{A}^\top \to \boldsymbol{A},\quad -\boldsymbol{c} \to \boldsymbol{b}$$

に注意して，この問題の双対問題を (変数を $\boldsymbol{x}$ として) 表すと次のようになる．

$$\begin{aligned}&\text{目的関数：}\quad (-\boldsymbol{c})^\top \boldsymbol{x} \longrightarrow \text{最大}\\&\text{制約条件：}\quad (-\boldsymbol{A}^\top)^\top \boldsymbol{x}\leqq -\boldsymbol{b},\ \boldsymbol{x}\geqq \boldsymbol{0}\end{aligned}$$

これは問題 (2.18) と等価である．すなわち，双対問題の双対問題は主問題であり，主問題・双対問題という名称はあくまで相対的なものであることがわかる．

ここでは，便宜上，最小化問題 (2.16) を主問題，最大化問題 (2.17) を双対問題として議論を進めるが，同様の議論は，任意の主問題・双対問題の対に対して

成立する．また，以下では，しばしば主問題を (P)，双対問題を (D) と呼ぶ[*15)]．

まず，弱双対定理と呼ばれる有用な定理を示す．

弱双対定理　(P) と (D) それぞれの任意の実行可能解 $\boldsymbol{x}, \boldsymbol{w}$ に対して，常に不等式 $\boldsymbol{c}^\top \boldsymbol{x} \geqq \boldsymbol{b}^\top \boldsymbol{w}$ が成り立つ．

[証明]　問題 (2.16) と問題 (2.17) の制約条件 $\boldsymbol{A}\boldsymbol{x} = \boldsymbol{b}$, $\boldsymbol{x} \geqq \boldsymbol{0}$ および $\boldsymbol{A}^\top \boldsymbol{w} \leqq \boldsymbol{c}$ より

$$\boldsymbol{c}^\top \boldsymbol{x} \geqq (\boldsymbol{A}^\top \boldsymbol{w})^\top \boldsymbol{x} = \boldsymbol{w}^\top \boldsymbol{b}$$

を得る．　■

この定理より，ただちに以下の系が得られる．

系 1　(P) の任意の実行可能解 $\boldsymbol{x}$ に対して

$$\boldsymbol{c}^\top \boldsymbol{x} \geqq \text{(D) の最大値}$$

が成り立つ．また，(D) の任意の実行可能解 $\boldsymbol{w}$ に対して

$$\boldsymbol{b}^\top \boldsymbol{w} \leqq \text{(P) の最小値}$$

が成り立つ．

系 2　(P) と (D) それぞれの実行可能解 $\boldsymbol{x}$ と $\boldsymbol{w}$ が $\boldsymbol{c}^\top \boldsymbol{x} = \boldsymbol{b}^\top \boldsymbol{w}$ を満たせば，$\boldsymbol{x}$ と $\boldsymbol{w}$ はそれぞれ (P) と (D) の最適解である．

系 3　(P) が有界でないならば，(D) は実行可能解をもたない．また，(D) が有界でないならば，(P) は実行可能解をもたない[*16)]．

---

*15)　(P) は主問題 (primal problem)，(D) は双対問題 (dual problem) の頭文字に由来している．

*16)　たいていの場合，逆も成り立つ．しかし，稀に (P) と (D) がどちらも実行可能解をもたない場合もある．たとえば，主問題 (2.18) と双対問題 (2.19) において，$\boldsymbol{A}, \boldsymbol{b}, \boldsymbol{c}$ が

$$\boldsymbol{A} = \begin{pmatrix} 1 & -1 \\ -1 & 1 \end{pmatrix}, \quad \boldsymbol{b} = \begin{pmatrix} 3 \\ -1 \end{pmatrix}, \quad \boldsymbol{c} = \begin{pmatrix} -2 \\ -1 \end{pmatrix}$$

で与えられる場合を考えてみよ．

弱双対定理および系 1 より，双対問題の実行可能解 $\boldsymbol{w}$ を一つ見つけて，目的関数値 $\boldsymbol{b}^\top \boldsymbol{w}$ を計算することにより，主問題の最小値を実際に求めなくても，その下界値 (少なくともそれ以上であるという値) を知ることができる．もちろん，目的関数値が大きい $\boldsymbol{w}$ を見つけることができれば，より良い (大きい) 下界値が得られる．とくに，双対問題の最適解が得られれば，その目的関数値 (すなわち (D) の最大値) は主問題 (P) の最小値に等しいことがいえる．次に述べる**双対定理**がこの事実を示している．

双対定理　(P) または (D) の一方が最適解をもてば他方も最適解をもち，(P) の最小値と (D) の最大値は等しい．

[証明]　問題 (2.16) が最適解をもつとき，その双対問題 (2.17) も最適解をもつことを示せば十分である [*17)]．問題 (2.16) の最適基底解を $\boldsymbol{x}_B^* = \boldsymbol{B}^{-1}\boldsymbol{b}$, $\boldsymbol{x}_N^* = \boldsymbol{0}$ とし，そのときの基底行列を $\boldsymbol{B}$，非基底行列を $\boldsymbol{N}$ とする．ベクトル $\boldsymbol{w}^*$ を $\boldsymbol{w}^* = (\boldsymbol{B}^\top)^{-1}\boldsymbol{c}_B$ で定義すれば，$\boldsymbol{B}$ が最適基底行列であることから，(2.10) 式より，$\boldsymbol{c}_N - \boldsymbol{N}^\top \boldsymbol{w}^* \geqq \boldsymbol{0}$ が成り立つ．また，$\boldsymbol{w}^*$ の定義より，$\boldsymbol{c}_B - \boldsymbol{B}^\top \boldsymbol{w}^* = \boldsymbol{0}$ であるから，結局，$\boldsymbol{w}^*$ は

$$\begin{pmatrix} \boldsymbol{B}^\top \\ \boldsymbol{N}^\top \end{pmatrix} \boldsymbol{w}^* \leqq \begin{pmatrix} \boldsymbol{c}_B \\ \boldsymbol{c}_N \end{pmatrix}$$

すなわち，$\boldsymbol{A}^\top \boldsymbol{w}^* \leqq \boldsymbol{c}$ を満たす．よって，$\boldsymbol{w}^*$ は (D) の実行可能解である．さらに

$$\boldsymbol{c}^\top \boldsymbol{x}^* = \boldsymbol{c}_B^\top \boldsymbol{x}_B^* + \boldsymbol{c}_N^\top \boldsymbol{x}_N^* = \boldsymbol{c}_B^\top \boldsymbol{B}^{-1}\boldsymbol{b} = (\boldsymbol{w}^*)^\top \boldsymbol{b}$$

であるから，弱双対定理の系 2 より，$\boldsymbol{w}^*$ は (D) の最適解である．また，最後の式より，(P) の最小値は (D) の最大値に等しい．　■

上の定理の証明より，(2.8) 式で定義されるシンプレックス乗数 $\boldsymbol{\pi}$ は，基底行列 $\boldsymbol{B}$ が最適基底のとき，双対問題の最適解となることがわかる．

系　(P) と (D) がともに実行可能解をもてば，それらは最適解をもち，(P) の

*17)　逆を示すには，問題 (2.17) を問題 (2.16) のような標準形に変換して，この定理の証明を適用すればよい．

最小値と (D) の最大値は等しい．

[証明] 仮定より (P) は実行可能解をもち，さらに弱双対定理より，(D) が実行可能解をもつとき，(P) は有界である．よって，(P) は最適解をもつので，この系は双対定理よりただちにしたがう． ■

以上の結果は，主問題と双対問題が実質的に等価な問題であることを示唆している．実際，双対問題はもとの問題 (主問題) を別の観点から定式化しなおした問題とみなすことができる．例として，次の問題を考えてみよう．

K 子さんは，3 種類の材料 S_1, S_2, S_3 を使ってビタミン C とビタミン D をそれぞれ b_1 mg, b_2 mg 以上含むような料理を作ろうとしている．材料 S_j $(j = 1, 2, 3)$ の 1 g に含まれるビタミン C，D の量はそれぞれ a_{1j} mg, a_{2j} mg である．材料 S_j $(j = 1, 2, 3)$ の 1 g あたりの値段が c_j 円であるとき，K 子さんの問題はビタミン C，D を必要なだけ含み，かつ，できるだけ安い費用ですむような献立を考えることである．これは次の線形最適化問題で表される．

$$
\begin{array}{ll}
\text{目的関数：} & c_1x_1 + c_2x_2 + c_3x_3 \longrightarrow \text{最小} \\
\text{制約条件：} & a_{11}x_1 + a_{12}x_2 + a_{13}x_3 \geqq b_1 \\
& a_{21}x_1 + a_{22}x_2 + a_{23}x_3 \geqq b_2 \\
& \quad x_1 \geqq 0,\ x_2 \geqq 0,\ x_3 \geqq 0
\end{array}
\tag{2.20}
$$

ここで，各変数 x_j は献立中の材料 S_j の量を表している．

一方，K 子さんの考えを知った薬屋の R さんは，K 子さんに対して「面倒な献立を考えて栄養を摂取するよりも，直接ビタミン C とビタミン D の錠剤を摂取するほうがてっとり早いですよ」とビタミンの錠剤のセールスを試みることにした．R さんは儲けをできるだけ大きくするために錠剤の価格をできるだけ高く設定したいが，あまり高すぎると K 子さんは錠剤を買わずに自分で料理を作るほうを選ぶであろう．K 子さんが納得して錠剤を購入し，さらに自分の儲けが最大になるようにするには，R さんはビタミン C，D の価格をそれぞれいくらに設定すればよいだろうか．

ビタミン C，D の 1 mg あたりの価格をそれぞれ w_1 円，w_2 円としよう．材料 S_1 の 1 g 中に含まれるビタミン C，D はそれぞれ a_{11} mg, a_{21} mg であるから，材料 S_1 の 1 g の価値をこれらのビタミン含有量で評価すると $a_{11}w_1 + a_{21}w_2$ 円となる．したがって，K 子さんはこれが材料 S_1 の価格 c_1 円以下でないと錠剤を購入しようとはしないであろう．同様の条件は，材料 S_2, S_3 についても成立する．また，K 子さんが必要とするビタミン C，D の量はそれぞれ b_1 mg, b_2 mg であるから，薬屋の R さんの売り上げは $b_1w_1 + b_2w_2$ 円となる．したがって，R さんの問題は次のような線形最適化問題として定式化できる．

$$
\begin{array}{ll}
\text{目的関数：} & b_1w_1 + b_2w_2 \quad \longrightarrow \quad \text{最大} \\
\text{制約条件：} & a_{11}w_1 + a_{21}w_2 \leqq c_1 \\
 & a_{12}w_1 + a_{22}w_2 \leqq c_2 \\
 & a_{13}w_1 + a_{23}w_2 \leqq c_3 \\
 & \quad w_1 \geqq 0,\ w_2 \geqq 0
\end{array}
\tag{2.21}
$$

問題 (2.20) と問題 (2.21) は，先に示した主・双対問題の対 (2.18), (2.19) とおなじ形をしているので，互いに双対な関係にある．したがって，双対定理より，K 子さんが最適な献立を考えたときの材料の購入費用と，薬屋の R さんが K 子さんの要求を考慮した上で自分の売り上げを最大化したときに K 子さんが支出するビタミンの購入費用は等しくなる．

上の例において，双対問題 (2.21) の最適解 $\boldsymbol{w}^* = (w_1^*, w_2^*)^\top$ は，ビタミン C，D の通常の価格 (市価) ではなく，あくまで「K 子さんにとって各ビタミンがどれだけの価値をもつか」を考慮して薬屋の R さんが設定した価格であることに注意しよう．これは (K 子さんにとっての) ビタミン C，D の**潜在価格** (シャドウ・プライス) と呼ばれ，問題の最適解を吟味する際に非常に役に立つ概念である．これについては次節で改めて触れる．

2.7 感 度 分 析

与えられた線形最適化問題の最適解はシンプレックス法を用いて計算できる．しかし，現実には最適解の値を単に求めるだけでは不十分な場合は少なくない．とくに，ある問題を解いた後で，その問題の係数の変化に対する最適解の振る舞いを調べることは，問題を総合的に分析し意思決定を行うためには必要不可欠である．このような考察を**感度分析**という．

ここでは，問題 (2.1) において，制約条件の右辺の定数 $\boldsymbol{b} = (b_1, b_2, \ldots, b_m)^\top$

が $\boldsymbol{\Delta b} = (\Delta b_1, \Delta b_2, \ldots, \Delta b_m)^\top$ だけ変化した問題を考える.

$$\begin{array}{ll} \text{目的関数：} & \boldsymbol{c}^\top \boldsymbol{x} \longrightarrow \text{最小} \\ \text{制約条件：} & \boldsymbol{A}\boldsymbol{x} = \boldsymbol{b} + \boldsymbol{\Delta b},\ \boldsymbol{x} \geqq \boldsymbol{0} \end{array} \tag{2.22}$$

ここで，問題 (2.1)，すなわち問題 (2.22) において $\boldsymbol{\Delta b} = \boldsymbol{0}$ のときの最適基底解 $\boldsymbol{x}_B^* = \boldsymbol{B}^{-1}\boldsymbol{b}$, $\boldsymbol{x}_N^* = \boldsymbol{0}$ がすでに計算されているとしよう．ここで，$\boldsymbol{B}$ は問題 (2.1) の最適基底行列であるから，$\boldsymbol{x}^* = (\boldsymbol{x}_B^*, \boldsymbol{x}_N^*)$ が実行可能解であるための条件

$$\boldsymbol{B}^{-1}\boldsymbol{b} \geqq \boldsymbol{0} \tag{2.23}$$

と最適性の条件

$$\boldsymbol{c}_N - \boldsymbol{N}^\top(\boldsymbol{B}^\top)^{-1}\boldsymbol{c}_B \geqq \boldsymbol{0} \tag{2.24}$$

を満たしている (2.2 節の (2.10) 式参照)．さて，問題 (2.22) を考えたとき，(2.24) 式は $\boldsymbol{b}$ の変化とは無関係に成立する．さらに，(2.23) 式は $\boldsymbol{b}$ の変化量 $\boldsymbol{\Delta b}$ が

$$\boldsymbol{B}^{-1}(\boldsymbol{b} + \boldsymbol{\Delta b}) \geqq \boldsymbol{0} \tag{2.25}$$

を満たすとき，行列 $\boldsymbol{B}$ は問題 (2.22) に対しても最適基底となる．とくに，最適基底解 $\boldsymbol{x}^* = (\boldsymbol{x}_B^*, \boldsymbol{x}_N^*)$ が問題 (2.1) において非退化，すなわち $\boldsymbol{x}_B^* = \boldsymbol{B}^{-1}\boldsymbol{b} > \boldsymbol{0}$ ならば，変化量 $\boldsymbol{\Delta b}$ が十分小さいとき (2.25) 式は成立し，最適基底 $\boldsymbol{B}$ は変わらない．さらに，問題 (2.22) の目的関数の最小値を制約条件の右辺の関数とみなし，$\varphi(\boldsymbol{b} + \boldsymbol{\Delta b})$ と表す．最適基底が変化しないような十分小さい任意の $\boldsymbol{\Delta b}$ に対して，最適解は $\boldsymbol{x}_B = \boldsymbol{B}^{-1}(\boldsymbol{b} + \boldsymbol{\Delta b})$，$\boldsymbol{x}_N = \boldsymbol{0}$ となるので

$$\varphi(\boldsymbol{b} + \boldsymbol{\Delta b}) = \boldsymbol{c}_B^\top \boldsymbol{B}^{-1}(\boldsymbol{b} + \boldsymbol{\Delta b}) \tag{2.26}$$

が成り立つ．とくに $\varphi(\boldsymbol{b}) = \boldsymbol{c}_B^\top \boldsymbol{B}^{-1}\boldsymbol{b}$ である．したがって，右辺の定数 $\boldsymbol{b}$ が微小量だけ変化したとき，問題 (2.22) の目的関数の最小値の変化量は次式で与えられる．

$$\varphi(\boldsymbol{b} + \boldsymbol{\Delta b}) - \varphi(\boldsymbol{b}) = \boldsymbol{c}_B^\top \boldsymbol{B}^{-1}\boldsymbol{\Delta b} \tag{2.27}$$

ここで，前節の双対定理の証明より，問題 (2.1) の双対問題の最適解が $\boldsymbol{w}^* = (\boldsymbol{B}^\top)^{-1}\boldsymbol{c}_B$ と表せることに注意すれば (この $\boldsymbol{w}^*$ は (2.8) 式で定義されるシンプ

レックス乗数に等しい), (2.27) 式は次のように書き換えられる.

$$\begin{aligned}\varphi(\boldsymbol{b}+\boldsymbol{\Delta b})-\varphi(\boldsymbol{b}) &= (\boldsymbol{w}^*)^\top \boldsymbol{\Delta b} \\ &= \sum_{i=1}^{m} w_i^* \Delta b_i\end{aligned}$$

これはまた, 関数 φ の偏微分係数を用いて, 次のように表すこともできる.

$$\frac{\partial \varphi(\boldsymbol{b})}{\partial b_i} = w_i^* \qquad (i = 1, 2, \ldots, m) \tag{2.28}$$

(2.28) 式より, 双対問題の最適解 $\boldsymbol{w}^*$ の各成分 w_i^* は, 主問題において, 対応する制約条件の右辺を 1 単位変化させたときの目的関数値の変化量を表しており, その値 (絶対値) が大きい制約条件ほどこの問題における価値 (最小値に及ぼす影響) が大きいことを意味している. この価値が前節の最後で述べた**潜在価格** (シャドウ・プライス) にほかならない.

例として問題 (2.3) を考えよう. 2.3 節で実際に計算したように, この問題の最適基底行列は

$$\boldsymbol{B} = (\boldsymbol{a}_1, \boldsymbol{a}_2) = \begin{pmatrix} 3 & 2 \\ 1 & 2 \end{pmatrix}$$

である. よって, 制約条件の右辺 $\boldsymbol{b} = (12, 8)^\top$ の変化量 $\boldsymbol{\Delta b} = (\Delta b_1, \Delta b_2)^\top$ が (2.25) 式の実行可能性条件

$$\begin{pmatrix} 3 & 2 \\ 1 & 2 \end{pmatrix}^{-1} \begin{pmatrix} 12 + \Delta b_1 \\ 8 + \Delta b_2 \end{pmatrix} \geqq \begin{pmatrix} 0 \\ 0 \end{pmatrix}$$

すなわち

$$\left\{\begin{array}{rcl} 2 + \dfrac{1}{2}\Delta b_1 - \dfrac{1}{2}\Delta b_2 & \geqq & 0 \\ 3 - \dfrac{1}{4}\Delta b_1 + \dfrac{3}{4}\Delta b_2 & \geqq & 0 \end{array}\right.$$

を満たす範囲内では最適基底は変化しない. また, 問題 (2.3) の双対問題の最適解 $\boldsymbol{w}^* = (w_1^*, w_2^*)^\top$ は

$$\begin{pmatrix} w_1^* \\ w_2^* \end{pmatrix} = \begin{pmatrix} 3 & 1 \\ 2 & 2 \end{pmatrix}^{-1} \begin{pmatrix} -1 \\ -1 \end{pmatrix} = \begin{pmatrix} -1/4 \\ -1/4 \end{pmatrix}$$

である. したがって, 問題 (2.3) において, (2 番目の制約条件の定数を 8 に固定

して) 1 番目の制約条件の定数を 12 から 1 単位増加させたとき，目的関数の最小値は 1/4 だけ減少する．同様に，(1 番目の制約条件の定数を 12 に固定して) 2 番目の制約条件の定数を 8 から 1 単位増加させたときも，目的関数の最小値は 1/4 だけ減少する．つまり，この問題においては，どちらの制約条件の潜在価格も $-1/4$ である．

2.8 多項式時間アルゴリズム

ここで線形最適化問題の解法にふたたび話を戻そう．2.3 節の終わりに述べた事柄を整理すると次のようになる．

(1) シンプレックス法の計算の途中で退化した基底解が現れなければ，目的関数値は反復ごとに必ず減少する．したがって，おなじ実行可能基底解が二度現れることはないので，循環は起こらず，有限回のピボット操作により計算は終了する．

(2) 退化した基底解が存在する場合には，最小添字規則を用いてピボット操作を行うことにより，循環を避けることができる．

(3) 実際には，最小添字規則を用いなくてもシンプレックス法が循環に陥る可能性はほとんどない．すなわち，たとえ退化が生じている場合でも，シンプレックス法の計算は常に有限回の反復で終了すると考えても実用上は差し支えない．

シンプレックス法の反復回数は，経験的には，問題の制約条件の数の 1.5〜3 倍程度といわれており，一般に問題の規模の増大に対するシンプレックス法の計算量の増加は比較的穏やかである．シンプレックス法が実際に広く受け入れられ，大成功を収めたのはこの経験的性質によるところが大きい．ところが，人工的に作られたある種の問題に対しては，問題が大きくなっていったときシンプレックス法の計算量が爆発的に増加することが知られている．現実にそのような意地悪な問題に遭遇する可能性はほとんどないが，少なくとも理論的にはシンプレックス法は多項式時間アルゴリズム *18) であるとはいえない.

線形最適化問題に対する初めての多項式時間アルゴリズムは,シンプレックス法の誕生から 30 年以上経った 1979 年にハチヤン *19) (L. G. Khachiyan) によって提案された**楕円体法**である.楕円体法は以下の手順からなる反復法である.

(a) 変数の空間において,最適解が存在すればそれを確実に含むと考えられる楕円体を見つける.

(b) その楕円体を二つの半楕円体に分け,二つのうち最適解を確実に含んでいると考えられる半楕円体を選ぶ.

(c) 得られた半楕円体を含む最小の楕円体を構成する.(b) に戻って,おなじ手順を繰り返す.

ハチヤンは,(a) の条件を満たす十分大きい楕円体が常に求められること,手順 (b), (c) によって得られる楕円体の体積が反復を繰り返すたびに一定の比率で減少すること,そして楕円体が十分小さくなれば最適解を実質的に特定できるか,あるいは最適解が存在しないと断定できることを示し,その結果として,反復回数が問題の規模を表すパラメータの多項式関数で表せることを証明した.楕円体法は線形最適化問題に対する多項式時間アルゴリズムが存在することを初めて理論的に明らかにしたという点で非常に意義深い方法である.しかし,残念ながら,楕円体法はシンプレックス法に比べて実際の計算効率が劣るため,線形最適化問題の汎用的な解法として実用化されるには至らなかった.

楕円体法が発表された 5 年後の 1984 年にカーマーカー (N. Karmarkar) は新しい多項式時間アルゴリズムを提案し,さらにその方法を用いれば大規模な問題をシンプレックス法よりも速く解くことが可能であると主張した.図 2.5 に示すように,シンプレックス法が実行可能領域の頂点 (基底解) をたどって最適解に到達する方法であるのに対して,カーマーカーが提案した方法は実行可能領域の内部を経由して最適解に近づいていく方法であった.

このことから,カーマーカーの方法とそれに触発されて生まれた多くの方法を総称して**内点法**と呼ぶ.現在では,内点法は計算効率においてシンプレックス法

---

*18) あるアルゴリズムの計算量が変数の数,制約条件の数など問題の規模を表すパラメータの多項式関数で表されるとき,それを**多項式時間アルゴリズム**という.多項式時間アルゴリズムは一般に効率的なアルゴリズムとみなされる (3.1 節参照).

*19) カチヤンとも書かれる.

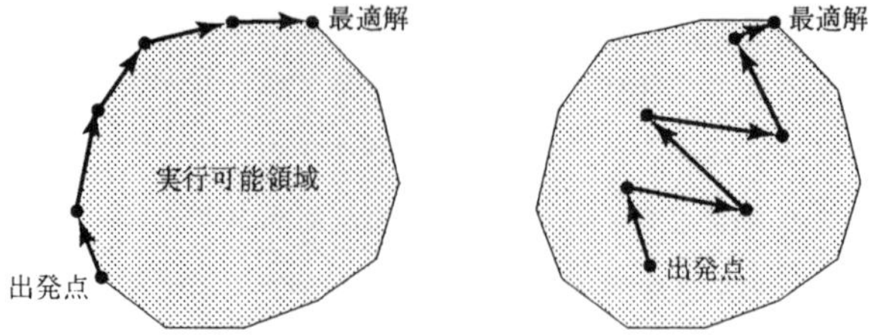

図 2.5　シンプレックス法と内点法

を凌ぐ方法との評価が定着し，実用的なソフトウエアが開発されている．内点法については改めて次節で解説する．

2.9 内　点　法

2.8 節で述べたように，カーマーカーの方法に端を発して，線形最適化問題の新しい解法が続々と提案された．これらの方法は，ある領域の内部を経由して問題の解に収束する点列を生成するという共通点をもっており，一般に**内点法**と総称されている．内点法は，点列を生成する方法にしたがって，**アフィン変換法***20)，**ポテンシャル減少法**，**パス追跡法**，**予測子修正子法**，**対数障壁法**などに分かれる．また，これらの方法には，与えられた問題を直接取り扱う方法 (**主内点法**)，その双対問題を取り扱う方法 (**双対内点法**)，主問題と双対問題をあわせた問題を取り扱う方法 (**主双対内点法**) の三つのタイプがある．以下では，パス追跡法を主双対内点法の枠組みで構成する方法を説明する．

2.6 節で示した主問題 (2.16) とその双対問題 (2.17) を再掲する．

$$\begin{array}{ll} \text{目的関数：} & \boldsymbol{c}^\top \boldsymbol{x} \longrightarrow \text{最小} \\ \text{制約条件：} & A\boldsymbol{x} = \boldsymbol{b},\ \ \boldsymbol{x} \geqq \boldsymbol{0} \end{array} \tag{2.29}$$

---

*20) カーマーカーの方法に似た方法が 1967 年にディキン (I. I. Dikin) によってすでに提案されていたことが後になって明らかになった．この方法は内点法のなかでもとくにアフィン変換法と呼ばれる方法に相当するものである．ただし，アフィン変換法はカーマーカーの方法とは違って，理論的には多項式時間アルゴリズムではない．

$$\begin{array}{ll} \text{目的関数：} & \boldsymbol{b}^\top \boldsymbol{w} \longrightarrow \text{最大} \\ \text{制約条件：} & \boldsymbol{A}^\top \boldsymbol{w} + \boldsymbol{s} = \boldsymbol{c},\ \ \boldsymbol{s} \geqq \boldsymbol{0} \end{array} \tag{2.30}$$

ただし，双対問題 (2.17) の制約条件はスラック変数 $\boldsymbol{s}$ を用いて等式条件に書き換えられている．2.6 節の弱双対定理の系 2 および双対定理より，主変数と双対変数の組 $(\boldsymbol{x}, \boldsymbol{w}, \boldsymbol{s})$ が

$$\begin{cases} \boldsymbol{c}^\top \boldsymbol{x} = \boldsymbol{b}^\top \boldsymbol{w} \\ \boldsymbol{A}\boldsymbol{x} = \boldsymbol{b} \\ \boldsymbol{A}^\top \boldsymbol{w} + \boldsymbol{s} = \boldsymbol{c} \\ \boldsymbol{x} \geqq \boldsymbol{0},\ \ \boldsymbol{s} \geqq \boldsymbol{0} \end{cases} \tag{2.31}$$

を満たすことと，$\boldsymbol{x}$ と $(\boldsymbol{w}, \boldsymbol{s})$ がそれぞれ問題 (2.29) と (2.30) の最適解であることは等価である．ところで，(2.31) 式のもとでは

$$\boldsymbol{c}^\top \boldsymbol{x} - \boldsymbol{b}^\top \boldsymbol{w} = (\boldsymbol{A}^\top \boldsymbol{w} + \boldsymbol{s})^\top \boldsymbol{x} - \boldsymbol{b}^\top \boldsymbol{w} = \boldsymbol{s}^\top \boldsymbol{x} + (\boldsymbol{A}\boldsymbol{x} - \boldsymbol{b})^\top \boldsymbol{w} = \boldsymbol{s}^\top \boldsymbol{x}$$

であるから，(2.31) 式の第 1 式は $\boldsymbol{s}^\top \boldsymbol{x} = 0$ としてもよい．さらに $\boldsymbol{x} \geqq \boldsymbol{0}, \boldsymbol{s} \geqq \boldsymbol{0}$ のとき $\boldsymbol{s}^\top \boldsymbol{x} = 0$ は $s_j x_j = 0\ (j = 1, 2, \ldots, n)$ と等価であるから，(2.31) 式は

$$\begin{cases} \boldsymbol{X}\boldsymbol{S}\boldsymbol{e} = \boldsymbol{0} \\ \boldsymbol{A}\boldsymbol{x} = \boldsymbol{b} \\ \boldsymbol{A}^\top \boldsymbol{w} + \boldsymbol{s} = \boldsymbol{c} \\ \boldsymbol{x} \geqq \boldsymbol{0},\ \ \boldsymbol{s} \geqq \boldsymbol{0} \end{cases} \tag{2.32}$$

と書き換えることができる．ただし，$\boldsymbol{X}$ と $\boldsymbol{S}$ はそれぞれ $x_j\ (j = 1, 2, \ldots, n)$ と $s_j\ (j = 1, 2, \ldots, n)$ を対角要素とする $n \times n$ 対角行列，$\boldsymbol{e}$ はすべての要素が 1 である n 次元ベクトルである．つまり，$\boldsymbol{X}\boldsymbol{S}\boldsymbol{e}$ は $x_j s_j\ (j = 1, 2, \ldots, n)$ を要素とする n 次元ベクトルであり，(2.32) 式の第 1 式は $x_j s_j = 0\ (j = 1, 2, \ldots, n)$ を表している．これは各 j に対して x_j と s_j の少なくとも一方が 0 であることを意味しており，**相補性条件**と呼ばれる．

以上の議論より，(2.32) 式を満たす $(\boldsymbol{x}, \boldsymbol{w}, \boldsymbol{s})$ を求めれば，問題 (2.29) だけでなく，その双対問題 (2.30) の最適解も得られる．このことから (2.32) 式を線形最適化問題に対する**主双対最適性条件**という．(2.32) 式を満たす $(\boldsymbol{x}, \boldsymbol{w}, \boldsymbol{s})$ を求

める問題は**線形相補性問題**と呼ばれる問題のクラスに属している *21)．したがって，以下で説明する主双対内点法の考え方は，線形相補性問題に対しても適用できる．

まず，(2.32) 式における非負条件 $\boldsymbol{x} \geqq \boldsymbol{0}$, $\boldsymbol{s} \geqq \boldsymbol{0}$ を狭義の不等式 $\boldsymbol{x} > \boldsymbol{0}$, $\boldsymbol{s} > \boldsymbol{0}$ で置き換え，さらにパラメータ $\mu > 0$ を用いて，相補性条件 $x_j s_j = 0$ $(j = 1, 2, \ldots, n)$ を条件 $x_j s_j = \mu$ $(j = 1, 2, \ldots, n)$ で置き換えた方程式

$$\begin{cases} \boldsymbol{XSe} = \mu \boldsymbol{e} \\ \boldsymbol{Ax} = \boldsymbol{b} \\ \boldsymbol{A}^\top \boldsymbol{w} + \boldsymbol{s} = \boldsymbol{c} \\ \boldsymbol{x} > \boldsymbol{0}, \ \ \boldsymbol{s} > \boldsymbol{0} \end{cases} \tag{2.33}$$

を考える．第 1 式は $x_j s_j = \mu$ $(j = 1, 2, \ldots, n)$ を表しているので，(2.33) 式は非線形方程式である．ここで，(2.32) 式と (2.33) 式を比較すると，(2.33) 式において $\mu \to 0$ としたときの極限が (2.32) 式であると考えられる．

実際，任意の $\mu > 0$ に対する (2.33) 式の解を $(\boldsymbol{x}(\mu), \boldsymbol{w}(\mu), \boldsymbol{s}(\mu))$ とすれば，パラメータ $\mu > 0$ によって与えられる集合 $\{(\boldsymbol{x}(\mu), \boldsymbol{w}(\mu), \boldsymbol{s}(\mu)) \,|\, \mu > 0\}$ は $(n+m+n)$ 次元空間の部分集合 $\{(\boldsymbol{x}, \boldsymbol{w}, \boldsymbol{s}) \,|\, \boldsymbol{x} > \boldsymbol{0}, \ \boldsymbol{s} > \boldsymbol{0}\}$ 内の曲線 (パス) を定める．これを**中心パス**と呼ぶ．中心パスにおいて $\mu \to 0$ とすれば $(\boldsymbol{x}(\mu), \boldsymbol{w}(\mu), \boldsymbol{s}(\mu))$ は (2.32) 式の解に収束する．この性質に基づいて，パス追跡法では 0 に収束する正数列 $\{\mu^{(k)}\}$ を考え，各 $\mu^{(k)}$ に対する (2.33) 式の解 $(\boldsymbol{x}(\mu^{(k)}), \boldsymbol{w}(\mu^{(k)}), \boldsymbol{s}(\mu^{(k)}))$ を近似的に求めることにより，(2.32) 式の解に収束する点列 $\{(\boldsymbol{x}^{(k)}, \boldsymbol{w}^{(k)}, \boldsymbol{s}^{(k)})\}$ を生成する．このとき，とくに変数 $(\boldsymbol{x}, \boldsymbol{s})$ に関しては常に $\boldsymbol{x}^{(k)} > \boldsymbol{0}$, $\boldsymbol{s}^{(k)} > \boldsymbol{0}$ が成り立つように点列を定める．すなわち，生成される点列が常に変数 $(\boldsymbol{x}, \boldsymbol{s})$ の非負領域の内部 $\{(\boldsymbol{x}, \boldsymbol{s}) \,|\, \boldsymbol{x} > \boldsymbol{0}, \ \boldsymbol{s} > \boldsymbol{0}\}$ にとどまるという意味で，この方法は内点法の特徴を備えている．この方法の具体的な計算手順は以下のようになる．

第 k 反復において，$\boldsymbol{x}^{(k)} > \boldsymbol{0}$ かつ $\boldsymbol{s}^{(k)} > \boldsymbol{0}$ を満たす点 $(\boldsymbol{x}^{(k)}, \boldsymbol{w}^{(k)}, \boldsymbol{s}^{(k)})$ が得られているものとする．これは，直前の反復において，$\mu^{(k-1)}$ に対する (2.33) 式の近似解として得られたものである．さて，次に $\mu^{(k)}$ $(< \mu^{(k-1)})$ に対する (2.33) 式の近似解を求めるため，点 $(\boldsymbol{x}^{(k)}, \boldsymbol{w}^{(k)}, \boldsymbol{s}^{(k)})$ において (2.33) 式の非線形方程

*21) 線形相補性問題は線形最適化問題だけでなく，2 次最適化問題や双行列ゲームの均衡解を求める問題などを含む広いクラスの問題である．

式を線形近似した方程式

$$\left\{\begin{array}{rcrcl} \boldsymbol{S}^{(k)}\boldsymbol{\Delta x} & & + \quad \boldsymbol{X}^{(k)}\boldsymbol{\Delta s} & = & \mu^{(k)}\boldsymbol{e} - \boldsymbol{X}^{(k)}\boldsymbol{S}^{(k)}\boldsymbol{e} \\ \boldsymbol{A}\,\boldsymbol{\Delta x} & & & = & \boldsymbol{b} - \boldsymbol{A}\boldsymbol{x}^{(k)} \\ & \boldsymbol{A}^{\top}\boldsymbol{\Delta w} & + \quad \boldsymbol{\Delta s} & = & \boldsymbol{c} - \boldsymbol{A}^{\top}\boldsymbol{w}^{(k)} - \boldsymbol{s}^{(k)} \end{array}\right. \tag{2.34}$$

の解 $(\boldsymbol{\Delta x}, \boldsymbol{\Delta w}, \boldsymbol{\Delta s})$ を求める．ただし，(2.34) 式における $\boldsymbol{X}^{(k)}$ と $\boldsymbol{S}^{(k)}$ はそれぞれ $x_j^{(k)}$ $(j = 1, 2, \ldots, n)$ と $s_j^{(k)}$ $(j = 1, 2, \ldots, n)$ を対角要素とする対角行列である．(2.34) 式の第 1 式は $\mu^{(k)}$ に対する (2.33) 式の第 1 式 $x_j s_j = \mu^{(k)}$ $(j = 1, 2, \ldots, n)$ に $x_j = x_j^{(k)} + \Delta x_j$ と $s_j = s_j^{(k)} + \Delta s_j$ を代入して，高次の項 $\Delta x_j \Delta s_j$ を無視したものに相当し，第 2 式と第 3 式はそれぞれ (2.33) 式の対応する式において $\boldsymbol{x} = \boldsymbol{x}^{(k)} + \boldsymbol{\Delta x}$ および $\boldsymbol{w} = \boldsymbol{w}^{(k)} + \boldsymbol{\Delta w}$, $\boldsymbol{s} = \boldsymbol{s}^{(k)} + \boldsymbol{\Delta s}$ とおいたものになっている．とくに，(2.34) 式は線形方程式であるから，その解は比較的容易に計算できる．$(\boldsymbol{\Delta x}, \boldsymbol{\Delta w}, \boldsymbol{\Delta s})$ が得られれば，次に適当なステップ幅 $\alpha > 0$ を用いて

$$\begin{pmatrix} \boldsymbol{x}^{(k+1)} \\ \boldsymbol{w}^{(k+1)} \\ \boldsymbol{s}^{(k+1)} \end{pmatrix} = \begin{pmatrix} \boldsymbol{x}^{(k)} + \alpha\boldsymbol{\Delta x} \\ \boldsymbol{w}^{(k)} + \alpha\boldsymbol{\Delta w} \\ \boldsymbol{s}^{(k)} + \alpha\boldsymbol{\Delta s} \end{pmatrix} \tag{2.35}$$

とすることにより (2.33) 式の近似解を定める *22)．このとき，上に述べたように，$\boldsymbol{x}^{(k+1)} > \boldsymbol{0}$, $\boldsymbol{s}^{(k+1)} > \boldsymbol{0}$ が満たされるようにステップ幅 α を定める必要がある．

上に述べた方法は主双対内点法の原型であり，出発点の選び方やステップ幅の定め方などを具体的に設定することによって様々なアルゴリズムが実現できる．現在，理論的に最も速い主双対内点法のアルゴリズムとして $O(\sqrt{n}L)$ の反復回数と $O(n^3L)$ の総計算量で解を得るものが知られている *23)．また，実際の計算効率に関しても，大規模な問題に対しては多くの場合，内点法がシンプレックス法に勝ることが数値実験により確かめられている．

---

*22) 一般に，非線形方程式に対して，それを線形近似した 1 次方程式を逐次解くことにより，解に収束する点列を生成する反復法をニュートン法と呼ぶ．したがって，(2.34) 式の解を用いて (2.35) 式のように次の点を定めることは，非線形方程式 (2.33) に対してニュートン法の反復を 1 回だけ行って得られる近似解を次の点とすることに対応している．

*23) 計算量が $O(n^3L)$ であるとは，加減乗除や大小比較のような基本的演算の回数が高々 n^3L の定数倍であることをいう (3.1 節参照)．

最後に主双対内点法の計算について簡単に述べておこう．各反復において最も多くの計算を要するのは線形方程式 (2.34) の解を求める部分であるが，以下に示すように，方程式 (2.34) はより小さい方程式に分解できる．表記を簡単にするため，(2.34) 式の右辺の定数ベクトルをそれぞれ $\boldsymbol{p}, \boldsymbol{q}, \boldsymbol{r}$ と表し，さらに行列 $\boldsymbol{S}^{(k)}$, $\boldsymbol{X}^{(k)}$ の添字を省略すると，方程式 (2.34) は次のように書き換えることができる．

$$\left\{\begin{array}{lcccccl} \boldsymbol{S\Delta x} & & & + & \boldsymbol{X\Delta s} & = & \boldsymbol{p} \\ \boldsymbol{A\,\Delta x} & & & & & = & \boldsymbol{q} \\ & & \boldsymbol{A}^\top\boldsymbol{\Delta w} & + & \boldsymbol{\Delta s} & = & \boldsymbol{r} \end{array}\right. \tag{2.36}$$

第 1 式と第 3 式より，それぞれ

$$\boldsymbol{\Delta x} = \boldsymbol{S}^{-1}(\boldsymbol{p} - \boldsymbol{X\Delta s}) \tag{2.37}$$

$$\boldsymbol{\Delta s} = \boldsymbol{r} - \boldsymbol{A}^\top\boldsymbol{\Delta w} \tag{2.38}$$

となる．さらに，(2.38) 式を (2.37) 式に代入すると

$$\boldsymbol{\Delta x} = \boldsymbol{S}^{-1}(\boldsymbol{p} - \boldsymbol{Xr} + \boldsymbol{XA}^\top\boldsymbol{\Delta w}) \tag{2.39}$$

となる．そこで，(2.39) 式を (2.36) 式の第 2 式に代入して整理すると，$\boldsymbol{\Delta w}$ に関する方程式

$$\boldsymbol{AS}^{-1}\boldsymbol{XA}^\top\boldsymbol{\Delta w} = \boldsymbol{q} - \boldsymbol{AS}^{-1}(\boldsymbol{p} - \boldsymbol{Xr}) \tag{2.40}$$

を得る．この方程式はもとの方程式 (2.36) に比べて変数の数が少なく，また係数行列 $\boldsymbol{AS}^{-1}\boldsymbol{XA}^\top$ が対称かつ (行列 $\boldsymbol{A}$ が $\operatorname{rank}\boldsymbol{A} = m$ を満たすとき) 正定値という長所がある．方程式 (2.40) を解いてその解 $\boldsymbol{\Delta w}$ が得られれば，それを (2.38) 式に代入して $\boldsymbol{\Delta s}$ が，さらにそれを (2.37) 式に代入して $\boldsymbol{\Delta x}$ が得られる．

実際の計算においては, (2.35) 式のステップ幅 $\alpha > 0$ は, $\boldsymbol{x}^{(k+1)} > \boldsymbol{0}$, $\boldsymbol{s}^{(k+1)} > \boldsymbol{0}$ が満たされる範囲で十分大きい値に設定するのが有効といわれている．具体的には，まず最大ステップ幅

$$\alpha_{\max} = \max\left\{\alpha \;\middle|\; \boldsymbol{x}^{(k)} + \alpha\boldsymbol{\Delta x} \geqq \boldsymbol{0},\ \boldsymbol{s}^{(k)} + \alpha\boldsymbol{\Delta s} \geqq \boldsymbol{0}\right\}$$

を求め，これを少しだけ縮めた

$$\alpha = \gamma \cdot \alpha_{\max} \tag{2.41}$$

を実際のステップ幅として用いればよい．ここで，γ は $0 < \gamma < 1$ であるが，十分 1 に近い定数である．また，(2.35) 式において，主変数 $\boldsymbol{x}$ と双対変数 $(\boldsymbol{w}, \boldsymbol{s})$ に対して異なるステップ幅を用いるのも効果的といわれている．

上に述べた内点法には 0 に収束するパラメータ $\mu^{(k)}$ が含まれている．パラメータ $\mu^{(k)}$ の役割は $(\boldsymbol{x}^{(k)})^\top \boldsymbol{s}^{(k)}$ の値を 0 に収束させることにあるので，第 k 反復で $\boldsymbol{x}^{(k)}, \boldsymbol{s}^{(k)}$ が得られているとき，方程式 (2.34) においては $\mu^{(k)}$ を $(\boldsymbol{x}^{(k)})^\top \boldsymbol{s}^{(k)}$ に比べて十分小さい値に設定する必要がある．そこで，実際には

$$\mu^{(k)} = \frac{(\boldsymbol{x}^{(k)})^\top \boldsymbol{s}^{(k)}}{\sigma n}$$

(ただし σ は $\sigma > 1$ を満たす定数) または

$$\mu^{(k)} = \frac{(\boldsymbol{x}^{(k)})^\top \boldsymbol{s}^{(k)}}{n^2} \tag{2.42}$$

とする方法がよく用いられる．このように $\mu^{(k)}$ を定めると，次の点において通常 $(\boldsymbol{x}^{(k+1)})^\top \boldsymbol{s}^{(k+1)} < (\boldsymbol{x}^{(k)})^\top \boldsymbol{s}^{(k)}$ が成り立ち，結果的に $\mu^{(k)}$ が単調減少することが期待される．

表 2.1 は，2.5 節の例題 (2.14) に対して，上の方法を実際に適用したときに生成された点列 $\{(\boldsymbol{x}^{(k)}, \boldsymbol{w}^{(k)}, \boldsymbol{s}^{(k)})\}$ とそれに対応する $(\boldsymbol{x}^{(k)})^\top \boldsymbol{s}^{(k)}$ の値を示している．なお，パラメータ $\mu^{(k)}$ は (2.42) 式によって定め，ステップ幅 α は (2.41) 式で $\gamma = 0.99$ として定めた．また，出発点 $(\boldsymbol{x}^{(0)}, \boldsymbol{w}^{(0)}, \boldsymbol{s}^{(0)})$ の各要素は 1 とした．とくに，この出発点は主問題および双対問題の実行可能解ではないことに注意しよう．このような出発点を選んだとき，点列 $\{(\boldsymbol{x}^{(k)}, \boldsymbol{w}^{(k)}, \boldsymbol{s}^{(k)})\}$ は一般に主問題・双対問題の実行可能領域の外部に生成される．しかし，非負条件 $\boldsymbol{x} \geqq \boldsymbol{0}$ および $\boldsymbol{s} \geqq \boldsymbol{0}$ に関しては常に狭義の不等式 $\boldsymbol{x}^{(k)} > \boldsymbol{0}$, $\boldsymbol{s}^{(k)} > \boldsymbol{0}$ が成り立っており，点列 $\{(\boldsymbol{x}^{(k)}, \boldsymbol{w}^{(k)}, \boldsymbol{s}^{(k)})\}$ は領域 $\{(\boldsymbol{x}, \boldsymbol{w}, \boldsymbol{s}) \,|\, \boldsymbol{x} \geqq \boldsymbol{0},\ \boldsymbol{s} \geqq \boldsymbol{0}\}$ の内部を通って最適解に収束していることが確かめられる．

ここでは反復の停止条件を $(\boldsymbol{x}^{(k)})^\top \boldsymbol{s}^{(k)} < 10^{-7}$ としたが，その条件が満たされるまでに 13 回の反復を要している．2.5 節でシンプレックス法を用いておなじ問題を解いたときには，第 1 段階と第 2 段階をあわせても 3 回のピボット操作で最適解が得られていたことを考えると，反復 1 回あたりの計算量がピボット操作 1 回のそれより多いことも考えあわせて，内点法の有効性に関して疑問符が付けられるかも知れない．しかし，内点法の大きな特徴は，問題の規模が大きくなっ

表 2.1 問題 (2.14) に対する主双対内点法の計算結果

反復 k	$\boldsymbol{x}^{(k)}$ / $\boldsymbol{s}^{(k)}$	$\boldsymbol{w}^{(k)}$ / $(\boldsymbol{x}^{(k)})^\top \boldsymbol{s}^{(k)}$
0	$\boldsymbol{x}^{(0)} = (1.00000, 1.00000, 1.00000)$ $\boldsymbol{s}^{(0)} = (1.00000, 1.00000, 1.00000)$	$\boldsymbol{w}^{(0)} = (1.00000, 1.00000)$ $(\boldsymbol{x}^{(0)})^\top \boldsymbol{s}^{(0)} = 3.00000$
1	$\boldsymbol{x}^{(1)} = (1.84512, 1.55536, 0.87926)$ $\boldsymbol{s}^{(1)} = (0.01000, 0.29975, 0.97585)$	$\boldsymbol{w}^{(1)} = (1.32597, 0.57743)$ $(\boldsymbol{x}^{(1)})^\top \boldsymbol{s}^{(1)} = 1.34272$
2	$\boldsymbol{x}^{(2)} = (4.10588, 1.16902, 1.59629)$ $\boldsymbol{s}^{(2)} = (0.01271, 0.33115, 0.00975)$	$\boldsymbol{w}^{(2)} = (0.34418, 0.72980)$ $(\boldsymbol{x}^{(2)})^\top \boldsymbol{s}^{(2)} = 0.45491$
3	$\boldsymbol{x}^{(3)} = (6.90921, 0.01169, 2.86221)$ $\boldsymbol{s}^{(3)} = (0.00399, 0.63367, 0.00394)$	$\boldsymbol{w}^{(3)} = (0.18711, 0.62411)$ $(\boldsymbol{x}^{(3)})^\top \boldsymbol{s}^{(3)} = 0.46328 \times 10^{-1}$
4	$\boldsymbol{x}^{(4)} = (7.82650, 0.00011, 3.07249)$ $\boldsymbol{s}^{(4)} = (0.00289, 1.22689, 0.00327)$	$\boldsymbol{w}^{(4)} = (-0.11016, 0.42575)$ $(\boldsymbol{x}^{(4)})^\top \boldsymbol{s}^{(4)} = 0.32859 \times 10^{-1}$
5	$\boldsymbol{x}^{(5)} = (10.83553, 0.00199, 3.74012)$ $\boldsymbol{s}^{(5)} = (0.00002, 3.22745, 0.00105)$	$\boldsymbol{w}^{(5)} = (-1.11267, -0.24264)$ $(\boldsymbol{x}^{(5)})^\top \boldsymbol{s}^{(5)} = 0.10690 \times 10^{-1}$
6	$\boldsymbol{x}^{(6)} = (11.92889, 0.00001, 3.98418)$ $\boldsymbol{s}^{(6)} = (0.00010, 3.95311, 0.00029)$	$\boldsymbol{w}^{(6)} = (-1.47626, -0.48435)$ $(\boldsymbol{x}^{(6)})^\top \boldsymbol{s}^{(6)} = 0.24635 \times 10^{-2}$
7	$\boldsymbol{x}^{(7)} = (12.01891, 0.00008, 4.00415)$ $\boldsymbol{s}^{(7)} = (0.00000, 4.01272, 0.00000)$	$\boldsymbol{w}^{(7)} = (-1.50635, -0.50424)$ $(\boldsymbol{x}^{(7)})^\top \boldsymbol{s}^{(7)} = 0.36913 \times 10^{-3}$
8	$\boldsymbol{x}^{(8)} = (11.99742, 0.00000, 3.99942)$ $\boldsymbol{s}^{(8)} = (0.00000, 3.99830, 0.00001)$	$\boldsymbol{w}^{(8)} = (-1.49914, -0.49943)$ $(\boldsymbol{x}^{(8)})^\top \boldsymbol{s}^{(8)} = 0.90991 \times 10^{-4}$
9	$\boldsymbol{x}^{(9)} = (12.00070, 0.00000, 4.00015)$ $\boldsymbol{s}^{(9)} = (0.00000, 4.00047, 0.00000)$	$\boldsymbol{w}^{(9)} = (-1.50023, -0.50015)$ $(\boldsymbol{x}^{(9)})^\top \boldsymbol{s}^{(9)} = 0.13458 \times 10^{-4}$
10	$\boldsymbol{x}^{(10)} = (11.99990, 0.00000, 3.99997)$ $\boldsymbol{s}^{(10)} = (0.00000, 3.99993, 0.00000)$	$\boldsymbol{w}^{(10)} = (-1.49996, -0.49997)$ $(\boldsymbol{x}^{(10)})^\top \boldsymbol{s}^{(10)} = 0.33128 \times 10^{-5}$
11	$\boldsymbol{x}^{(11)} = (12.00002, 0.00000, 4.00000)$ $\boldsymbol{s}^{(11)} = (0.00000, 4.00001, 0.00000)$	$\boldsymbol{w}^{(11)} = (-1.50000, -0.50000)$ $(\boldsymbol{x}^{(11)})^\top \boldsymbol{s}^{(11)} = 0.48977 \times 10^{-6}$
12	$\boldsymbol{x}^{(12)} = (11.99999, 0.00000, 3.99999)$ $\boldsymbol{s}^{(12)} = (0.00000, 3.99999, 0.00000)$	$\boldsymbol{w}^{(12)} = (-1.49999, -0.49999)$ $(\boldsymbol{x}^{(12)})^\top \boldsymbol{s}^{(12)} = 0.12055 \times 10^{-6}$
13	$\boldsymbol{x}^{(13)} = (12.00000, 0.00000, 4.00000)$ $\boldsymbol{s}^{(13)} = (0.00000, 4.00000, 0.00000)$	$\boldsymbol{w}^{(13)} = (-1.50000, -0.50000)$ $(\boldsymbol{x}^{(13)})^\top \boldsymbol{s}^{(13)} = 0.17823 \times 10^{-7}$

ても，最適解への収束に要する反復回数がほとんど増加しないという点にある．実際，数千個あるいはそれ以上の変数を含む問題に対しても，反復回数はせいぜい数十回程度にとどまることが数値実験によって確かめられている．この性質が内点法がとくに大規模な問題に対して有効であることの最大の理由である．

2.10 演 習 問 題

2.1 次の数理最適化問題を標準形の線形最適化問題に変換せよ．

$$
\begin{aligned}
\text{目的関数：}\quad & -x_1 + |x_2| \quad \longrightarrow \quad \text{最小} \\
\text{制約条件：}\quad & 2x_1 + 5x_2 \leqq 9 \\
& x_1 + 3x_2 \leqq 5 \\
& x_1 \geqq 0,\ \ x_2 \text{ は符号制約なし}
\end{aligned}
$$

2.2 次の線形最適化問題を考える．

$$
\begin{aligned}
\text{目的関数：}\quad & x_1 + x_2 - 4x_3 \quad \longrightarrow \quad \text{最小} \\
\text{制約条件：}\quad & x_1 + x_2 + 2x_3 + x_4 = 9 \\
& x_1 + x_2 - x_3 + x_5 = 2 \\
& -x_1 + x_2 + x_3 + x_6 = 4 \\
& x_i \geqq 0 \ \ (i = 1, 2, \ldots, 6)
\end{aligned}
$$

この問題をシンプレックス法を用いて解いたところ，最適解において基底変数は $\boldsymbol{x}_B = (x_1, x_3, x_5)^\top$ となった．

(a) 最適解を計算せよ．

(b) 最適基底行列の逆行列 $\boldsymbol{B}^{-1}$ を書け．

(c) どれか一つの制約条件の右辺の定数を 1 だけ増やすことを考える．そのとき，目的関数の最小値が最も大きく減少するのはどの制約条件の定数を増やしたときか．

(d) 制約条件式の右辺の定数を $(9, 2, 4)^\top$ から $(9+t, 2+t, 4+t)^\top$ と変化させたとき，最適基底が変化しないような t の範囲を求めよ．また，その範囲内での目的関数の最小値を t の関数として表せ．

2.3 次の線形最適化問題 (P) を考える．

$$
\begin{aligned}
\text{(P)} \quad & \text{目的関数：} \quad \boldsymbol{c}^\top \boldsymbol{x} \longrightarrow \text{最小} \\
& \text{制約条件：} \quad \boldsymbol{A}\boldsymbol{x} \geqq \boldsymbol{b}, \quad \boldsymbol{x} \geqq \boldsymbol{0}
\end{aligned}
$$

さらに，問題 (P) においてベクトル $\boldsymbol{c}$ を $\hat{\boldsymbol{c}}$ で置き換えた問題を ($\hat{\text{P}}$) と呼ぶ．問題 (P) と ($\hat{\text{P}}$) はともに最適解をもつと仮定し，$\boldsymbol{x}^*$ と $\hat{\boldsymbol{x}}$ をそれぞれの問題の任意の最適解とする．そのとき，次の不等式が成り立つことを示せ．

$$
(\boldsymbol{c} - \hat{\boldsymbol{c}})^\top (\boldsymbol{x}^* - \hat{\boldsymbol{x}}) \leqq 0
$$

2.4 次の線形最適化問題を考える．

$$
\begin{aligned}
& \text{目的関数：} \quad \boldsymbol{c}^\top \boldsymbol{x} \longrightarrow \text{最小} \\
& \text{制約条件：} \quad \boldsymbol{A}\boldsymbol{x} \geqq \boldsymbol{b}
\end{aligned}
$$

ただし，$\boldsymbol{A}$ は $m \times n$ 行列，$\boldsymbol{c}$ と $\boldsymbol{x}$ は n 次元ベクトル，$\boldsymbol{b}$ は m 次元ベクトルである．

(a) この問題の双対問題を変数ベクトル $\boldsymbol{w} = (w_1, w_2, \ldots, w_m)^\top$ を用いて表せ．

(b) 主問題と双対問題がそれぞれ最適解 $\boldsymbol{x}^*$ と $\boldsymbol{w}^*$ をもつとき，次の関係が成り立つことを示せ．

$$
w_i^* (\boldsymbol{a}^i \boldsymbol{x}^* - b_i) = 0 \quad (i = 1, 2, \ldots, m)
$$

ただし，$\boldsymbol{a}^i$ は行列 $\boldsymbol{A}$ の第 i 行ベクトルを表す．

2.5 2.9 節で述べた主双対内点法によって生成される点列 $\{(\boldsymbol{x}^{(k)}, \boldsymbol{w}^{(k)}, \boldsymbol{s}^{(k)})\}$ は一般に主問題・双対問題の実行可能解とは限らない (問題 (2.14) に対する計算結果：表 2.1 参照)．しかし，出発点 $(\boldsymbol{x}^{(0)}, \boldsymbol{w}^{(0)}, \boldsymbol{s}^{(0)})$ が $\boldsymbol{A}\boldsymbol{x}^{(0)} = \boldsymbol{b}$ を満たせば，すべての k に対して $\boldsymbol{A}\boldsymbol{x}^{(k)} = \boldsymbol{b}$ が成り立ち，さらに $\boldsymbol{A}^\top \boldsymbol{w}^{(0)} + \boldsymbol{s}^{(0)} = \boldsymbol{c}$ であれば，すべての k に対して $\boldsymbol{A}^\top \boldsymbol{w}^{(k)} + \boldsymbol{s}^{(k)} = \boldsymbol{c}$ が成り立つ．このことを示せ．

第 3 章

ネットワーク最適化

この章ではネットワークに関連する代表的な最適化問題として最短路問題，最大流問題，最小費用流問題の三つを取り上げる．これらの問題はいずれも線形最適化問題の特別な場合とみなすことができるが，問題のネットワーク構造を利用することにより，非常に効率的なアルゴリズムを構成することができる．ここでは，そのようないくつかのアルゴリズムを紹介し，それらの考え方について説明する．

3.1 最短路問題とダイクストラ法

グラフとはいくつかの**節点**の集合 V とそれらを結ぶ**枝**の集合 E によって定義されるものであり，一般に $G=(V,E)$ と表される．枝には向きがついている場合とそうでない場合があり，前者のグラフを有向グラフ，後者のグラフを無向グラフという (1.2 節参照)．この章では，とくに断らない限り，グラフといえば有向かつ単純グラフ (1.2 節参照) を意味するものとする．また，グラフに対して，枝の長さや枝上の流れなどを考えるとき，グラフをしばしば**ネットワーク**と呼ぶ．この章を通して，グラフあるいはネットワークの節点数を n，枝数を m で表す．

グラフ G の各枝 $(i,j)\in E$ が長さ a_{ij} をもつとき，ある節点 $s\in V$ から別の節点 $t\in V$ への**路**のなかで，最も長さの短いものを見つける問題を**最短路問題**という (1.2 節参照)．ただし，節点 s から節点 t への路とは，節点の列

$$P=(s,i,j,\ldots,k,t)$$

で，$(s,i)\in E,(i,j)\in E,\ldots,(k,t)\in E$ を満たすものをいい，それらの枝の長さの和

$$a_{si}+a_{ij}+\cdots+a_{kt}$$

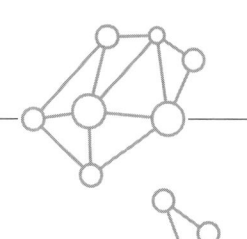

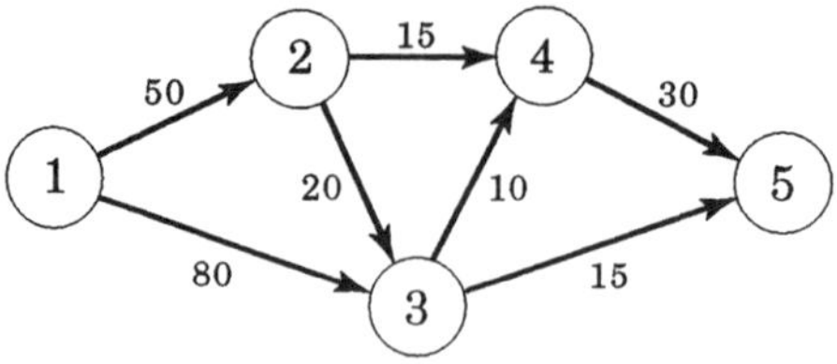

図 **3.1**　最短路問題の例 (数字は枝の長さ)

をこの路 P の長さと定義する．以下では，しばしば路を $s \to i \to j \to \cdots \to k \to t$ のように表す．

図 3.1 のネットワークにおいて，節点 1 を s，節点 5 を t とすると，節点 $s\,(=1)$ から節点 $t\,(=5)$ へは $1 \to 2 \to 4 \to 5$，$1 \to 2 \to 3 \to 5$，$1 \to 2 \to 3 \to 4 \to 5$，$1 \to 3 \to 4 \to 5$，$1 \to 3 \to 5$ の五つの路があり，それらの長さはそれぞれ 95, 85, 110, 120, 95 であるから，最短路は $1 \to 2 \to 3 \to 5$ である．この例のような小規模なネットワークでは可能な路をすべて数え上げることにより最短路を見つけることができるが，大規模で複雑なネットワークに対してはこのような列挙法は実用的ではないので，効率的なアルゴリズムが必要となる．

さて，いま仮に節点 s から t への最短路 P が得られているものとし，路 P に含まれる節点を一つ任意に選ぶ．その節点を r とすれば，路 P は節点 s から r までの部分と r から t への部分に分割できる．前半と後半の部分に対応する路をそれぞれ P_1, P_2 とすれば，P_1 は節点 s から r への最短路であり，P_2 は節点 r から t への最短路になっているはずである．実際，もし節点 s から r へ P_1 より短い路 P_1' が別に存在するとすれば，図 3.2 に示すように，路 P_1' と P_2 をつないだ路 $P_1' \cup P_2$ は明らかにもとの路 $P = P_1 \cup P_2$ より短い．これは節点 s から t への最短路が P であることに反する．

一般に，節点 s から t への最短路 P においては，そのどの一部分を取り出しても，それがその両端の節点間を結ぶ最短路になっている．このような性質は最

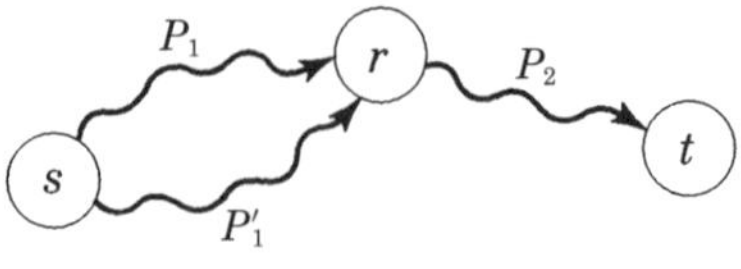

図 **3.2**　最適性の原理

適性の原理と呼ばれており，最短路問題に限らず，様々な最適化問題に対して，もとの問題を小さい部分問題に分解して取り扱うアルゴリズムを構築する際にしばしば用いられる (5.3 節参照).

以下では，最短路問題の定義を少し拡張して，ある節点 s からネットワークのほかのすべての節点への最短路を見つける問題を考える．上に述べた最適性の原理を利用して最短路を求めようとすれば，目的とする節点以外の節点への最短路も同時に求めていくことになるので，問題をこのように拡張しても，難しさが実質的に増大するわけではない．

最短路問題の代表的なアルゴリズムとして知られる**ダイクストラ法**[*1] は，枝の長さに関する非負条件

$$a_{ij} \geqq 0 \quad ((i,j) \in E) \tag{3.1}$$

の仮定のもとで，節点 s から各節点 $i \in V$ への最短路の長さの上限値 $d(i)$ を常に保持しながら，それらの値を次々と真の最短路の長さに更新していき，最終的にすべての節点に対する $d(i)$ が s から i への真の最短路の長さに等しくなるような反復法である．一般に，計算の途中では，s からその節点までの真の最短路の長さが得られている節点，すなわちその時点での $d(i)$ の値が s から i への真の最短路の長さに等しいことがわかっている節点がいくつか存在する．以下に述べるアルゴリズムにおいては，S がそのような節点の集合を表している (この性質についてはアルゴリズムとその計算例を示した後で説明する)．また，アルゴリズム中の $\overline{S}$ は S の補集合 $V \setminus S$ を表す[*2].

ダイクストラ法

(0) $S := \emptyset$, $\overline{S} := V$, $d(s) := 0$, $d(i) := \infty$ $(i \in V \setminus \{s\})$ とおく[*3].

(1) $S = V$ なら計算終了．そうでないなら，$d(v) = \min\{d(i) \mid i \in \overline{S}\}$ であるような節点 $v \in \overline{S}$ を選ぶ.

(2) $S := S \cup \{v\}$, $\overline{S} := \overline{S} \setminus \{v\}$ とし，$(v,j) \in E$ かつ $j \in \overline{S}$ であるようなすべての枝 (v,j) に対して

[*1] ダイクストラ法は 1959 年に E. Dijkstra によって考え出された方法である.

[*2] 二つの集合 A,B に対して，$A \setminus B$ は A と B の差集合 $\{v \mid v \in A, v \notin B\}$ を表す.

[*3] $A := B$ は B を A に代入する，すなわち A を B で置き換える操作を表す.

$$d(j) > d(v) + a_{vj} \quad \text{ならば} \quad d(j) := d(v) + a_{vj},\ p(j) := v$$

とする．ステップ (1) に戻る．

なお，アルゴリズムに現れる $p(j)$ は s から j までの最短路において，j の直前に位置する節点を示すために用いられるものである．

このアルゴリズムを図 3.1 の例に適用してみよう．ただし $s = 1$ とする．

[初期化]

(0) $S = \emptyset$, $\overline{S} = \{1, 2, 3, 4, 5\}$, $d(1) = 0$, $d(2) = d(3) = d(4) = d(5) = \infty$.

[反復 **1**]

(1) $\min\{d(1), d(2), d(3), d(4), d(5)\} = \min\{0, \infty, \infty, \infty, \infty\}$ より $v = 1$ となる．

(2) $S = \{1\}$, $\overline{S} = \{2, 3, 4, 5\}$ であり，さらに $d(2) = \infty > d(1) + a_{12} = 0 + 50$ であるから $d(2) = 50$, $p(2) = 1$ となり，$d(3) = \infty > d(1) + a_{13} = 0 + 80$ であるから $d(3) = 80$, $p(3) = 1$ となる ($d(4) = \infty$, $d(5) = \infty$ は変化しない)．

[反復 **2**]

(1) $\min\{d(2), d(3), d(4), d(5)\} = \min\{50, 80, \infty, \infty\}$ より $v = 2$ となる．

(2) $S = \{1, 2\}$, $\overline{S} = \{3, 4, 5\}$ であり，さらに $d(3) = 80 > d(2) + a_{23} = 50 + 20$ であるから $d(3) = 70$, $p(3) = 2$ となり，$d(4) = \infty > d(2) + a_{24} = 50 + 15$ であるから $d(4) = 65$, $p(4) = 2$ となる ($d(5) = \infty$ は変化しない)．

[反復 **3**]

(1) $\min\{d(3), d(4), d(5)\} = \min\{70, 65, \infty\}$ より $v = 4$ となる．

(2) $S = \{1, 2, 4\}$, $\overline{S} = \{3, 5\}$ であり，さらに $d(5) = \infty > d(4) + a_{45} = 65 + 30$ であるから $d(5) = 95$, $p(5) = 4$ となる ($d(3) = 70$ は変化しない)．

[反復 **4**]

(1) $\min\{d(3), d(5)\} = \min\{70, 95\}$ より $v = 3$ となる．

(2) $S = \{1, 2, 3, 4\}$, $\overline{S} = \{5\}$ であり，さらに $d(5) = 95 > d(3) + a_{35} = 70 + 15$ であるから $d(5) = 85$, $p(5) = 3$ となる．

[反復 **5**]

(1) $\overline{S} = \{5\}$ であるから，自動的に $v = 5$ となる．

(2) $S = \{1, 2, 3, 4, 5\}$, $\overline{S} = \emptyset$ となる．

[反復 **6**]

(1) $S = V$ であるから計算終了．

計算を終了したとき，$d(1) = 0$, $d(2) = 50$, $d(3) = 70$, $d(4) = 65$, $d(5) = 85$ となっているが，これらの値は節点 1 から各節点への最短路の長さを与えている．上の計算からわかるように，このアルゴリズムでは出発点である節点 1 に近い節点

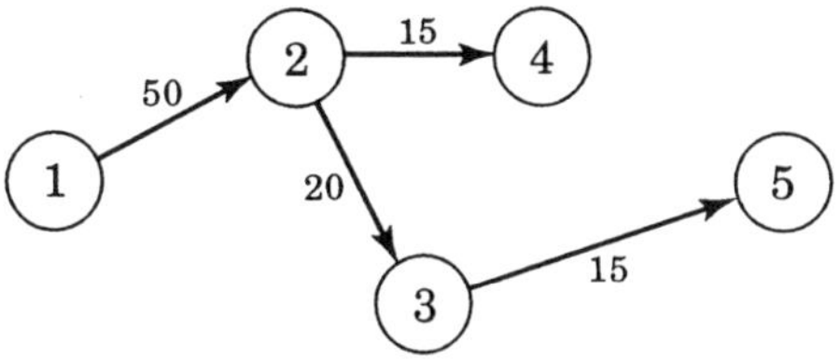

図 **3.3** 最短路木

から順に真の最短路の長さが確定し，集合 S に含まれていく．また，計算が終了した時点で得られている $p(2)=1$, $p(3)=2$, $p(4)=2$, $p(5)=3$ によって定まる枝の集合 $\{(p(2),2),(p(3),3),(p(4),4),(p(5),5)\}=\{(1,2),(2,3),(2,4),(3,5)\}$ を考えると，これは節点 1 から各節点への最短路を示している (図 3.3 参照)．図 3.3 のように**閉路**[*4)] を含まないグラフを**木**[*5)] といい，とくにある出発点からほかの各節点への最短路を与える木を**最短路木**と呼ぶ．

ダイクストラ法のアルゴリズムを述べた際に，S は出発点 s からの最短路の長さがわかっている節点の集合であるとしたが，ここでそれが正しいことを確かめておこう．それにより，ダイクストラ法が最短路木を生成することが保証される．以下では

$$i \in S \quad \Longrightarrow \quad d(i) = [s \text{ から } i \text{ への最短路の長さ}] = \left[\begin{array}{l} s \text{ から } S \text{ に含まれる節点のみを} \\ \text{経由して } i \text{ に至る最短路の長さ} \end{array}\right] \tag{3.2}$$

および

$$i \in \overline{S} \quad \Longrightarrow \quad d(i) = \left[\begin{array}{l} s \text{ から } S \text{ に含まれる節点のみを} \\ \text{経由して } i \text{ に至る最短路の長さ} \end{array}\right] \tag{3.3}$$

が成り立つ[*6)] ことを帰納法を用いて示す．

まず，アルゴリズムの最初の反復が終わった時点で $S=\{s\}$ かつ $d(s)=0$

---

*4) ある節点から出発して，ふたたびその節点に戻ってくるような路を閉路と呼ぶ．

*5) 厳密には，閉路を含まない**連結**グラフを木という．連結グラフとは，枝の向きを無視したとき，グラフ内のどの 2 節点間にも路が存在するようなグラフである．本書では，とくに断らない限り，暗黙の仮定として，常に連結グラフだけを取り扱う．

*6) ただし，s から S に含まれる節点のみを経由して i に至る路が存在しないときは $d(i)=\infty$ とする．

となっているが，仮定 (3.1) より，そのとき明らかに性質 (3.2) と (3.3) は成立する．

次に，ある反復に入った時点で性質 (3.2) と (3.3) が成り立っているとし，ステップ (1) で節点 $v \in \overline{S}$ が選ばれたとする．そこで，節点 v に対して

$$\begin{aligned} d(v) &= [s \text{ から } v \text{ への最短路の長さ}] \\ &= \left[\begin{array}{l} s \text{ から } S \text{ に含まれる節点のみを} \\ \text{経由して } v \text{ に至る最短路の長さ} \end{array}\right] \end{aligned} \tag{3.4}$$

が成立することと，この反復が終わった時点で，v を取り除いた集合 $\overline{S}$ に対して性質 (3.3) が成り立つことを示せばよい．

まず，性質 (3.4) を背理法により示す．s から v への最短路を P^* とし，その長さが $d(v)$ と等しくないと仮定しよう．アルゴリズムの構成法より，各節点 i に対して $d(i)$ は s から i へのある路の長さを表していることに注意すれば，この仮定は

$$d(v) > [\text{路 } P^* \text{ の長さ}] \tag{3.5}$$

を意味している．ところで，$v \in \overline{S}$ であるから，性質 (3.3) と (3.5) 式より，s から v への真の最短路 P^* は途中で $\overline{S}$ の節点を少なくとも一つ経由しているはずである．路 P^* において初めて現れる $\overline{S}$ の節点を u とすれば，P^* は図 3.4 に示すように二つの部分路 P_1^* と P_2^* に分解できる．最適性の原理より，路 P_1^* は s から u への最短路である．さらに，路 P_1^* は途中で S の節点のみを経由しているので，性質 (3.3) を考慮すると

$$d(u) = [\text{路 } P_1^* \text{ の長さ}] \tag{3.6}$$

であることがわかる．また，各枝の長さは非負なので

$$[\text{路 } P^* \text{ の長さ}] \geqq [\text{路 } P_1^* \text{ の長さ}]$$

であるから，(3.3) 式と (3.5) 式を考えあわせると

$$d(v) > d(u)$$

である．ところが，v の定め方 $d(v) = \min\{d(i) \,|\, i \in \overline{S}\}$ と $u \in \overline{S}$ より

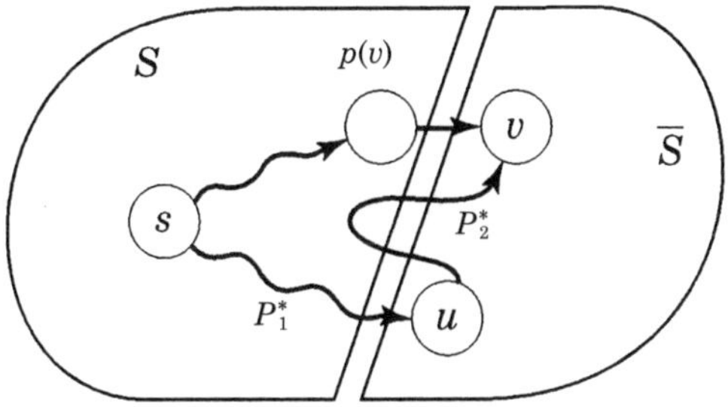

図 **3.4** ダイクストラ法の説明 (1)

$$d(v) \leqq d(u)$$

であるから，これは矛盾である．したがって，(3.5) 式は誤りであり，$d(v)$ は s から v への最短路の長さに等しい．また，性質 (3.3) より，その路は S の節点のみを経由するので，結局，性質 (3.4) が成立することがいえる．

次に，この反復が終了した時点で性質 (3.3) が保たれていることを示す．議論を明確にするため，反復の開始時点での集合 S に対して，この反復の終了時点での集合を S^+ と書くことにする．すなわち，$S^+ = S \cup \{v\}$ である．アルゴリズムのステップ (2) を実行したとき

$$j \in \overline{S^+} \quad \Longrightarrow \quad d(j) = \left[\begin{array}{l} s \text{ から } S^+ \text{ に含まれる節点のみを} \\ \text{経由して } j \text{ に到る最短路の長さ} \end{array} \right] \tag{3.7}$$

が成り立つことをいえばよい．s から S^+ の節点のみを経由して j に至る最短路には次の三つの場合が考えられる．

(a) 節点 v を経由しない．すなわち S の節点のみを経由する．

(b) 節点 j に到達する直前に節点 v を経由する．

(c) 節点 v を経由し，その後さらに S の節点をいくつか通って j に到達する．

しかし，実際には (a) と (b) の場合だけを考えれば十分である．その理由は次のように説明できる．(c) のような路 P が s から j への最短路であるとき，路 P 上の j の直前の節点を k とすれば，最適性の原理より，路 P の k までの部分 P_1 は s から k への最短路である．一方，k はこれ以前の反復において S の要素となっているので，性質 (3.2) より，図 3.5 のように S の節点だけを経由して s から k に至る最短路 P_1' が存在するはずである．明らかに，二つの最短路

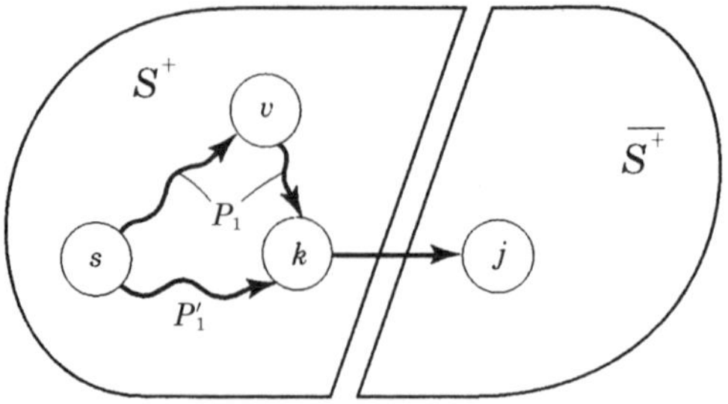

図 3.5　ダイクストラ法の説明 (2)

P_1 と P_1' の長さは等しいので，s から j への最短路として，P のかわりに P_1 を P_1' で置き換えた (v を経由しない) 路を考えても構わない．つまり (c) は (a) に帰着できる．したがって，s から S^+ の節点のみを経由して j に至る最短路は，(a) と (b) の二つの場合に限定できる．すなわち，その二つの場合を比較して，$d(j) > d(v) + a_{vj}$ ならば $d(j)$ を $d(v) + a_{vj}$ で置き換え，そうでなければ $d(j)$ の値は変更しないというアルゴリズムのステップ (2) の方策は，性質 (3.7) を保つ．

以上の議論から，常に性質 (3.2) と (3.3) が満たされるので，すべての節点が集合 S に含まれた時点で，節点 s から全節点への最短路が得られることがわかる．また，各反復が終了するたびに，どれか一つの節点が集合 $\overline{S}$ から取り除かれ，集合 S に入るので，アルゴリズムの反復回数は明らかにネットワークの節点数 n に等しい．

ここで，このアルゴリズムの計算量の見積もりを行うために，**計算の複雑さ**の考え方を簡単に説明しておこう．これは，以下の節においても重要な役割を果たす概念である．一般に，**計算量**とはアルゴリズムが停止するまでに実行される加減乗除や大小比較などの基本演算の合計回数をいう．もちろん計算量は問題の大きさに依存するし，大きさがおなじであっても問題によっては簡単に解けたり，逆に多くの計算を要する場合もある．そこで，理論的に計算量を評価する際には，問題の大きさ (たとえばネットワークの節点数 n，枝数 m など) を指定したとき，その大きさの任意の問題を解くためには「最悪の場合」何回の演算が必要かを考える．すなわち，問題の大きさが N である問題 [*7] が，あるアルゴリズムに

---

*7)　問題の大きさを表すパラメータが二つ以上ある場合も同様に考えればよい．

よって $f(N)$ 回の演算で必ず解くことができるとき，そのアルゴリズムの計算量は $O(f(N))$ であるという *8)．ただし，$f(N)$ においては変数 N の最も高次の項だけを考慮し，その係数 (定数) は無視する．たとえば，$N^3 - 100N^2 + 1000N$ や $100N^3 - 10^5N^2$ や $10^{-3}N^3 + 10^{-4}N$ などはすべて $O(N^3)$ と表す．これは，問題の規模が大きいときアルゴリズムの計算量は最も高次の項に支配されるためである．

あるアルゴリズムの計算量が $O(f(N))$ で与えられるとき，$f(N)$ が N^2 や N^5 のように N のべき乗で表されるならば ($N \log N$ のように $\log N$ を含んでもよい)，そのアルゴリズムは**多項式時間アルゴリズム**であるという．これに対して，$f(N)$ が 2^N や $N!$ のように多項式関数では表せないとき，そのアルゴリズムを**指数時間アルゴリズム**という．多項式時間アルゴリズムは指数時間アルゴリズムに比べて，問題の規模が大きくなったときの計算量の増加が穏やかなので，大規模な問題に対しても効率的であると考えられる．逆に，指数時間アルゴリズムは，問題の規模が少し大きくなると計算量が爆発的に増加するため，実用的な計算時間で問題を解くことが不可能になる．

一般に，多項式時間アルゴリズムが存在するような問題は**クラス P** に属するというが，それらは解くのが比較的簡単な問題とみなすことができる．この章で取り扱う問題はすべてクラス P に属する問題であるが，グラフやネットワークに関連する問題のなかにも，これまでに多項式時間アルゴリズムの存在が知られていない **NP 困難**と呼ばれる問題 *9) も多数あり，それらは簡単には解くことができない難しい問題であると考えられている．

さて，ダイクストラ法の計算量の評価に話を戻そう．各反復のステップ (1) において節点 v を選ぶためには，高々 n 個の節点に対する $d(i)$ の値を比べる必要があるので，アルゴリズム全体を通してステップ (1) に費やされる計算量は $O(n^2)$ である．また，ネットワークの各枝はアルゴリズムを通して高々 1 回だけステップ (2) で処理されることに注意すると，ステップ (2) の計算量は全体で $O(m)$ で

---

*8) $f(N)$ は N を変数とする関数であり，$O(f(N))$ は「オーダー $f(N)$」と読む．

*9) 1.4.4 項で取り上げた巡回セールスマン問題は NP 困難問題の代表的な問題であるが，それ以外にも実際に現れる複雑な組合せ最適化問題の多くは NP 困難な問題に分類される．なお，P は多項式時間 (polynomial time)，NP は非決定性計算による多項式時間 (nondeterministic polynomial time) の略である (5.4 節参照)．

ある (m は枝数). したがって，アルゴリズム全体の計算量は $O(n^2)+O(m)$ となるが，枝数 m は n^2 以下であるから，結局ダイクストラ法の計算量は $O(n^2)$ となる．すなわち，ダイクストラ法は多項式時間アルゴリズムである．

3.2 最大流問題とフロー増加法

前節では各枝の長さが与えられたネットワークを取り扱ったが，この節では各枝に**容量**が与えられたネットワーク $G=(V,E)$ においてソースと呼ばれる節点 s からシンクと呼ばれる節点 t に向かってできるだけ多くのものを送ることを考える．

ここで，ネットワーク $G=(V,E)$ の枝 (i,j) 上の流れの大きさを x_{ij}，枝 (i,j) の容量，すなわち流れ x_{ij} の上限値を u_{ij} とし，ソースからシンクへの総流量を f と表せば，問題は次のような線形最適化問題として表すことができる．

$$
\begin{array}{ll}
\text{目的関数：} & f \longrightarrow \text{最大} \\
\text{制約条件：} & \displaystyle\sum_{\{j|(s,j)\in E\}} x_{sj} - \sum_{\{j|(j,s)\in E\}} x_{js} = f \\
& \displaystyle\sum_{\{j|(i,j)\in E\}} x_{ij} - \sum_{\{j|(j,i)\in E\}} x_{ji} = 0 \qquad (i \in V\setminus\{s,t\}) \\
& \displaystyle\sum_{\{j|(t,j)\in E\}} x_{tj} - \sum_{\{j|(j,t)\in E\}} x_{jt} = -f \\
& \qquad 0 \leqq x_{ij} \leqq u_{ij} \quad ((i,j)\in E)
\end{array}
\tag{3.8}
$$

問題 (3.8) の 1 番目の制約条件はソースからの正味の流出量が f であること，3 番目の制約条件はシンクへの正味の流入量がやはり f であることを表しており，2 番目の制約条件はソースとシンク以外の節点においては流入量と流出量が一致することを示している．一般に，これらの制約条件を**流れ保存則**という．また，最後の制約条件は各枝の流れの量が非負かつその枝の容量以下であることを要求する**容量制約条件**である．流れ保存則と容量制約条件を満たす $\boldsymbol{x}=(x_{ij})$ を**フロー**と呼び，それに対応する f をフロー $\boldsymbol{x}$ の**流量**という．**最大流問題**とは，流量が最大となるようなフロー，すなわち**最大流**を求める問題である (1.2 節参照).

最大流問題 (3.8) は $\boldsymbol{x}=(x_{ij})$ と f を変数とする線形最適化問題であるから，第 2 章で述べた方法を用いて解くことができるが，この章ではネットワーク問題の性質を有効に利用した方法を紹介する．

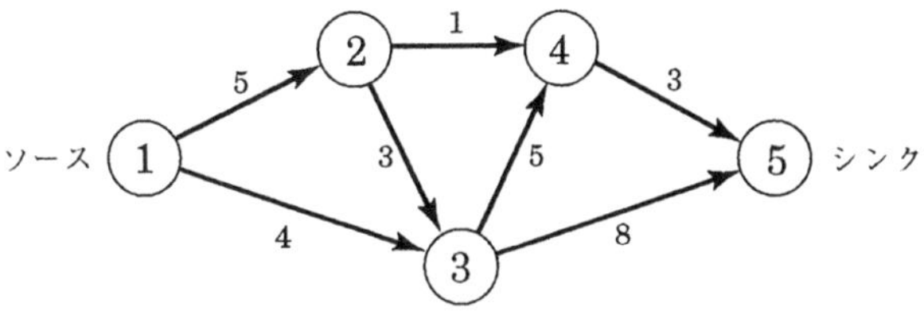

図 **3.6**　最大流問題の例 (数字は枝の容量)

図 3.6 の最大流問題の例ではソースは節点 1，シンクは節点 5 であり，枝の横に書かれた数字は枝の容量を示している．

以下に述べるアルゴリズムは，適当な初期フローから始めて，順次フローを改良していく方法である．ここで，現在のフローを改良する際に本質的な役割を果たす残余容量と残余ネットワークの概念を導入しよう．以下では簡単のため，もとのネットワーク $G=(V,E)$ においては，任意の 2 節点 $i,j \in V$ のあいだに枝 (i,j) と (j,i) の両方が存在することはないと仮定する．

あるフロー $\boldsymbol{x}=(x_{ij})$ が与えられているものとする．そのとき，ネットワーク $G=(V,E)$ の各枝 $(i,j) \in E$ を容量 $u^x_{ij}=u_{ij}-x_{ij}$ をもつ枝 (i,j) と容量 $u^x_{ji}=x_{ij}$ をもつ枝 (j,i) で置き換える (図 3.7)．ただし，$u^x_{ij}=0$ のときは枝 (j,i) のみを考え，逆に $u^x_{ji}=0$ のときは枝 (i,j) のみを考えるものとする．このように定められる u^x_{ij} および u^x_{ji} をフロー $\boldsymbol{x}$ に対する枝 (i,j) の**残余容量**という．さらに，ネットワーク $G=(V,E)$ の各枝 (i,j) を容量 u^x_{ij} をもつ枝 (i,j) と容量 u^x_{ji} をもつ枝 (j,i) (どちらか一方の残余容量がゼロになるときは，ゼロでない方の枝だけ) で置き換えたネットワークをフロー $\boldsymbol{x}$ に対する**残余ネットワーク**といい，$G^x=(V,E^x)$ と書く．

図 3.6 のネットワークにおいて図 3.8 に示すフローが与えられたとき，そのフローに対する残余ネットワークは図 3.9 のようになる．たとえば，ネットワーク $G=(V,E)$ の枝 $(1,2)$ に注目すると，容量が $u_{12}=5$ のところに $x_{12}=3$

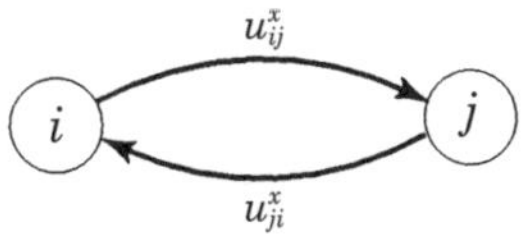

図 **3.7**　残余容量

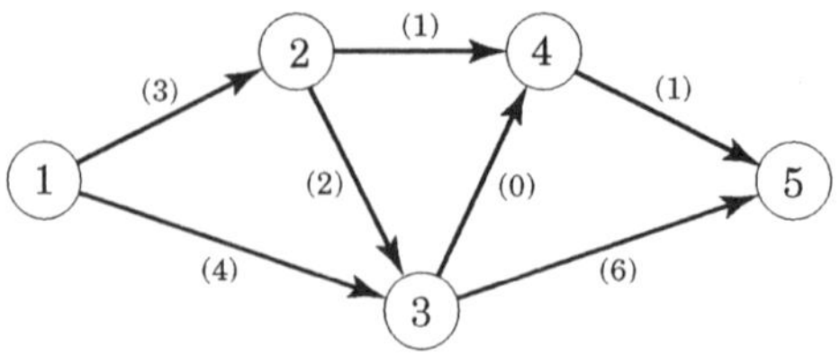

図 **3.8** 図 3.6 のネットワークにおけるフローの例 (括弧内の数字はフロー)

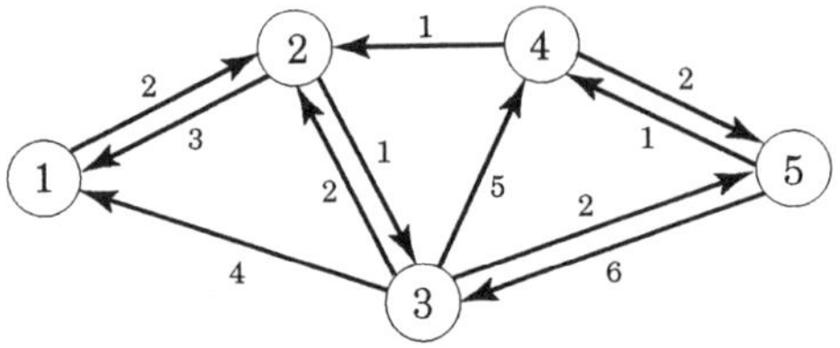

図 **3.9** 図 3.8 のフローに対する残余ネットワーク (数字は残余容量)

だけのフローがあるので，残余ネットワーク $G^x = (V, E^x)$ においては，容量 $u^x_{12} = u_{12} - x_{12} = 2$ の枝 $(1,2)$ と，容量 $u^x_{21} = x_{12} = 3$ の枝 $(2,1)$ が現れている．これは，現在のフロー x_{12} に対して，節点 1 から 2 に向かって 2 単位のフローを，あるいは節点 2 から 1 に向かって 3 単位のフローを追加しても容量制約条件は破られないことを意味している．

さらに，残余ネットワーク $G^x = (V, E^x)$ において，ソース s からシンク t への路が存在すれば，その路に沿ってフローを追加することによって，もとのネットワーク G 上での流量 f が増加できることがわかる．このことから，残余ネットワークにおけるソースからシンクへの路を (現在のフロー $\boldsymbol{x}$ に対する) **フロー増加路**あるいは**フロー追加路**と呼ぶ．また，容易にわかるように，フロー増加路に沿って追加できるフローの量は，その路に含まれる枝の残余容量の最小値に等しい．たとえば，図 3.9 の残余ネットワークには，ソース $s = 1$ からシンク $t = 5$ へ $1 \to 2 \to 3 \to 5$ や $1 \to 2 \to 3 \to 4 \to 5$ といった路が存在し，それらのフロー増加路に沿って追加できるフローの量はそれぞれ $\min\{u^x_{12}, u^x_{23}, u^x_{35}\} = \min\{2, 1, 2\} = 1$ および $\min\{u^x_{12}, u^x_{23}, u^x_{34}, u^x_{45}\} = \min\{2, 1, 5, 2\} = 1$ となる．これらのフロー増加路のどちらを使っても流量を増加することができるが，たとえば後者の路 $1 \to 2 \to 3 \to 4 \to 5$ に沿って 1 単位の流れを図 3.8 のフローに追加すると図 3.10 に示すフローが得られる．

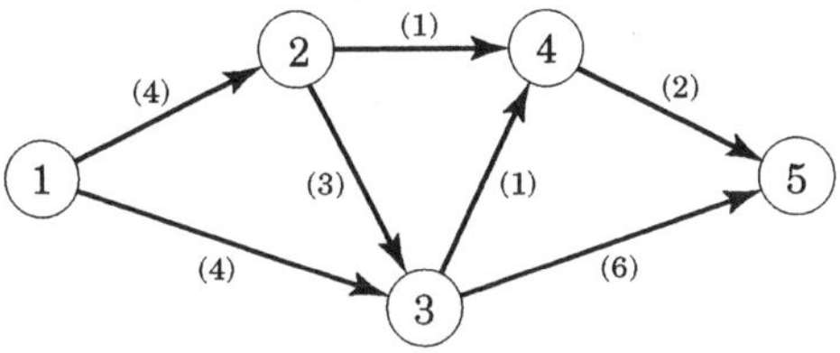

図 **3.10**　フロー増加路による流量の増加 (括弧内の数字はフロー)

このように，フロー増加路を順次見つけながら，その路に沿ってフローを追加していくことにより最大流を求めようとする方法が**フロー増加法**である．フロー増加法の計算手順は次のようにまとめられる．

フロー増加法

(0)　適当な初期フロー $\boldsymbol{x}$ を定める (たとえば，すべての $(i,j) \in E$ に対して $x_{ij} = 0$ とする).

(1)　残余ネットワーク $G^x = (V, E^x)$ においてソース s からシンク t への路 (フロー増加路) を見つける．フロー増加路が存在しなければ計算終了.

(2)　フロー増加路に沿って可能な限りフローを追加し，新しいフロー $\boldsymbol{x}$ を得る．ステップ (1) に戻る.

このアルゴリズムの各反復では，残余ネットワークにおけるソース s からシンク t への路と，その路に対するフロー増加可能量を求める必要がある．これは，ソースから到達可能な節点に順次ラベルと呼ばれる印を付けていくことによりシンクへの路を構成する**ラベリング法**を用いて実行できる．この方法では，ソースから到達可能であることが判明している節点 (**ラベル付け**された節点) の集合 L と，その部分集合で，その節点からさらに先まで到達可能かどうかを調べ終わった節点 (**走査済**の節点という) の集合 S を常に保持しながら計算を進めていく．その結果，集合 L がシンク t を含んだ時点で，ソースからシンクへのフロー増加路が得られたことになる．また，集合 L が t を含む前に，L の要素がすべて走査済となり S の要素になってしまえば，s から t へのフロー増加路は存在しないことがいえる.

ラベリング法

(0)　$L := \{s\}, S := \emptyset$ とする．すべての節点 $i \in V$ に対して $p(i) := 0$ とする.

(1)　$t \in L$ または $L = S$ ならば終了．そうでなければ，節点 $i \in L \setminus S$ を一つ

選び，$S := S \cup \{i\}$ とする．

(2) 残余ネットワークにおける節点 i を始点とする枝 (i,j) (すなわち $u^x_{ij} > 0$ であるような枝) のすべてに対して

$$j \notin L \quad \text{ならば} \quad L := L \cup \{j\},\ p(j) := i$$

とする．ステップ (1) に戻る．

この手続きはフロー増加法のステップ (1) を実行するために用いられる．終了条件 $t \in L$ が満たされたとき，ソース s からシンク t へのフロー増加路が得られているので，これをもってフロー増加法の反復に戻る．一方，終了条件 $L = S$ が満たされたときは，ソース s からシンク t へのフロー増加路が存在しないので，フロー増加法の計算も終了する．また，アルゴリズムに現れる $p(j)$ は，最短路問題のダイクストラ法における $p(j)$ と同様，シンク t からソース s へ逆向きにフロー増加路をたどるために用いられる．

ラベリング法を用いたフロー増加法を図 3.6 の例に対して適用した結果を図 3.11 に示す．図 3.11 (a) は初期フローを $\boldsymbol{x} = \boldsymbol{0}$ としたときの残余ネットワーク (もとのネットワークに一致) とそれに対してラベリング法を適用した結果を示している．

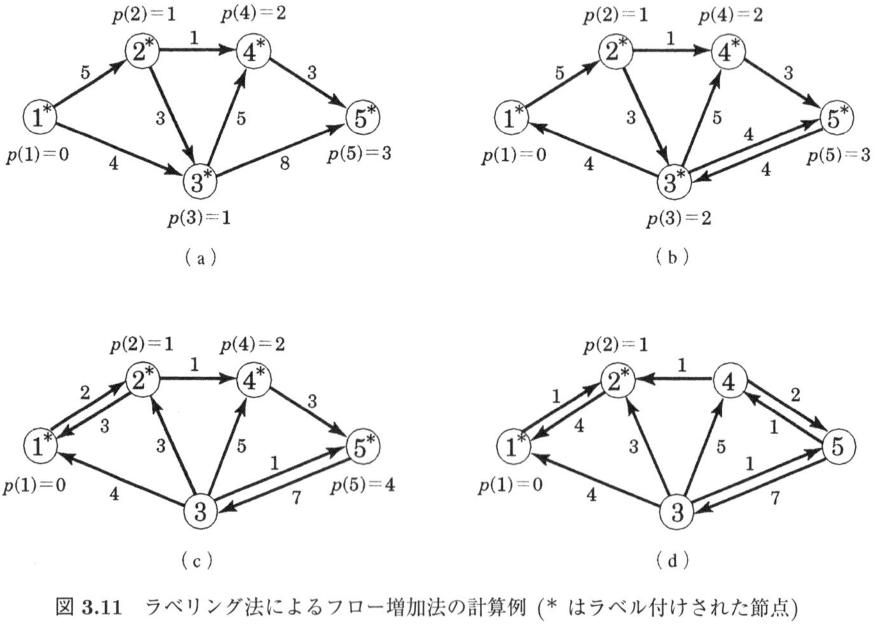

図 3.11　ラベリング法によるフロー増加法の計算例 (* はラベル付けされた節点)

図 3.11 (b) は得られたフロー増加路 $1 \to 3 \to 5$ に沿って 4 単位のフローを流した後の残余ネットワークに対してラベリング法を適用した結果を表している．その結果，フロー増加路 $1 \to 2 \to 3 \to 5$ に沿って 3 単位のフローが追加できるので，総流量は 7 となる．さらに，得られた残余ネットワークに対して，ラベリング法を適用すると図 3.11 (c) のようになり，新たなフロー増加路 $1 \to 2 \to 4 \to 5$ を得る．この路に対するフロー増加量は 1 であるから総流量は 8 となり，図 3.11 (d) の残余ネットワークが得られる．この残余ネットワークにラベリング法を適用すると，図 3.11 (d) のように節点 1 と 2 だけにラベルが付いた段階で，それらがすべて走査済となるので，フロー増加路が存在しないことがわかり，計算が終了する．最後に得られたフローは $x_{12} = 4$, $x_{13} = 4$, $x_{23} = 3$, $x_{24} = 1$, $x_{34} = 0$, $x_{35} = 7$, $x_{45} = 1$ となり，その流量は 8 である．

3.3　フロー増加法の正当性と最大流最小カット定理

枝の容量 u_{ij} がすべて整数ならば，初期フローを整数値 (たとえば，すべての $(i,j) \in E$ に対して $x_{ij} = 0$) としてフロー増加法を用いたとき，ソース s からシンク t への流量は 1 回の反復で少なくとも 1 単位は増加するので，その反復回数は明らかに有限である [*10)]．さらに，以下では，ラベリング法を用いたフロー増加法の計算が終了した時点で得られているフローが実際に最大流になっていることを示す．

節点集合 V をソース s を含む集合 S とシンク t を含む集合 T に分割したものをカットと呼び，(S,T) と表す．また，任意のカット (S,T) に対して，S の節点を始点とし，T の節点を終点をする枝を $(i,j) \in (S,T)$，逆に T の節点を始点とし，S の節点を終点とする枝を $(j,i) \in (T,S)$ と書く．さらに，すべての枝 $(i,j) \in (S,T)$ の容量 u_{ij} の合計をカット (S,T) の容量と呼び，$C(S,T)$ で表す．すなわち

$$C(S,T) = \sum_{(i,j)\in(S,T)} u_{ij} \tag{3.9}$$

である．

---

*10)　より一般的に，枝の容量 u_{ij} が有理数ならばフロー増加法の反復の有限性は保証される．しかし，無理数の容量をもつ枝が存在する場合には，有限性は必ずしも成り立たない．

いま，$\boldsymbol{x}$ を任意のフロー，f をその流量とし，(S,T) を任意のカットとする．そのとき，$s \in S$ かつ $t \in T$ より，明らかに

$$f = \sum_{(i,j)\in(S,T)} x_{ij} - \sum_{(j,i)\in(T,S)} x_{ji} \tag{3.10}$$

が成り立つが，すべての枝 $(i,j) \in E$ に対して $0 \leqq x_{ij} \leqq u_{ij}$ であるから，カット容量の定義 (3.9) より，不等式

$$f \leqq C(S,T) \tag{3.11}$$

を得る．

さて，ラベリング法を用いるフロー増加法の計算が終了した時点で得られているフローを $\boldsymbol{x}^*$，その流量を f^* とし，ラベル付けされ，かつ走査済となっている節点の集合を S^*，その補集合 $V \setminus S^*$ を T^* と書くことにしよう．ラベリング法の終了条件より明らかに，$s \in S^*$ かつ $t \in T^*$ であるから，(S^*,T^*) はカットである．また，ラベリング法の構成法と残余ネットワークの定義より

$$\begin{aligned} (i,j) \in (S^*,T^*) \quad &\Longrightarrow \quad x^*_{ij} = u_{ij} \\ (j,i) \in (T^*,S^*) \quad &\Longrightarrow \quad x^*_{ji} = 0 \end{aligned} \tag{3.12}$$

が成り立っているはずである．実際，もしも $x^*_{ij} < u_{ij}$ であるような枝 $(i,j) \in (S^*,T^*)$ が存在するか，あるいは $x^*_{ji} > 0$ であるような枝 $(j,i) \in (T^*,S^*)$ が存在すれば，残余ネットワーク $G^{x^*} = (V, E^{x^*})$ において $i \in S^*$ かつ $j \in T^*$ であるような枝 $(i,j) \in E^{x^*}$ が存在し，j にラベルを付けることができる．これは仮定に反するので，(3.12) 式が成立することが示された．したがって，(3.10) 式と (3.12) 式より

$$\begin{aligned} f^* &= \sum_{(i,j)\in(S^*,T^*)} x^*_{ij} - \sum_{(j,i)\in(T^*,S^*)} x^*_{ji} \\ &= \sum_{(i,j)\in(S^*,T^*)} u_{ij} \\ &= C(S^*,T^*) \end{aligned}$$

が成立する．(3.11) 式が常に成り立つことを考慮すると，これは $\boldsymbol{x}^*$ が実行可能なすべてのフローのなかで最大流量を与えるものであり，同時に (S^*,T^*) がすべてのカットのなかで最小の容量をもつものであることを示している．これによ

り，フロー増加法が終了したときに得られているフローは最大流になっていることが確かめられた．この「フローの最大流量とカット容量の最小値が等しい」という事実は**最大流最小カットの定理**と呼ばれている．

3.4　フロー増加法の計算量とその改良

前節の最初に述べたように，各枝の容量が整数値のとき，フロー増加法では 1 回の反復で少なくとも 1 単位の流量が追加されるので，全体の反復回数は最大流量の値を超えることはない．しかし，最悪の場合には，1 回の反復で 1 単位ずつしか流量が増加しないこともありうる．したがって，枝の容量の最大値を $U = \max\{u_{ij} \mid (i,j) \in E\}$ とすれば，最大流量の上限は mU で与えられるので (m は枝の数)，フロー増加法の反復回数は最大 mU と評価される．また，ラベリング法によって一つのフロー増加路を見出すために必要な計算量は $O(m)$ であるから，結局，ラベリング法を用いるフロー増加法のアルゴリズム全体としての計算量は $O(m^2U)$ となる．ここで，計算量が枝容量の最大値 U に比例していることに注意しよう．このことは，ラベリング法を用いるフロー増加法は非常に大きい枝容量をもつ問題に対してきわめて多くの計算量を要する可能性があるため，理論的には多項式時間アルゴリズムとはいえないことを示している [*11]．そこで，フロー増加法を多項式時間アルゴリズムに改良する様々な試みがこれまでに提案されている．

エドモンズ (J. Edmonds) とカープ (R. M. Karp) はフロー増加法のステップ (1) でフロー増加路を見つける際に，枝数が最小であるようなフロー増加路を常に選ぶことにすれば，フロー増加法の反復回数が $mn/2$ 以下になることを示した．枝数最小のフロー増加路を求めるには，ラベリング法において，走査済でないラベル付き節点の集合 $L \setminus S$ のなかで最も早くラベル付けされた節点 i を選んで走査すればよい．そのときフロー増加路を一つ見つけるために要する計算量は

---

*11)　アルゴリズムの計算量が，枝容量 (の最大値) U のような問題に含まれる係数の大きさに依存する場合にも多項式時間アルゴリズムの概念が定義できる．ただし，その場合には，計算量が (U の多項式ではなく) $\log_2 U$ の多項式で表されるときに，多項式時間アルゴリズムとみなす．ここで，$\log_2 U$ は枝容量そのものの大きさではなく，それを 2 進数の入力データとして計算機に格納するのに必要な記憶領域の大きさを表している．

$O(m)$ であるから，結局，アルゴリズム全体の計算量は $O(m^2n)$ と評価される．すなわち，エドモンズとカープによるフロー増加法の改良版は多項式時間アルゴリズムである．

ディニツ (Y. Dinic)[*12] は，フロー増加法の各反復において，1 本のフロー増加路だけを用いてフローを追加するのではなく，複数のフロー増加路を求めて，それらに沿って同時にフローを追加することを考えた．ディニツの方法では，各反復において，残余ネットワーク $G^x = (V, E^x)$ に対して，枝を順方向にのみ経由してソース s から各節点へ至る路からなる**層別ネットワーク**と呼ばれるネットワーク $L^x = (V, \tilde{E}^x)$ を構成する．たとえば，図 3.6 の例において初期フローを $\boldsymbol{x} = \boldsymbol{0}$ としたときの残余ネットワーク G^x (もとのネットワーク G に一致) とそれに対する層別ネットワーク $L^x = (V, \tilde{E}^x)$ は図 3.12 のようになる．

ネットワーク L^x が層別ネットワークと呼ばれるのは，各節点がソースからの距離 (その節点に到達するまでに経由する枝数) によって層状に表されることによる．図 3.12 (b) のネットワーク L^x では，ソース 1 からの距離が 1 である節点 2 と 3 が第 1 層に属し，距離が 2 である節点 4 と 5 が第 2 層に属している．

層別ネットワーク L^x 上のフローに対して，前向きの枝だけを含むようなフロー増加路が存在しないとき，そのフローを層別ネットワーク L^x の**極大流**という．ディニツの方法は各反復で，層別ネットワーク L^x における極大流を見つけ，それを現在のフロー $\boldsymbol{x}$ に追加する．図 3.12 (b) の層別ネットワーク L^x では，ソース 1 からシンク 5 への路 $1 \to 3 \to 5$ 上の 4 単位のフローが極大流となっている．このフローをもとのネットワークに追加した結果，残余ネットワークは図 3.13 (a) のようになり，それに対する層別ネットワークは図 3.13 (b) のよう

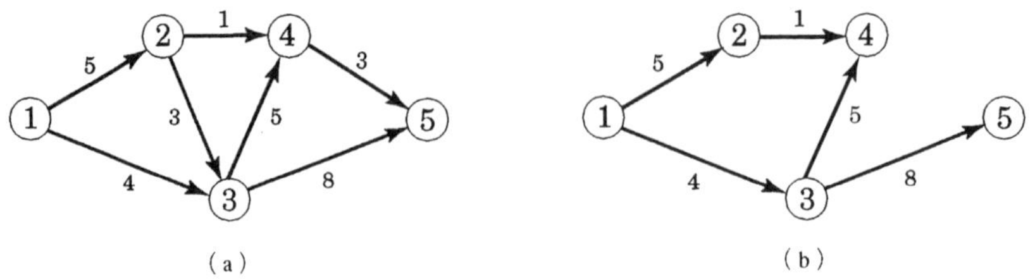

図 3.12 図 3.6 の例に対する残余ネットワーク (a) と層別ネットワーク (b)

[*12] Dinic はロシア語の英語訳であり，Dinic のかわりに Dinitz と書かれることもある．

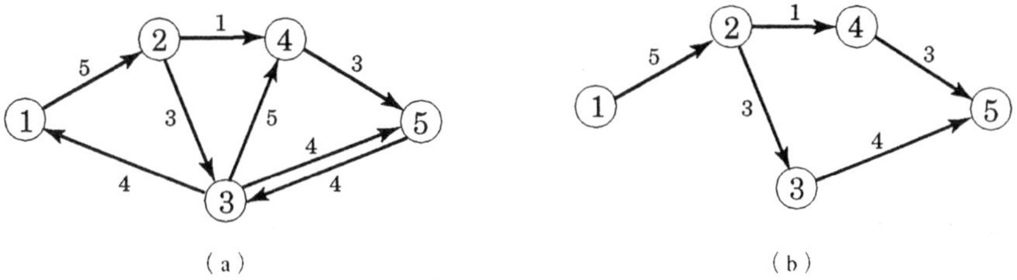

図 3.13 図 3.12 に対するフロー追加後の残余ネットワーク (a) と層別ネットワーク (b)

になる．図 3.13 (b) の層別ネットワークでは，節点 2 が第 1 層，節点 3 と 4 が第 2 層，シンク 5 が第 3 層に属しており，極大流は路 $1 \to 2 \to 3 \to 5$ 上の 3 単位のフローと路 $1 \to 2 \to 4 \to 5$ 上の 1 単位のフローをあわせたものとなる．その結果，図 3.11 (d) とおなじ残余ネットワークが得られ，それに対する層別ネットワークにはソースからシンクへの路がもはや存在しないので，求めるべき最大流が見つかったことがわかる．

図 3.12 と図 3.13 の例からもわかるように，反復が進むにしたがって，層別ネットワークにおけるソースからシンクへの距離は少なくとも 1 ずつ増加していく．明らかに，ソースからシンクへの距離が n 以上になることはないから，この方法の反復回数は n 未満である．また，層別ネットワークの特徴と常に前向きのフローのみを考えるという極大流の性質を利用して，各反復における極大流の計算は $O(mn)$ で実行できる．したがって，ディニツの方法全体の計算量は $O(mn^2)$ となる．

エドモンズとカープの方法とディニツの方法は 1970 年前後に相次いで提案された多項式時間アルゴリズムであり，どちらもフロー増加法の改良版になっている．その後も計算量を改善する試みは活発に続けられ，現在では最大流問題に対する数多くの多項式時間アルゴリズムが得られているが，それらのなかにはフロー増加法とは異なる考え方に基づいて構成された効率的なアルゴリズムも少なくない．次節では，そのような方法の代表として，実用面でも非常に効率的とされているプリフロープッシュ法を解説する．

3.5 プリフロープッシュ法

フロー増加法は，各節点における流れ保存則を常に保ちつつ，ソースからシンクへのフロー増加路に沿ってフローを追加していく．そのためには，新しいフローが得られるたびに，残余ネットワーク上でソースからシンクへの路を見つけるというネットワーク全体にわたる探索が必要である．これに対して，計算の途中では，流れ保存則のかわりに，それを少し緩和した条件

$$\sum_{\{j|(i,j)\in E\}} x_{ij} - \sum_{\{j|(j,i)\in E\}} x_{ji} \leqq 0 \quad (i \in V \setminus \{s,t\}) \tag{3.13}$$

を保ちつつ，各節点において局所的に流入超過を修正する操作を行うことにより，最終的にすべての制約条件を満たすフローを構成しようとするのが，プリフロープッシュ法である [*13]．プリフロープッシュ法は，理論的な計算量だけでなく実際の計算速度の面でも，フロー増加法より優れた方法であるとの評価を得ている．

プリフローは，各枝 $(i,j) \in E$ において容量制約 $0 \leqq x_{ij} \leqq u_{ij}$ を満たし，さらに各節点 $i \in V \setminus \{s,t\}$ において条件 (3.13) を満たす $\boldsymbol{x} = (x_{ij})$ と定義される．プリフロー $\boldsymbol{x}$ に対して，節点 $i \in V \setminus \{s,t\}$ における**流入超過量**を

$$e(i) = \sum_{\{j|(j,i)\in E\}} x_{ji} - \sum_{\{j|(i,j)\in E\}} x_{ij} \tag{3.14}$$

と表す．プリフローの定義より，すべての節点 $i \in V \setminus \{s,t\}$ において $e(i) \geqq 0$ であるが，とくに $e(i) > 0$ であるような節点 i を**活性節点**という．活性節点をもたないプリフローはフローである．

プリフロープッシュ法では，与えられたプリフローに対して，活性節点を選び，そこから隣接する節点に向かって流れを押し出す．そのとき，最大流問題の目的はシンクへできるだけ多くを流すことであるから，隣接節点のなかからシンクに近い節点を選んで，その方向に流れを押し出す必要がある．そこで，シンク t から各節点 $i \in V$ への「近さ」を表す指標として，**距離ラベル** $\boldsymbol{d} = (d(i) \,|\, i \in V)$ を導入する．とくに，プリフロー $\boldsymbol{x}$ に対する残余ネットワーク $G^{\boldsymbol{x}} = (V, E^{\boldsymbol{x}})$ を

---

*13) A. V. Goldberg と R. E. Tarjan によって 1986 年に提案された．

フローの場合と同様に定義したとき，$d(t) = 0$ および

$$(i,j) \in E^x \quad ならば \quad d(i) \leqq d(j) + 1 \tag{3.15}$$

を満たす距離ラベル $\boldsymbol{d}$ は $\boldsymbol{x}$ に関して有効であるという．ここで，距離ラベルの有効性は残余ネットワーク $G^x = (V, E^x)$ に対して定義されるため，いま考えているプリフローの値に依存していることに注意しよう．有効な距離ラベルが与えられた残余ネットワークにおいて

$$d(i) = d(j) + 1$$

を満たす枝 $(i,j) \in E^x$ を**可能枝**と呼ぶ．図 3.14 は，図 3.6 のネットワークにおけるプリフローの例と，それに対する残余ネットワークおよび有効な距離ラベルの一例を示している．図 3.14 (b) の残余ネットワークにおける可能枝は $(1,3)$, $(3,5)$, $(4,5)$ の三つである．

距離ラベル $\boldsymbol{d}$ が有効であれば，残余ネットワーク $G^x = (V, E^x)$ において枝の長さをすべて 1 としたとき，各節点 i からシンク t への最短路の長さは少なくとも $d(i)$ 以上であることが容易に確かめられる．また，ある節点から t への最短路が存在するときには，明らかにその長さは $n-1$ 以下である．したがって，$d(i) \geqq n$ であるような節点 i に対しては，i から t への路は存在しないことがわかる．

以上の準備のもとで，プリフロープッシュ法の一般的なアルゴリズムは次のように記述される．

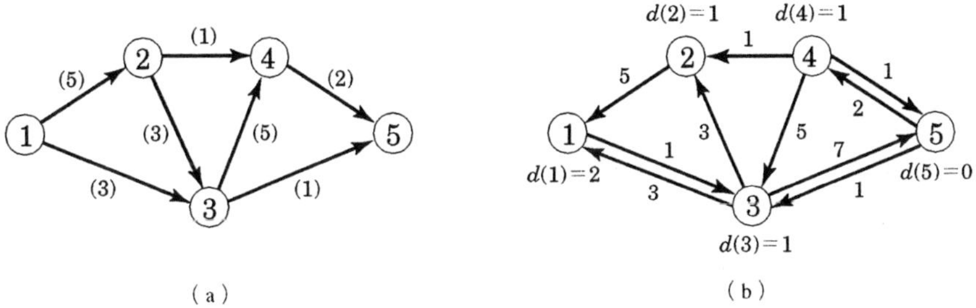

図 **3.14**　図 3.6 のネットワークにおけるプリフローの例 (a) とそれに対する残余ネットワークと有効な距離ラベルの例 (b)

プリフロープッシュ法

(0) ソース s を始点とする各枝 $(s,i) \in E$ に対して $x_{sj} = u_{sj}$，それ以外のすべての枝 $(i,j) \in E$ に対して $x_{ij} = 0$ であるようなプリフロー $\boldsymbol{x} = (x_{ij})$ を初期プリフローとする．ソース s に対して $d(s) = n$，それ以外のすべての節点 $i \in V$ に対して $d(i) = 0$ であるような距離ラベル $\boldsymbol{d}$ を初期距離ラベルとする．

(1) 活性節点 $i \in V$ を一つ選び，ステップ (2) へ．活性節点が存在しなければ計算終了．

(2) 残余ネットワーク $G^x = (V, E^x)$ において，節点 i に対する可能枝 $(i,j) \in E^x$ が存在すれば，ステップ (3) へ．存在しなければ，ステップ (4) へ．

(3) 節点 i から節点 j に向かって $\delta := \min\{e(i), u^x_{ij}\}$ だけ流れを押し出す (ただし，u^x_{ij} は枝 $(i,j) \in E^x$ の残余容量)．すなわち，もとのネットワークにおいて $(i,j) \in E$ のときは

$$x_{ij} := x_{ij} + \delta$$

とし，$(j,i) \in E$ のときは

$$x_{ji} := x_{ji} - \delta$$

とする．ステップ (1) へ戻る．

(4) 節点 i の距離ラベルを

$$d(i) := \min\{d(j) + 1 \,|\, (i,j) \in E^x\}$$

と更新する．ステップ (1) へ戻る．

アルゴリズムのステップ (0) で与えた $\boldsymbol{x}$ と $\boldsymbol{d}$ がそれぞれプリフローおよび有効な距離ラベルであることは明らかである．ステップ (3) の操作は節点 i から枝 (i,j) に沿って流れを押し出すことにより，活性節点 i における超過流入を解消しようとするものであり，プッシュ操作といわれる．プッシュ操作は可能枝に対してのみ実行可能であることに注意しよう．また，活性節点から押し出す量 δ の定め方より，流出超過となる節点は決して生じないので，$\boldsymbol{x}$ がプリフローであるという性質は常に保たれる．ステップ (4) は，活性節点が可能枝をもたないとき，

新たな可能枝を生成して，プッシュ操作を実行可能とするためのものであり，**距離ラベル更新操作**と呼ばれる．さらに，その更新法から，各節点 i に対して $d(i)$ の値が減少することはなく，距離ラベル $\boldsymbol{d}$ の有効性は常に保たれることもわかる．とくに，距離ラベルの非減少性とソース s の初期ラベルが $d(s) = n$ であることから，計算の途中で現れるどの残余ネットワークにおいても s から t への路が存在することはない．

プリフロープッシュ法を図 3.6 の最大流問題に適用してみよう．この例に関する以下の説明では，簡単のため，$\boldsymbol{x} = (x_{12}, x_{13}, x_{23}, x_{24}, x_{34}, x_{35}, x_{45})^\top$，$\boldsymbol{d} = (d(1), d(2), d(3), d(4), d(5))^\top$，$\boldsymbol{e} = (e(2), e(3), e(4))^\top$ と表す．図 3.6 のネットワークを図 3.15 (a) に再掲する．ただし，数字は枝の容量を表している．

[反復 **1**]

(0) 初期プリフローを $\boldsymbol{x} = (5, 4, 0, 0, 0, 0, 0)^\top$，初期距離ラベルを $\boldsymbol{d} = (5, 0, 0, 0, 0)^\top$ とする．そのとき，ソースとシンク以外の各節点での流入超過量は $\boldsymbol{e} = (5, 4, 0)^\top$ となる．このプリフローに対する残余ネットワークを図 3.15 (b) に示す．

(1) 活性節点 2 を選ぶ．

(2) 図 3.15 (b) の残余ネットワークには節点 2 に対する可能枝が存在しないので，ステップ (4) へ行く．

(4) 節点 2 の距離ラベルを $d(2) = 1$ とする．$\boldsymbol{d} = (5, 1, 0, 0, 0)^\top$ となる．

[反復 **2**]

(1) 活性節点 2 を選ぶ．

(2) 今度は可能枝 $(2, 4)$ が存在するので，ステップ (3) へ進む．

(3) 枝 $(2, 4) \in E^x$ に対して $\delta = \min\{5, 1\} = 1$ であるから，$x_{24} = 1$ となる．その結果，プリフローは $\boldsymbol{x} = (5, 4, 0, 1, 0, 0, 0)^\top$，流入超過量は $\boldsymbol{e} = (4, 4, 1)^\top$ となる．このプリフローに対する残余ネットワークを図 3.15 (c) に示す．

[反復 **3**]

(1) 節点 2 は依然として活性節点なので，ふたたび節点 2 を選ぶ．

(2) 可能枝 $(2, 3)$ が存在するので，ステップ (3) へ進む．

(3) 枝 $(2, 3) \in E^x$ に対して $\delta = \min\{4, 3\} = 3$ であるから，$x_{23} = 3$ となる．その結果，プリフローは $\boldsymbol{x} = (5, 4, 3, 1, 0, 0, 0)^\top$，流入超過量は $\boldsymbol{e} = (1, 7, 1)^\top$ となる．このプリフローに対する残余ネットワークを図 3.15 (d) に示す．

[反復 **4**]

(1) 活性節点 3 を選ぶ．

(2) 図 3.15 (d) の残余ネットワークには節点 3 に対する可能枝が存在しないので，ス

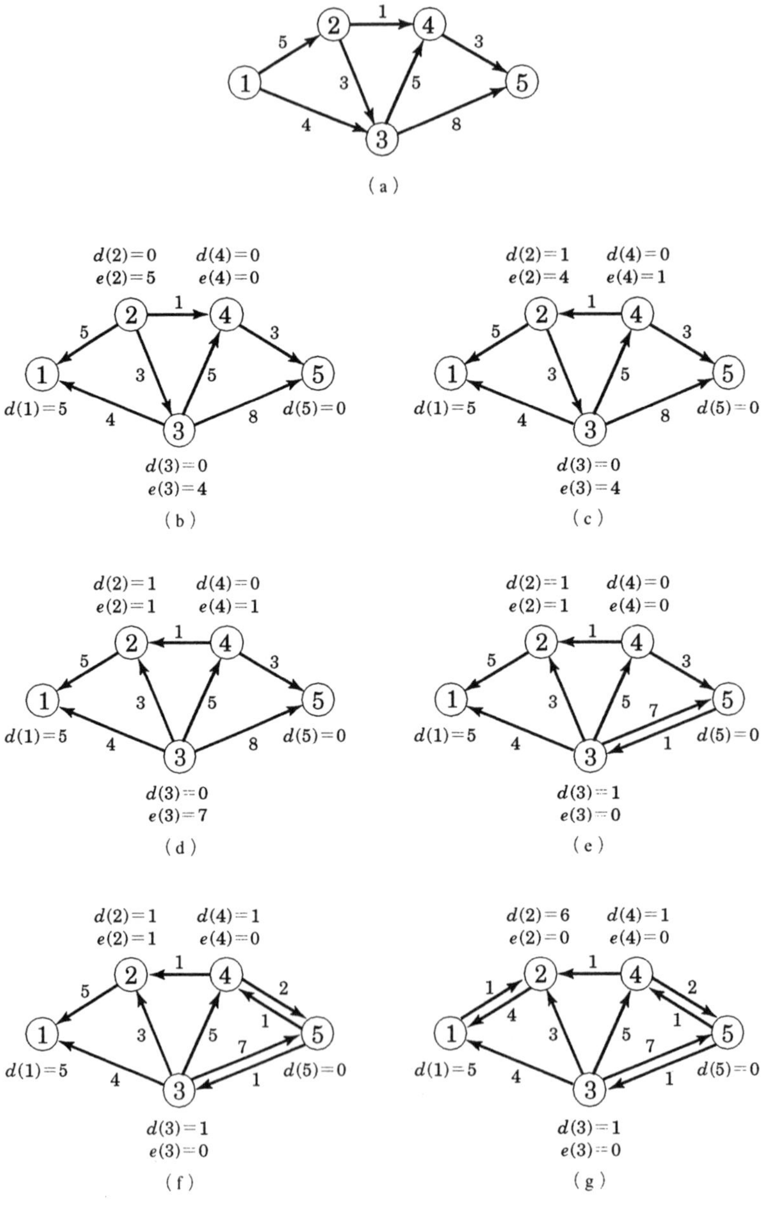

図 3.15 図 3.6 のネットワークに対してプリフロープッシュ法を適用したときに生成される残余ネットワーク

テップ (4) へ行く.

(4) 節点 3 の距離ラベルを $d(3)=1$ とする. $\boldsymbol{d}=(5,1,1,0,0)^\top$ となる.

[反復 **5**]

(1) 活性節点 3 を選ぶ.

(2) 今度は可能枝 $(3,5)$ が存在するので, ステップ (3) へ進む.

(3) 枝 $(3,5)\in E^x$ に対して $\delta=\min\{7,8\}=7$ であるから, $x_{35}=7$ となる. その結果, プリフローは $\boldsymbol{x}=(5,4,3,1,0,7,0)^\top$, 流入超過量は $\boldsymbol{e}=(1,0,1)^\top$ となる. このプリフローに対する残余ネットワークを図 3.15 (e) に示す.

[反復 **6**]

(1) 活性節点 4 を選ぶ.

(2) 図 3.15 (e) の残余ネットワークには節点 4 に対する可能枝が存在しないので, ステップ (4) へ行く.

(4) 節点 4 の距離ラベルを $d(4)=1$ とする. $\boldsymbol{d}=(5,1,1,1,0)^\top$ となる.

[反復 **7**]

(1) 活性節点 4 を選ぶ.

(2) 今度は可能枝 $(4,5)$ が存在するので, ステップ (3) へ進む.

(3) 枝 $(4,5)\in E^x$ に対して $\delta=\min\{1,3\}=1$ であるから, $x_{45}=1$ となる. その結果, プリフローは $\boldsymbol{x}=(5,4,3,1,0,7,1)^\top$, 流入超過量は $\boldsymbol{e}=(1,0,0)^\top$ となる. このプリフローに対する残余ネットワークを図 3.15 (f) に示す.

[反復 **8**]

(1) 活性節点 2 を選ぶ.

(2) 図 3.15 (f) の残余ネットワークには節点 4 に対する可能枝が存在しないので, ステップ (4) へ行く.

(4) 節点 2 の距離ラベルを $d(2)=6$ とする. $\boldsymbol{d}=(5,6,1,1,0)^\top$ となる.

[反復 **9**]

(1) 活性節点 2 を選ぶ.

(2) 今度は可能枝 $(2,1)$ が存在するので, ステップ (3) へ進む.

(3) 枝 $(2,1)\in E^x$ に対して $\delta=\min\{1,5\}=1$ であるから, $x_{12}=4$ となる. その結果, プリフローは $\boldsymbol{x}=(4,4,3,1,0,7,1)^\top$, 流入超過量は $\boldsymbol{e}=(0,0,0)^\top$ となる. このプリフローに対する残余ネットワークを図 3.15 (g) に示す.

[反復 **10**]

(1) 活性節点は存在しないので計算を終了する. 最後に得られているプリフロー $\boldsymbol{x}=(4,4,3,1,0,7,1)^\top$ はフローであり, このフローの流量は 8 である.

このように, プリフロープッシュ法の計算が終了したとき, 活性節点は一つも存在せず，各節点において流れ保存則が満たされているので，プリフローはフローになっている．さらに，そのとき残余ネットワークにおいてソース s からシンク t への路は存在しない．すなわち，そのフローに対するフロー増加路は存在しないので，最大流が得られていることがわかる．

3.6 プリフロープッシュ法の計算量とその改良

前節に述べたプリフロープッシュ法はステップ (1) で活性節点を一つ選んではステップ (2) のプッシュ操作またはステップ (3) の距離ラベル更新操作を実行する．また，それらの操作を 1 回実行するのに要する計算量は問題の大きさに依存せず一定であるから，結局，アルゴリズムの計算量を評価するには，計算を通してステップ (2) と (3) をそれぞれ何回実行する必要があるかを調べればよい．

まず，距離ラベル更新操作について考える．計算の途中に現れる任意の残余ネットワークにおいて，どの活性節点 i からもソース s への路が存在することがいえる (図 3.15 参照)．その残余ネットワークにおける i から s への路の長さが高々 $n-1$ であること，距離ラベルの有効性よりその路に含まれる任意の枝 $(j,k) \in E^x$ に対して $d(j) \leqq d(k)+1$ が成り立つこと，ソースの距離ラベル $d(s)$ は常に n であることから，節点 i の距離ラベル $d(i)$ は決して $2n$ を超えないことがわかる．したがって，アルゴリズム全体を通して距離ラベル更新操作，すなわちステップ (4) の実行回数は $2n^2$ を超えることはない．

議論がやや複雑になるのでここでは詳しく述べないが，アルゴリズム全体を通してプッシュ操作，すなわちステップ (3) の実行回数は $O(mn^2)$ であることがいえる．したがって，プリフロープッシュ法は多項式時間アルゴリズムであり，全体の計算量は $O(n^2)+O(mn^2)=O(mn^2)$ となる．これは 3.4 節で述べたディニツの方法とおなじ計算量になっている．

プリフロープッシュ法の計算量を改良するには，次の二つの簡単な方策が効果的であることが知られている．

(a) すべての活性節点をそれらが活性になった順に並べておき，ステップ (1) において活性節点を選ぶとき，最も早い時期に活性になったものを選ぶ．

(b) 一度選んだ活性節点に対しては，その節点が活性でなくなるか，あるいはその節点に対する可能枝が存在しなくなるまで，プッシュ操作を継続して行う．また，距離ラベル更新操作を施した節点はその時点で新たに活性になったものと考える．

この規則を取り入れたプリフロープッシュ法の計算量は $O(n^3)$ であることが示せる．さらに，上の規則 (a) を

(a′)　ステップ (1) で活性節点を選ぶとき，距離ラベルが最大のものを選ぶ．

と変更すれば，計算量はさらに $O(n^2m^{1/2})$ まで改善できることが知られている．このようなプリフロープッシュ法の改良版は，理論的な計算量に関してだけでなく，実際の計算効率の面でも優れているとの評価を得ている．

3.7　最小費用流問題

複数のソースとシンクをもつネットワークにおいて，各枝の単位フローあたりのコストを考えたとき，流れ保存則と容量制約条件を満たすフローのなかで，コストの総和が最小となるようなものを求める問題を**最小費用流問題**という．

最小費用流問題の一例を図 3.16 に示す．図 3.16 のネットワークにおいて，各節点の横の数字はその節点からネットワークへのフローの供給量を表している．負の供給量はその節点においてフローが吸収されることを意味しているので，その節点におけるフローの需要量を表すと考えることができる．すなわち，図 3.16 の例では，節点 1, 2 がソースであり，節点 4 がシンクである．ソースとシンクはそれぞれ**供給節点**，**需要節点**と呼ばれることもある．また，需要・供給量がゼロであるような節点 (図 3.16 の例では節点 3) は**通過節点**である．図 3.16 のネットワークにおいて，各枝の横の二つの数字はコストおよび容量の値を示している．

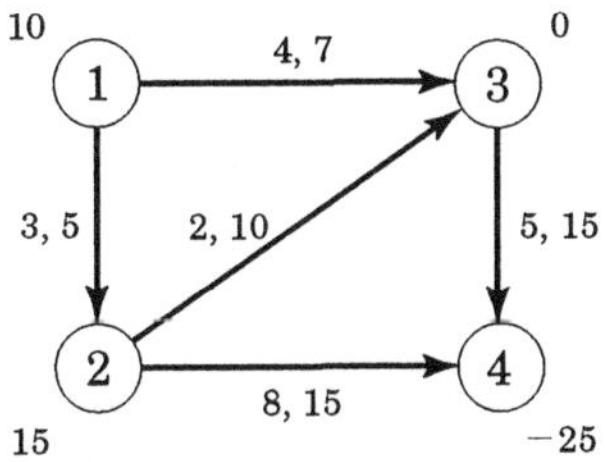

図 3.16　最小費用流問題の例 (節点の横の数字は需要・供給量，枝の横の数字はコストと容量)

たとえば，枝 $(3,4)$ の単位フローあたりのコストは 5，容量は 15 である．

各節点の需要・供給量および各枝のコストと容量が与えられたネットワーク $G=(V,E)$ における最小費用流問題は次の線形最適化問題に定式化できる．

$$
\begin{array}{ll}
\text{目的関数：} & \displaystyle\sum_{(i,j)\in E} c_{ij}x_{ij} \longrightarrow \text{最小} \\
\text{制約条件：} & \displaystyle\sum_{\{j|(i,j)\in E\}} x_{ij} - \sum_{\{j|(j,i)\in E\}} x_{ji} = b_i \quad (i\in V) \\
& 0 \leqq x_{ij} \leqq u_{ij} \quad ((i,j)\in E)
\end{array}
\tag{3.16}
$$

ここで，x_{ij} はグラフ $G=(V,E)$ の枝 (i,j) 上の流れの大きさ，u_{ij} は枝 (i,j) の容量，c_{ij} は枝 (i,j) の 1 単位の流れに対するコストであり，b_i は節点 i における需要・供給量を表す．すなわち，問題 (3.16) の目的関数はフロー $\boldsymbol{x}=(x_{ij})$ に対するコストの総和であり，制約条件は流れ保存則および容量制約条件を表している．以下では，ネットワーク全体で需要・供給量の過不足が存在しないことを意味する条件

$$\sum_{i\in V} b_i = 0$$

を仮定する．明らかに，この条件が成り立たないときには，問題 (3.16) の制約条件を満たすフロー $\boldsymbol{x}$ は存在しない．

図 3.16 の例を問題 (3.16) の形に定式化すると次のようになる．

$$
\begin{array}{lrrrrrcr}
\text{目的関数：} & 3x_{12} & +4x_{13} & +2x_{23} & +8x_{24} & +5x_{34} & \longrightarrow & \text{最小} \\
\text{制約条件：} & x_{12} & +x_{13} & & & & = & 10 \\
& -x_{12} & & +x_{23} & +x_{24} & & = & 15 \\
& & -x_{13} & -x_{23} & & +x_{34} & = & 0 \\
& & & & -x_{24} & -x_{34} & = & -25
\end{array}
$$
$$
\begin{gathered}
0 \leqq x_{12} \leqq 5,\ 0 \leqq x_{13} \leqq 7,\ 0 \leqq x_{23} \leqq 10, \\
0 \leqq x_{24} \leqq 15,\ 0 \leqq x_{34} \leqq 15
\end{gathered}
\tag{3.17}
$$

最小費用流問題に対しては，これまで数多くの方法が提案されている．とくに，最小費用流問題が特別な線形最適化問題であることから，そのネットワーク構造を巧みに利用することにより，シンプレックス法を非常に効率的に実行できる．そのような方法はネットワーク・シンプレックス法と呼ばれ，実用的に最も有効

な方法の一つとされている．これに対して，シンプレックス法とは異なるグラフ論的な考え方に基づいた効率的なアルゴリズムも数多く提案されている．次節ではそのようなアルゴリズムの一つを紹介する．

3.8 負閉路除去法

最小費用流問題に対して，グラフ論的な考え方に基づく様々な多項式時間アルゴリズムが提案されているが，ここでは**負閉路除去法**と呼ばれる方法を紹介する [*14)]．

ネットワーク $G=(V,E)$ において，あるフロー $\boldsymbol{x}$ が与えられたとき，3.2 節の最大流問題の場合と同様にして，**残余ネットワーク** $G^x=(V,E^x)$ を次のように構成する．まず，ネットワーク $G=(V,E)$ において容量 u_{ij} とコスト c_{ij} をもつ枝 (i,j) を，残余容量 $u^x_{ij}=u_{ij}-x_{ij}$ をもつ枝 (i,j) と残余容量 $u^x_{ji}=x_{ij}$ をもつ枝 (j,i) で置き換え，さらに，前者の枝 (i,j) のコストを $c^x_{ij}=c_{ij}$，後者の枝 (j,i) のコストを $c^x_{ji}=-c_{ij}$ とする．ただし，$u^x_{ij}=0$ のときは枝 (j,i) のみを，$u^x_{ji}=0$ のときは枝 (i,j) のみを考える．

図 3.16 のネットワークにおいて図 3.17 に示すフローが与えられたとき，そのフローに対する残余ネットワークは図 3.18 のようになる．ただし，図 3.18 において各枝 $(i,j)\in E^x$ の横の二つの数字はコスト c^x_{ij} と容量 u^x_{ij} を表している．

残余ネットワーク $G^x=(V,E^x)$ において，ある節点から出発して枝の向きに沿って次々に節点を経由し，最後にもとの節点に戻る**有向閉路**を考えたとき，その閉路上の枝のコスト c^x_{ij} の和をその閉路のコストと呼ぶ．たとえば，図 3.18 の残余ネッ

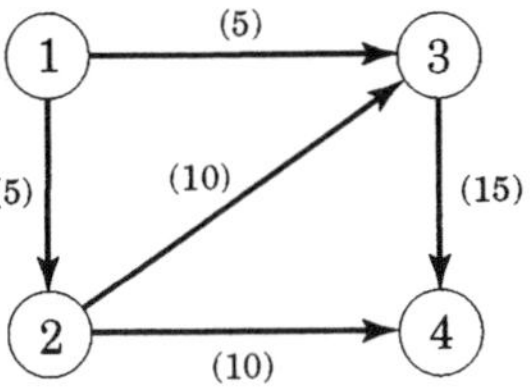

図 3.17　図 3.16 のネットワークにおけるフローの例 (括弧内の数字はフロー)

---

*14)　この方法は 1967 年に M. Klein が発表した．その後様々な改良版が研究者たちによって提案されている．

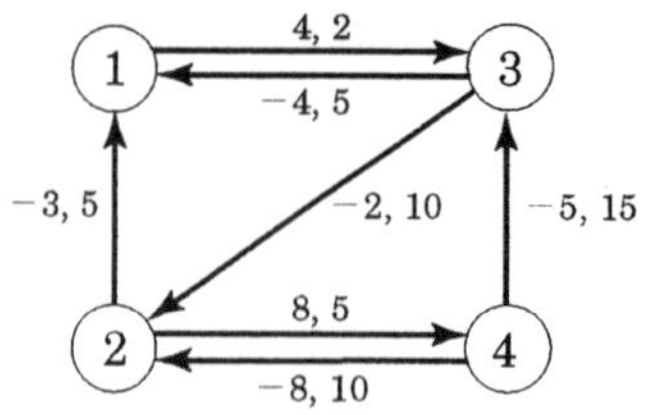

図 3.18　図 3.17 のフローに対する残余ネットワーク (数字は枝のコストと容量)

トワークにおいては，有向閉路 $1 \to 3 \to 2 \to 1$ のコストは $4+(-2)+(-3) = -1$ であり，有向閉路 $2 \to 4 \to 3 \to 2$ のコストは $8+(-5)+(-2) = 1$ である．残余ネットワークにはふつう多数の有向閉路が存在するが，それらのなかでコストが負であるようなものをとくに**負閉路**と呼ぶ．上の例では，有向閉路 $1 \to 3 \to 2 \to 1$ は負閉路である．

さて，いま残余ネットワーク $G^x = (V, E^x)$ において負閉路が一つ見つかったとしよう．そのとき，その閉路に沿って流れを追加すれば，流れ保存則を保ったまま，コストの総和を現在の値から減少させることができる．例として，図 3.18 の残余ネットワークにおける負閉路 $1 \to 3 \to 2 \to 1$ に沿って流れ ε を追加することを考えよう．これは，もとのネットワークにおいて，枝 $(1,3)$, $(2,3)$, $(1,2)$ の流れをそれぞれ $x_{13} = 5+\varepsilon$, $x_{23} = 10-\varepsilon$, $x_{12} = 5-\varepsilon$ に変更することを意味する．そのとき，明らかに節点 1, 2, 3 における流れ保存則は保たれる．さらに，フローの追加量 ε が十分小さければ，枝 $(1,3)$, $(2,3)$, $(1,2)$ において容量制約条件が破られることもない．それ以外の節点や枝での流れは不変であるから，ε が十分小さいとき，変更されたフローは実行可能フローであり，コストの総和はフロー変更前の

$$\begin{aligned} 3x_{12}+4x_{13}+2x_{23}+8x_{24}+5x_{34} &= 3\cdot 5+4\cdot 5+2\cdot 10+8\cdot 10+5\cdot 15 \\ &= 210 \end{aligned}$$

から

$$3(5-\varepsilon)+4(5+\varepsilon)+2(10-\varepsilon)+8\cdot 10+5\cdot 15 = 210-\varepsilon$$

に減少する．また，負閉路に沿って追加できるフローの最大値 $\varepsilon_{\max}$ を知るには，その閉路上の枝の残余容量の最小値を求めればよい．上の例では

$$\varepsilon_{\max} = \min\{u^x_{13}, u^x_{32}, u^x_{21}\} = \min\{2, 10, 5\} = 2$$

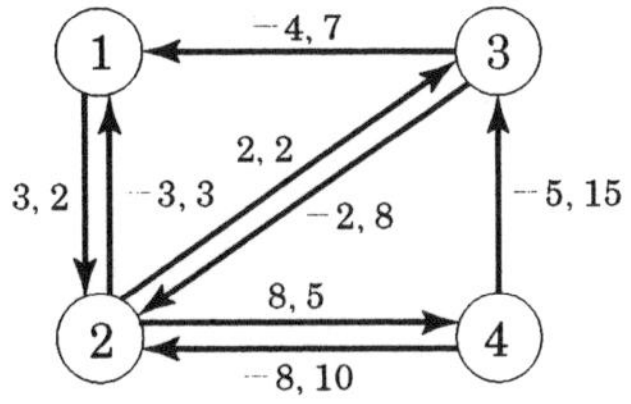

図 **3.19**　フロー追加後の残余ネットワーク

となるので，負閉路に沿って $\varepsilon_{\max} = 2$ だけ流れを追加できる．その結果，各枝を流れるフローの値は $\boldsymbol{x} = (x_{12}, x_{13}, x_{23}, x_{24}, x_{34})^\top = (3, 7, 8, 10, 15)^\top$ となり，それに対するコストの総和は 208 となる．

このように残余ネットワークに負閉路が存在する限り，その閉路に沿ってフローを追加することにより，コストの総和を減少させることができる．また，残余ネットワークが負閉路を一つも含まないならば，そのとき得られているフローは最小費用流問題の最適解になっていることが示せる．上の例において，フロー $\boldsymbol{x} = (x_{12}, x_{13}, x_{23}, x_{24}, x_{34})^\top = (3, 7, 8, 10, 15)^\top$ に対する残余ネットワークを構成すると図 3.19 のようになるが，容易に確かめられるように，このネットワークには負閉路は存在しない．このことから，現在のフロー $\boldsymbol{x} = (3, 7, 8, 10, 15)^\top$ は最適解であることがわかる．

さらに，ある負閉路に沿って流れ $\varepsilon_{\max}$ を追加すると，その負閉路は残余ネットワークから消滅することに注意しよう．すなわち，この操作は一つの負閉路を残余ネットワークから取り除くことを意味している．このような考え方に基づいて，フローを順次修正していくことにより，最終的に最適フローを求めようとする方法が負閉路除去法である．負閉路除去法の一般的な計算手順は次のように書くことができる．

負閉路除去法

(0)　適当な初期フロー $\boldsymbol{x}$ を定める．

(1)　残余ネットワーク $G^x = (V, E^x)$ において負閉路を見つける．負閉路が存在しなければ計算終了．

(2)　負閉路に沿って可能な限りフローを追加し，新しいフロー $\boldsymbol{x}$ を得る．ステップ (1) に戻る．

上にも述べたように，負閉路除去法は，各節点での流れ保存則と各枝の容量制約

条件を満たしつつ，ネットワーク全体の総費用を減少させる操作を反復する方法である．各枝のコストと容量が整数ならば，1回の反復において，総費用は少なくとも1単位減少することが保証される．ところで，$C = \max\{|c_{ij}| \mid (i,j) \in E\}$, $U = \max\{u_{ij} \mid (i,j) \in E\}$ とすれば，負閉路除去法の初期フローに対する総費用は最大でも mCU を超えることはない．また，そのようなネットワークにおける総費用の最小値は最も小さく見積もっても $-mCU$ 以下になることはない．したがって，負閉路除去法は最大でも $2mCU$ 回以下の反復で最適フローを見出すことがわかる．しかしながら，3.4節において最大流問題のフロー増加法に関連して述べたように，反復回数が $O(mCU)$ であることは負閉路除去法が多項式時間アルゴリズムであることを意味するわけではない．負閉路除去法を多項式時間アルゴリズムに改良するためには，ステップ(1)においてある特別な性質をもつ負閉路を見つける必要があり，これまでにいくつかの具体的な方法が提案されている．たとえば，閉路のコストをその閉路に含まれる枝数で割ったものを閉路の平均コストと呼ぶことにすれば，負閉路除去法の各反復で残余ネットワークにおける平均コスト最小の閉路を除去することにより，アルゴリズムの反復回数は $O(nm^2 \log n)$ となることが示せる．また，平均コスト最小の閉路を $O(nm)$ の計算量で見つける方法が知られているので，結局，アルゴリズム全体の計算量は $O(n^2m^3 \log n)$ となる．

3.9 演 習 問 題

3.1 枝の長さが与えられたネットワーク $G = (V, E)$ に対する最短路問題を考える．ただし，節点集合を $V = \{1, 2, \ldots, n\}$ とし，各枝 $(i, j) \in E$ の長さを a_{ij} とする．任意の2節点 $i, j \in V$ と各 $k = 1, 2, \ldots, n$ に対して，部分集合 $\{1, 2, \ldots, k-1\} \subseteqq V$ に含まれる節点のみを経由するという条件のもとでの節点 i から j への最短路の長さを $d^k(i, j)$ で表す．ただし，$k = 1$ のとき，この条件は途中でどの節点も経由しないことを意味するので，$d^1(i, j) = a_{ij}$ となる．なお，節点 i から j へ上記の条件を満たすような路が存在しないときは $d^k(i, j) = \infty$ とする．そのとき，すべての $k = 1, 2, \ldots, n$ と $i, j \in V$ に対して，次式が成り立つことを示せ．

$$d^{k+1}(i,j) = \min\{\, d^k(i,j),\, d^k(i,k) + d^k(k,j)\,\}$$

この性質を用いて，次のような最短路問題の解法を構成できる．この方法はフロイド・ワーシャル法と呼ばれている *15)．

フロイド・ワーシャル法

(0) すべての $i, j \in V$ に対して $d(i,j) := a_{ij}$，$p(i,j) := i$ とおく．ただし，$d(i,i) := 0$ とし，$(i,j) \notin E$ ならば $d(i,j) := \infty$ とする．$k := 1$ とおく．

(1) $k = n+1$ なら計算終了．そうでないなら，すべての $i\,(\neq k) \in V$ と $j\,(\neq k) \in V$ に対して

$$d(i,j) > d(i,k) + d(k,j) \quad ならば \quad \left\langle \begin{array}{l} d(i,j) := d(i,k) + d(k,j) \\ p(i,j) := p(k,j) \end{array} \right.$$

とする．

(2) $k := k+1$ として，ステップ (1) に戻る．

このアルゴリズムでは，各反復で得られる $d^k(i,j)$ を $d(i,j)$ に重ね書きしている．また，$p(i,j)$ は反復の各段階で得られている節点 i から j への路において，節点 j の直前に位置する節点を示している．計算が終了した時点で得られている $d(i,j)$ は，すべての 2 節点 i, j 間の最短路の長さを与えており，最短路は $p(i,j)$ で示される節点を j から i の順にたどることにより求められる．フロイド・ワーシャル法は長さが負であるような枝を含む問

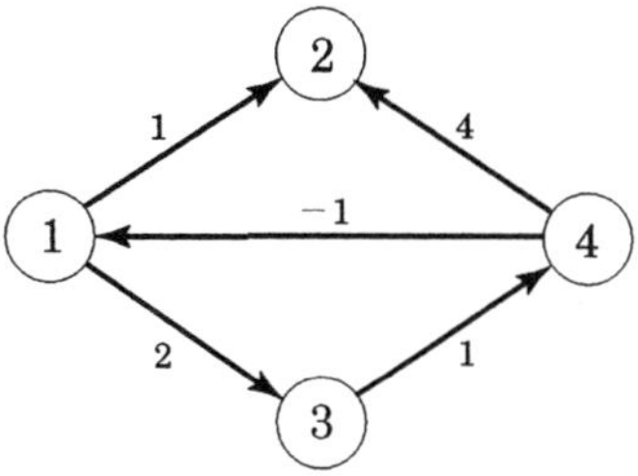

図 **3.20** 負の長さの枝を含むネットワーク (数字は枝の長さ)

---

*15) フロイド・ワーシャル法は 1962 年に R. W. Floyd と S. Warshall が別々に提案した方法である．

題に対しても適用できる．図 3.20 のネットワークに対して，すべての 2 節点間の最短路をフロイド・ワーシャル法を用いて求めよ．さらに，ある閉路上の枝の長さの和が負になるような問題，すなわち**負閉路**を含む問題にフロイド・ワーシャル法を適用すればどうなるか．図 3.20 のネットワークにおいて枝 $(4,1)$ の長さを -4 と変更した問題を実際に解いてみよ．

3.2 複数のソースとシンクをもつネットワークにおいて，各枝の容量制約条件と各節点での流れ保存則を満たすフローが存在するかどうかを判定する問題を最大流問題として定式化せよ．

3.3 図 3.6 の最大流問題に対して，すべてのカット (S,T) を列挙せよ．また，それらのカットの容量を求め，最大流最小カット定理が成立することを確かめよ．

3.4 最小費用流問題 (3.16) において，各枝 $(i,j) \in E$ のコストが線形関数ではなく，次式のような区分的線形凸関数で表される場合を考える．

$$f_{ij}(x_{ij}) = \begin{cases} c_{ij}^1 x_{ij}, & u_{ij}^0 \leqq x_{ij} \leqq u_{ij}^1 \text{ のとき} \\ c_{ij}^2(x_{ij} - u_{ij}^1) + c_{ij}^1 u_{ij}^1, & u_{ij}^1 < x_{ij} \leqq u_{ij}^2 \text{ のとき} \\ \qquad \vdots & \qquad \vdots \\ c_{ij}^r(x_{ij} - u_{ij}^{r-1}) \\ \quad + \sum_{l=1}^{r-1} c_{ij}^l (u_{ij}^l - u_{ij}^{l-1}), & u_{ij}^{r-1} < x_{ij} \leqq u_{ij}^r \text{ のとき} \end{cases}$$

ただし，$0 < c_{ij}^1 < c_{ij}^2 < \cdots < c_{ij}^r$，$0 = u_{ij}^0 < u_{ij}^1 < u_{ij}^2 < \cdots < u_{ij}^r$ である (図 3.21 参照)．この問題は，枝 (i,j) を単位フローあたりのコストが

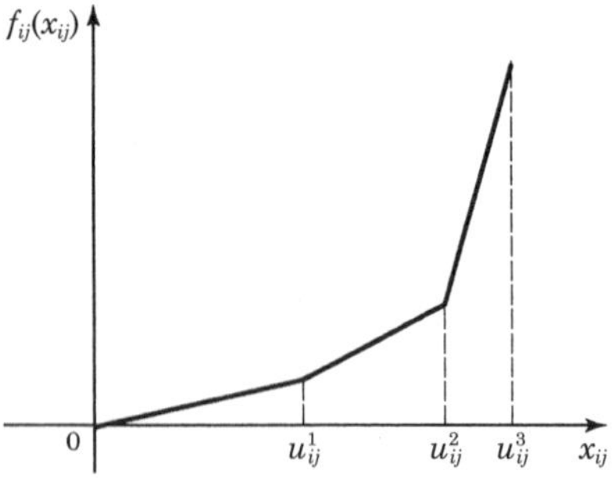

図 **3.21**　区分的線形コスト関数 ($r = 3$ の場合)

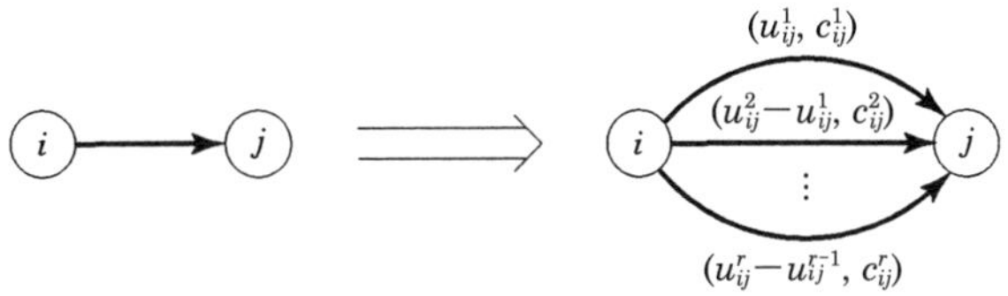

図 3.22 枝の置き換え (括弧内の数は枝の容量と単位フローあたりのコスト)

c_{ij}^l で容量が $u_{ij}^l - u_{ij}^{l-1}$ であるような r 本の枝 $(i,j)^l$ $(l = 1, 2, \ldots, r)$ で置き換えることにより (図 3.22 参照), 線形目的関数をもつ通常の最小費用流問題に変換できることを示せ [*16].

[*16] これは x_{ij} が大きくなるにつれて関数の傾き c_{ij}^l が増加するという凸関数の性質に依存している. $f_{ij}(x_{ij})$ が凸でない区分的線形関数の場合には, このようなやり方で線形目的関数をもつ最小費用流問題に変換することはできない.

第 4 章

非線形最適化

この章では非線形最適化問題を取り扱う．まず，制約なし問題に対する 1 次および 2 次の最適性条件を示し，基本的な制約なし最適化手法である勾配降下法，ニュートン法，準ニュートン法について説明する．次に，制約つき問題の 1 次および 2 次の最適性条件を説明した後，非線形最適化問題の一般的な解法のなかからペナルティ法と逐次 2 次計画法を取り上げ，それらの基本的な考え方を解説する．最後に，行列の半正定値条件を含む問題である半正定値最適化問題にも言及する．

4.1 局所的最適解と大域的最適解

非線形最適化問題は一般的に次のように書ける．

$$\begin{array}{ll} \text{目的関数：} & f(\boldsymbol{x}) \longrightarrow \text{最小} \\ \text{制約条件：} & \boldsymbol{x} \in \boldsymbol{S} \end{array} \tag{4.1}$$

ここで，変数は n 次元ベクトル $\boldsymbol{x} = (x_1, x_2, \ldots, x_n)^\top$ であり，f は $\boldsymbol{x}$ を変数とする実数値関数，$\boldsymbol{S}$ は n 次元空間 $\mathbb{R}^n$ の空でない部分集合である [*1]．とくに，$\boldsymbol{S} = \mathbb{R}^n$ のとき，上の問題 (4.1) を**制約なし問題**と呼び，次のように簡潔に表す．

$$\text{目的関数：} \quad f(\boldsymbol{x}) \longrightarrow \text{最小} \tag{4.2}$$

図 4.1 は 1 変数の問題の例を図示したものである．ただし，横軸上の区間 $\boldsymbol{S}$ は実行可能領域を表している．図 4.1 の点 $\boldsymbol{a}$ のように，実行可能領域 $\boldsymbol{S}$ 全体に

[*1] この章ではもっぱら目的関数を最小化する問題，すなわち**最小化問題**を取り扱うが，適当な「読み替え」を行うことにより，説明する事柄はすべて最大化問題についても成立する．

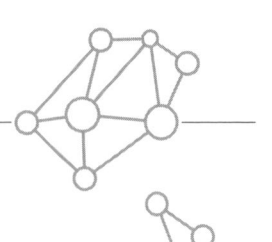

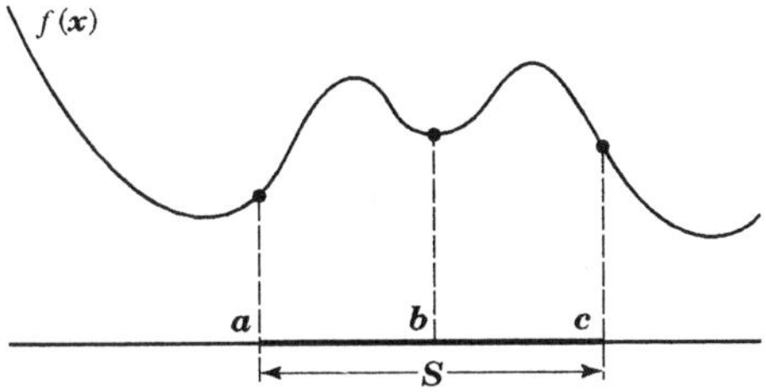

図 **4.1**　大域的最適解と局所的最適解

おいて目的関数 f が最小となる点を**大域的最適解**という．また，点 $\boldsymbol{b}$ と $\boldsymbol{c}$ のように，そのまわりに目的関数の値がもっと小さい実行可能解が存在しないような点を**局所的最適解**という．以下では，しばしば局所的最適解を**局所的最小点**と呼ぶ．図 4.1 に示すように，一般の非線形最適化問題には，大域的最適解のほかに多数の局所的最適解が存在する可能性がある．もちろん，大域的最適解は局所的最適解でもある．

関数 f に対して

$$\boldsymbol{x},\boldsymbol{y} \in \mathbb{R}^n,\ 0 \leqq \alpha \leqq 1 \implies f(\alpha\boldsymbol{x}+(1-\alpha)\boldsymbol{y}) \leqq \alpha f(\boldsymbol{x})+(1-\alpha)f(\boldsymbol{y}) \tag{4.3}$$

が成り立つとき，f を**凸関数**という [*2)]．また，集合 $\boldsymbol{S} \subseteqq \mathbb{R}^n$ に対して

$$\boldsymbol{x},\boldsymbol{y} \in \boldsymbol{S},\ 0 \leqq \alpha \leqq 1 \implies \alpha\boldsymbol{x} + (1-\alpha)\boldsymbol{y} \in \boldsymbol{S} \tag{4.4}$$

が成り立つとき，$\boldsymbol{S}$ を**凸集合**という [*3)]．図 4.2 は 1 変数の凸関数と 2 次元空間 $\mathbb{R}^2$ における凸集合の例を図示したものである．

目的関数 f が凸関数で実行可能領域 $\boldsymbol{S}$ が凸集合であるような最小化問題 (4.1) においては，局所的最適解は自動的に大域的最適解となる．この事実は次のように示すことができる．$\boldsymbol{x}^* \in \boldsymbol{S}$ を問題 (4.1) の局所的最適解とし，それとは別に

$$f(\boldsymbol{y}^*) < f(\boldsymbol{x}^*) \tag{4.5}$$

であるような大域的最適解 $\boldsymbol{y}^* \in \boldsymbol{S}$ が存在すると仮定しよう．(4.4) 式より，

---

*2)　図 4.2 に見るように，凸関数とは下に凸な関数である．上に凸な関数は**凹関数**といい，$-f$ が凸関数であるような関数 f として定義される．

*3)　凸集合とは，それに属する任意の 2 点を結ぶ線分を必ず含むような集合であり，荒っぽくいえば，凹みや穴のない集合を意味する．

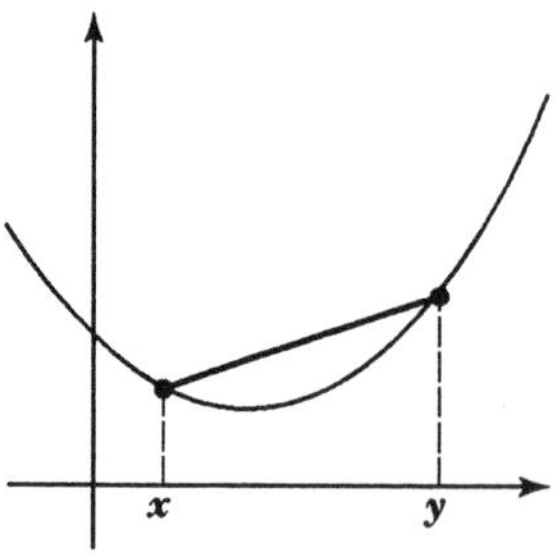

(a) 凸関数

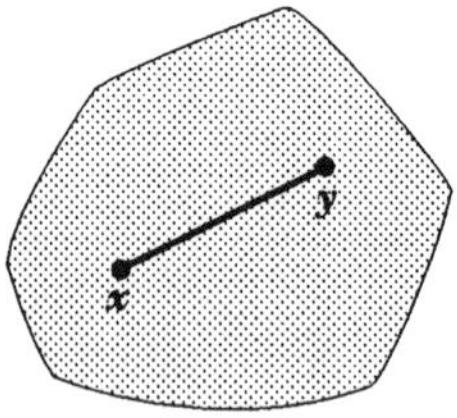

(b) 凸集合

図 4.2 凸関数と凸集合

$0 \leqq \alpha \leqq 1$ であるような任意の α に対して

$$\alpha \boldsymbol{x}^* + (1-\alpha)\boldsymbol{y}^* \in \boldsymbol{S}$$

であるから，点 $\boldsymbol{x}^*$ と $\boldsymbol{y}^*$ を結ぶ線分 $[\boldsymbol{x}^*, \boldsymbol{y}^*]$ 上の点 $\boldsymbol{x}(\alpha) := \alpha \boldsymbol{x}^* + (1-\alpha)\boldsymbol{y}^*$ (ただし $\alpha \in [0,1]$) はすべて実行可能解である．また，(4.3) 式と (4.5) 式より，$0 \leqq \alpha \leqq 1$ であるような任意の α に対して

$$f(\boldsymbol{x}(\alpha)) \leqq \alpha f(\boldsymbol{x}^*) + (1-\alpha) f(\boldsymbol{y}^*) < f(\boldsymbol{x}^*)$$

が成り立つので，線分 $[\boldsymbol{x}^*, \boldsymbol{y}^*]$ 上のどの点 $\boldsymbol{x}(\alpha)$ においても，目的関数値 $f(\boldsymbol{x}(\alpha))$ は $f(\boldsymbol{x}^*)$ より小さい．これは点 $\boldsymbol{x}^*$ のいくらでも近くに目的関数値が $f(\boldsymbol{x}^*)$ より小さい実行可能解が存在することを示しており，$\boldsymbol{x}^*$ が局所的最適解であることに矛盾する．したがって，(4.5) 式を満たすような大域的最適解 $\boldsymbol{y}^*$ は存在せず，$\boldsymbol{x}^*$ それ自身が大域的最適解であることがわかる．

現実の問題を非線形最適化問題として定式化したとき，制約条件はいくつかの等式や不等式によって表される場合が多い．

$$\begin{array}{ll} \text{目的関数：} & f(\boldsymbol{x}) \longrightarrow \text{最小} \\ \text{制約条件：} & c_i(\boldsymbol{x}) = 0 \ \ (i = 1, 2, \ldots, l) \\ & c_i(\boldsymbol{x}) \leqq 0 \ \ (i = l+1, \ldots, m) \end{array}$$

目的関数 f が凸関数で等式制約条件の関数 c_i $(i = 1, 2, \ldots, l)$ が 1 次関数，不等式制約条件の関数 c_i $(i = l+1, \ldots, m)$ が凸関数であるとき，この問題を**凸最適化問題**という．凸最適化問題の実行可能領域が凸集合であることは容易に確かめられるので，凸最適化問題においては局所的最適解は自動的に大域的最適解となる．明らかに1次関数は凸関数であるから，第2章で考察した線形最適化問題は凸最適化問題の特別な場合である．

上に述べたように，凸最適化問題には局所的最適解と大域的最適解の区別がないので，理論上および計算上，非常に取り扱いやすいという利点がある．また，応用面でも，凸最適化問題として定式化できる様々な問題が知られており，とくに近年活発な研究が行われている．しかし，現実の問題には凸最適化問題でないものも多く，さらに，そのような場合には，いくつもの局所的最適解のなかから大域的最適解を見つけることは一般に非常に困難である．したがって，凸最適化問題とは限らない一般的な非線形最適化問題に対しては，局所的最適解を求めることが当面の目標となる．

4.2　関数の勾配とヘッセ行列

非線形最適化においては多変数関数の微分が重要な役割を果たす．n 次元ベクトル $\boldsymbol{x} = (x_1, x_2, \ldots, x_n)^\top$ を変数とする2回連続的微分可能[*4] な実数値関数 f に対して，各変数 x_i に関する f の偏微分係数を要素とする n 次元ベクトルを点 $\boldsymbol{x}$ における関数 f の勾配と呼び

$$\nabla f(\boldsymbol{x}) = \begin{pmatrix} \dfrac{\partial f(\boldsymbol{x})}{\partial x_1} \\ \dfrac{\partial f(\boldsymbol{x})}{\partial x_2} \\ \vdots \\ \dfrac{\partial f(\boldsymbol{x})}{\partial x_n} \end{pmatrix} \tag{4.6}$$

と表す．たとえば，$\boldsymbol{x} = (x_1, x_2)^\top$ を変数とする2変数関数

$$f(\boldsymbol{x}) = 5x_1^2 - 6x_1x_2 + 5x_2^2 - 10x_1 + 6x_2 \tag{4.7}$$

の場合

---

*4)　関数 f が2回連続的微分可能とは，f に2次 (2階) 導関数が存在し，さらにそれが連続関数となることをいう．

$$\frac{\partial f(\boldsymbol{x})}{\partial x_1} = 10x_1 - 6x_2 - 10, \quad \frac{\partial f(\boldsymbol{x})}{\partial x_2} = -6x_1 + 10x_2 + 6$$

であるから，(4.6) 式より，勾配は 2 次元ベクトル

$$\nabla f(\boldsymbol{x}) = \begin{pmatrix} 10x_1 - 6x_2 - 10 \\ -6x_1 + 10x_2 + 6 \end{pmatrix} \tag{4.8}$$

で与えられる．点 $\boldsymbol{a} = (0,0)^\top$, $\boldsymbol{b} = (2,0)^\top$, $\boldsymbol{c} = (3,1)^\top$ における関数 f の勾配を実際に計算すると，(4.8) 式より，それぞれ

$$\nabla f(\boldsymbol{a}) = \begin{pmatrix} -10 \\ 6 \end{pmatrix}, \quad \nabla f(\boldsymbol{b}) = \begin{pmatrix} 10 \\ -6 \end{pmatrix}, \quad \nabla f(\boldsymbol{c}) = \begin{pmatrix} 14 \\ -2 \end{pmatrix}$$

となる．図 4.3 は (4.7) 式の関数 f の等高線と上記の三つの点 $\boldsymbol{a}$, $\boldsymbol{b}$, $\boldsymbol{c}$ における関数 f の勾配ベクトル $\nabla f(\boldsymbol{a})$, $\nabla f(\boldsymbol{b})$, $\nabla f(\boldsymbol{c})$ を示している．

図 4.3 から，勾配ベクトルの方向はその点において関数が最も大きく増加する方向，すなわち関数の傾きが最大となる方向であり，とくにその点を通る等高線と垂直な関係にあることがわかる．

勾配ベクトルは，ある点において関数がどの方向にどれだけ傾いているかを示すものであり，関数の最小化を行う際に欠かせない重要な情報を与えてくれる．さらに，勾配をもう一度微分することにより，その関数に対してより詳しい情報を得ることができる．n 変数関数 f の勾配 $\nabla f(\boldsymbol{x})$ は (4.6) 式で与えられる n 次

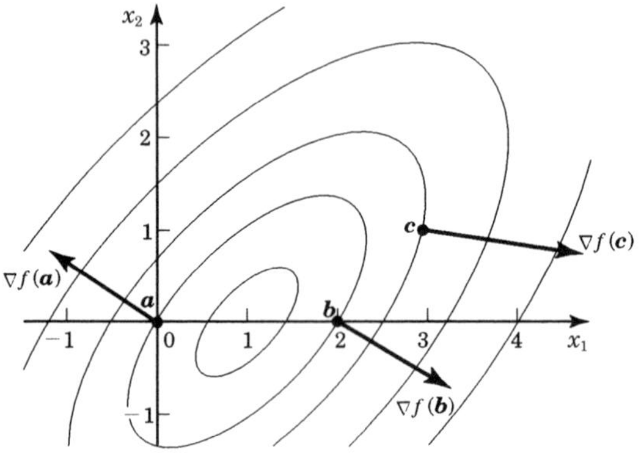

図 4.3　関数の等高線と勾配ベクトル (ただし，勾配ベクトルの大きさは縮尺されている)

元ベクトルであるから，$\nabla f(\boldsymbol{x})$ を微分したものを $\nabla^2 f(\boldsymbol{x})$ と書けば，それは次式に示すような f の 2 次偏微分係数を要素とする $n \times n$ 行列となる.

$$\nabla^2 f(\boldsymbol{x}) = \begin{pmatrix} \dfrac{\partial^2 f(\boldsymbol{x})}{\partial x_1^2} & \dfrac{\partial^2 f(\boldsymbol{x})}{\partial x_1 \partial x_2} & \cdots & \dfrac{\partial^2 f(\boldsymbol{x})}{\partial x_1 \partial x_n} \\ \dfrac{\partial^2 f(\boldsymbol{x})}{\partial x_2 \partial x_1} & \dfrac{\partial^2 f(\boldsymbol{x})}{\partial x_2^2} & \cdots & \dfrac{\partial^2 f(\boldsymbol{x})}{\partial x_2 \partial x_n} \\ \vdots & \vdots & \ddots & \vdots \\ \dfrac{\partial^2 f(\boldsymbol{x})}{\partial x_n \partial x_1} & \dfrac{\partial^2 f(\boldsymbol{x})}{\partial x_n \partial x_2} & \cdots & \dfrac{\partial^2 f(\boldsymbol{x})}{\partial x_n^2} \end{pmatrix} \tag{4.9}$$

行列 $\nabla^2 f(\boldsymbol{x})$ を点 $\boldsymbol{x}$ における関数 f のヘッセ行列と呼ぶ．ヘッセ行列 $\nabla^2 f(\boldsymbol{x})$ は対称行列となる.

ヘッセ行列は関数の幾何学的な性質についての重要な情報を含んでいる．例として (4.7) 式の関数 f を考えてみよう．この関数は 2 次関数であるから，そのヘッセ行列は定数行列

$$\nabla^2 f(\boldsymbol{x}) = \begin{pmatrix} 10 & -6 \\ -6 & 10 \end{pmatrix}$$

となる．ここで，この行列の固有値と固有ベクトル [*5] を計算すると，固有値は $\lambda_1 = 4$, $\lambda_2 = 16$，それぞれの固有値に対応する固有ベクトルは $\boldsymbol{x}^1 = (1,1)^\top$, $\boldsymbol{x}^2 = (1,-1)^\top$ となる．この行列のように，固有値がすべて正であるような対称行列は正定値行列 [*6] である．2 変数関数の場合，正定値のヘッセ行列をもつ 2 次関数の等高線を図示すれば，図 4.3 のような楕円になることが知られている．これらの等高線は共通の軸をもつ相似な楕円であるが，さらにそれらの軸の方向は固有ベクトルの方向に一致し，軸の長さの比は固有値の平方根の逆数に等しいことがいえる．図 4.3 の例では，楕円の軸はヘッセ行列の固有ベクトル $\boldsymbol{x}^1 = (1,1)^\top$ と $\boldsymbol{x}^2 = (1,-1)^\top$ の方向に一致しており，楕円の長軸と短軸の長さの比は $2:1$

---

*5) $n \times n$ 行列 $\boldsymbol{A}$ に対して，$\boldsymbol{A}\boldsymbol{x} = \lambda \boldsymbol{x}$ を満たすスカラー λ と n 次元ベクトル $\boldsymbol{x}$ をそれぞれ $\boldsymbol{A}$ の固有値，固有ベクトルという．なお，対称行列の固有値はすべて実数となる.

*6) $n \times n$ 行列 $\boldsymbol{A}$ がすべての n 次元ベクトル $\boldsymbol{x}$ に対して不等式 $\boldsymbol{x}^\top \boldsymbol{A}\boldsymbol{x} \geqq 0$ を満たすとき，行列 $\boldsymbol{A}$ は半正定値であるという．また，$\boldsymbol{x} \neq \boldsymbol{0}$ であるようなすべての n 次元ベクトル $\boldsymbol{x}$ に対して不等式 $\boldsymbol{x}^\top \boldsymbol{A}\boldsymbol{x} > 0$ を満たすとき，行列 $\boldsymbol{A}$ は正定値であるという．$\boldsymbol{A}$ が対称行列のときには，$\boldsymbol{A}$ が半正定値であることと $\boldsymbol{A}$ の固有値がすべて非負であることは等価であり，$\boldsymbol{A}$ が正定値であることと $\boldsymbol{A}$ の固有値がすべて正であることは等価である.

であるから固有値 4 と 16 のそれぞれの平方根の逆数 1/2 と 1/4 の比に等しい．このように，ヘッセ行列を調べることによって，その関数の形に関する重要な情報が得られる．

一般に，n 変数の 2 次関数 f は次のように表すことができる．

$$f(\boldsymbol{x}) = c + \sum_{i=1}^{n} b_i x_i + \frac{1}{2}\sum_{i=1}^{n}\sum_{j=1}^{n} a_{ij}x_i x_j$$
$$= c + \boldsymbol{b}^\top \boldsymbol{x} + \frac{1}{2}\boldsymbol{x}^\top \boldsymbol{A}\boldsymbol{x}$$

ここで c は実数，$\boldsymbol{b} = (b_1, b_2, \ldots, b_n)^\top$ は n 次元実ベクトル，$\boldsymbol{A} = (a_{ij})$ は $n \times n$ 実行列である．とくに，一般性を失うことなく，$\boldsymbol{A}$ は対称行列とすることができる．そのとき，この関数の勾配とヘッセ行列は

$$\nabla f(\boldsymbol{x}) = \boldsymbol{b} + \boldsymbol{A}\boldsymbol{x}, \quad \nabla^2 f(\boldsymbol{x}) = \boldsymbol{A}$$

と書ける [*7]．2 次関数の場合，ヘッセ行列 $\boldsymbol{A}$ が半正定値であることが関数 f が凸関数であるための必要十分条件であることが知られている．

関数 f が一般の非線形関数の場合には，任意の点 $\bar{\boldsymbol{x}}$ に対して，関数 f を 2 次の項までテイラー展開して得られる関数

$$\tilde{f}(\boldsymbol{x}) = f(\bar{\boldsymbol{x}}) + \sum_{i=1}^{n} \frac{\partial f(\bar{\boldsymbol{x}})}{\partial x_i}(x_i - \bar{x}_i) + \frac{1}{2}\sum_{i=1}^{n}\sum_{j=1}^{n} \frac{\partial^2 f(\bar{\boldsymbol{x}})}{\partial x_i \partial x_j}(x_i - \bar{x}_i)(x_j - \bar{x}_j)$$
$$= f(\bar{\boldsymbol{x}}) + \nabla f(\bar{\boldsymbol{x}})^\top(\boldsymbol{x} - \bar{\boldsymbol{x}}) + \frac{1}{2}(\boldsymbol{x} - \bar{\boldsymbol{x}})^\top \nabla^2 f(\bar{\boldsymbol{x}})(\boldsymbol{x} - \bar{\boldsymbol{x}}) \qquad (4.10)$$

は点 $\bar{\boldsymbol{x}}$ のまわりで関数 f を近似した関数になっているので，ヘッセ行列は一般の非線形関数に対しても，少なくともその局所的な性質を知る上で非常に重要な情報を含んでいると考えられる．とくに，f が凸関数ならば任意の点 $\boldsymbol{x}$ においてヘッセ行列 $\nabla^2 f(\boldsymbol{x})$ は半正定値となり，逆に，すべての点 $\boldsymbol{x}$ においてヘッセ行列 $\nabla^2 f(\boldsymbol{x})$ が半正定値であるような関数 f は凸関数であることが知られている．

4.3 制約なし問題の最適性条件

点 $\boldsymbol{x}^*$ を制約なし問題 (4.2) の局所的最適解とする．そのとき，明らかに点 $\boldsymbol{x}^*$ において関数 f の勾配はゼロになっている．したがって

---

*7) 2 次関数のヘッセ行列は $\boldsymbol{x}$ に依存しない定数行列となる．

$$\nabla f(\boldsymbol{x}^*) = \boldsymbol{0} \tag{4.11}$$

は，点 $\boldsymbol{x}^*$ が制約なし問題 (4.2) の局所的最適解であるための必要条件である．しかしながら，(4.11) 式を満たす $\boldsymbol{x}^*$ は必ずしも問題 (4.2) の局所的最適解とは限らない．関数 f が最大となる点や，**鞍点** [*8] と呼ばれる点においても，勾配はゼロになるからである．したがって，(4.11) 式は点 $\boldsymbol{x}^*$ が問題 (4.2) の局所的最適解となるための十分条件ではない．一般に，(4.11) 式を満たす点 $\boldsymbol{x}^*$ を問題 (4.2) の (あるいは関数 f の) **停留点**と呼ぶ．また，(4.11) 式は関数 f の 1 次微分係数を含んでいるので，問題 (4.2) に対する最適性の **1 次の必要条件**という．

上に述べたように，局所的最適解は停留点であるが，逆は必ずしも正しくない．ただし，関数 f が凸関数のときには，任意の $\boldsymbol{x}, \boldsymbol{y}$ に対して，不等式

$$f(\boldsymbol{x}) - f(\boldsymbol{y}) \geqq \nabla f(\boldsymbol{y})^\top (\boldsymbol{x} - \boldsymbol{y}) \tag{4.12}$$

が成立することが示せるので，(4.12) 式において $\boldsymbol{y} = \boldsymbol{x}^*$ および $\nabla f(\boldsymbol{x}^*) = \boldsymbol{0}$ とおくことにより，すべての $\boldsymbol{x}$ に対して $f(\boldsymbol{x}) \geqq f(\boldsymbol{x}^*)$ がいえる．すなわち，凸関数 f の任意の停留点 $\boldsymbol{x}^*$ は (大域的) 最適解となる．したがって，f が凸関数のとき，(4.11) 式は点 $\boldsymbol{x}^*$ が問題 (4.2) の大域的最適解であるための必要十分条件である．

次に，局所的最適解におけるヘッセ行列の性質について調べよう．まず，点 $\boldsymbol{x}^*$ を問題 (4.2) の局所的最適解とする．そのとき，上に述べたように，(4.11) 式が成り立つが，さらに

$$\nabla^2 f(\boldsymbol{x}^*) \ \text{は半正定値} \tag{4.13}$$

が成り立つ．このことを示すため，条件 (4.13) が成り立たないと仮定して矛盾を導こう．$\nabla^2 f(\boldsymbol{x}^*)$ が半正定値でないならば

$$\boldsymbol{d}^\top \nabla^2 f(\boldsymbol{x}^*) \boldsymbol{d} < 0 \tag{4.14}$$

を満たすベクトル $\boldsymbol{d} \neq \boldsymbol{0}$ が存在する．目的関数 f は点 $\boldsymbol{x}^*$ のまわりで

---

*8) 鞍点とは，馬の背中に乗せる鞍や自転車のサドルの中心の点のように，ある方向 (たとえば前後方向) についてはその点が最小で，別の方向 (たとえば左右方向) については最大となっているような点をいう．

$$f(\boldsymbol{x}^* + \alpha \boldsymbol{d}) = f(\boldsymbol{x}^*) + \alpha \nabla f(\boldsymbol{x}^*)^\top \boldsymbol{d} + \frac{\alpha^2}{2} \boldsymbol{d}^\top \nabla^2 f(\boldsymbol{x}^*) \boldsymbol{d} + \{\alpha \text{の 3 次以上の項}\}$$

と表すことができるが，この式の右辺第 2 項は (4.11) 式よりゼロであり，最後の α の 3 次以上の項は $|\alpha|$ が十分小さいとき第 3 項に比べて無視できる．したがって，(4.14) 式より，$|\alpha|$ が十分小さいとき

$$f(\boldsymbol{x}^* + \alpha \boldsymbol{d}) < f(\boldsymbol{x}^*)$$

が成り立つ．これは x^* が問題 (4.2) の局所的最適解であることに矛盾するので，条件 (4.13) が成立することが示された．(4.11) 式と条件 (4.13) をあわせて問題 (4.2) に対する最適性の **2 次の必要条件**という．これは条件 (4.13) が関数 f の 2 次の微分係数を含んでいるためである．

次に，最適性の十分条件を考える．

$$f(\boldsymbol{x}^* + \alpha \boldsymbol{d}) = f(\boldsymbol{x}^*) + \alpha \nabla f(\boldsymbol{x}^*)^\top \boldsymbol{d} + \frac{\alpha^2}{2} \boldsymbol{d}^\top \nabla^2 f(\boldsymbol{x}^*) \boldsymbol{d} + \{\alpha \text{の 3 次以上の項}\}$$

であるから，(4.11) 式と

$$\nabla^2 f(\boldsymbol{x}^*) \text{ は正定値} \tag{4.15}$$

が成り立つならば，任意のベクトル $\boldsymbol{d} \neq \boldsymbol{0}$ に対して $|\alpha|$ が十分小さいとき，常に

$$f(\boldsymbol{x}^* + \alpha \boldsymbol{d}) > f(\boldsymbol{x}^*)$$

となることがいえる．これは，点 $\boldsymbol{x}^*$ が問題 (4.2) の局所的最適解であることを示している．このことから，(4.11) 式と条件 (4.15) をあわせて問題 (4.2) に対する最適性の **2 次の十分条件**という．

例として，次の 2 変数関数を考えよう．

$$f(\boldsymbol{x}) = x_1^2 + 3x_2^2$$

この関数の勾配とヘッセ行列は次式で与えられる．

$$\nabla f(\boldsymbol{x}) = \begin{pmatrix} 2x_1 \\ 6x_2 \end{pmatrix}, \qquad \nabla^2 f(\boldsymbol{x}) = \begin{pmatrix} 2 & 0 \\ 0 & 6 \end{pmatrix}$$

関数 f は 2 次関数であるから，ヘッセ行列は点 $\boldsymbol{x}$ の値によらず一定となること

に注意しよう．任意の $\boldsymbol{x}$ に対して $f(\boldsymbol{x}) \geqq 0$ であるから，明らかに，関数 f は点 $\boldsymbol{x} = \boldsymbol{0}$ において最小となる．実際，点 $\boldsymbol{x} = \boldsymbol{0}$ において勾配は $\nabla f(\boldsymbol{0}) = \boldsymbol{0}$ となり，ヘッセ行列 $\nabla^2 f(\boldsymbol{0})$ は正定値である．このことは，最小点 $\boldsymbol{x} = \boldsymbol{0}$ は最適性の 2 次の必要条件だけでなく十分条件を満たすことを示している．

次に，関数

$$f(\boldsymbol{x}) = x_1^2 + x_2^4$$

を考える．この関数の勾配とヘッセ行列は次式で与えられる．

$$\nabla f(\boldsymbol{x}) = \begin{pmatrix} 2x_1 \\ 4x_2^3 \end{pmatrix}, \qquad \nabla^2 f(\boldsymbol{x}) = \begin{pmatrix} 2 & 0 \\ 0 & 12x_2^2 \end{pmatrix}$$

任意の $\boldsymbol{x}$ に対して $f(\boldsymbol{x}) \geqq 0$ であるから，この関数も点 $\boldsymbol{x} = \boldsymbol{0}$ において最小となる．点 $\boldsymbol{x} = \boldsymbol{0}$ における f の勾配は $\nabla f(\boldsymbol{0}) = \boldsymbol{0}$ であり，ヘッセ行列は

$$\nabla^2 f(\boldsymbol{0}) = \begin{pmatrix} 2 & 0 \\ 0 & 0 \end{pmatrix}$$

となる．この行列は半正定値であるが正定値ではない．したがって，最小点 $\boldsymbol{x} = \boldsymbol{0}$ は最適性の 2 次の必要条件を満たすが，十分条件は満足しない．

最後に，次の関数を考える．

$$f(\boldsymbol{x}) = x_1^2 + x_2^3$$

この関数の勾配とヘッセ行列は

$$\nabla f(\boldsymbol{x}) = \begin{pmatrix} 2x_1 \\ 3x_2^2 \end{pmatrix}, \qquad \nabla^2 f(\boldsymbol{x}) = \begin{pmatrix} 2 & 0 \\ 0 & 6x_2 \end{pmatrix}$$

となるので，前の例と同様，点 $\boldsymbol{x} = \boldsymbol{0}$ において

$$\nabla f(\boldsymbol{0}) = \begin{pmatrix} 0 \\ 0 \end{pmatrix}, \qquad \nabla^2 f(\boldsymbol{0}) = \begin{pmatrix} 2 & 0 \\ 0 & 0 \end{pmatrix}$$

となり，最適性の 2 次の必要条件が満たされる．しかし，点 $\boldsymbol{x} = \boldsymbol{0}$ はこの関数の停留点であるが，局所的最小点ではない．実際，$\boldsymbol{x}(\varepsilon) = (0, -\varepsilon)^\top$ と表せば，任意の $\varepsilon > 0$ に対して

$$f(\boldsymbol{x}(\varepsilon)) = -\varepsilon^3 < 0 = f(\boldsymbol{0})$$

であるから，点 $\boldsymbol{x}=\boldsymbol{0}$ のいくらでも近くに関数値が $f(\boldsymbol{0})$ よりも小さい点が存在する．

上の例からわかるように，2 次の必要条件と十分条件には，いくらかのギャップがある．すなわち，局所的最適解は必ず 2 次の必要条件を満たすが，その条件を満たすからといって局所的最適解とは限らない．また，2 次の十分条件を満たす点は局所的最適解であることが保証されるが，一方ではそのような条件を満たさない局所的最適解が存在する場合もある．しかし，勾配 (1 次の微分係数) のみを用いた条件では停留点しか判別できないことに比べれば，ヘッセ行列を用いた 2 次の条件を考えることにより，最適解についてはるかに詳しい情報を得ることが可能となる．

4.4 勾配降下法と確率的勾配降下法

この節と次節では，制約なし問題 (4.2) の解法について考える．非線形最適化問題の最適解を有限回の演算で厳密に求めることは困難なので，一般には，最適解に収束するような点列 $\{\boldsymbol{x}^{(k)}\}$ を次々と生成する反復法が用いられる．

4.2 節で述べたように，勾配ベクトル $\nabla f(\boldsymbol{x}^{(k)})$ は，点 $\boldsymbol{x}^{(k)}$ において目的関数 f の値が最も大きく増加する方向である．したがって，関数 f の値を減少させるには，点 $\boldsymbol{x}^{(k)}$ から勾配ベクトルの逆の方向 $\boldsymbol{d}^{(k)} = -\nabla f(\boldsymbol{x}^{(k)})$ に進んだ点

$$\boldsymbol{x}^{(k+1)} = \boldsymbol{x}^{(k)} + \alpha^{(k)}\boldsymbol{d}^{(k)} \tag{4.16}$$

を次の点とするのは自然な考え方である．ここで，$\alpha^{(k)}$ はステップ幅と呼ばれる正数であり

$$f(\boldsymbol{x}^{(k)} + \alpha^{(k)}\boldsymbol{d}^{(k)}) \;\cong\; \min_{\alpha \geqq 0} f(\boldsymbol{x}^{(k)} + \alpha\boldsymbol{d}^{(k)}) \tag{4.17}$$

のように定められる．(4.17) 式の右辺は点 $\boldsymbol{x}^{(k)}$ と方向ベクトル $\boldsymbol{d}^{(k)}$ が与えられたとき，その方向に沿って目的関数が最小となるようなステップ幅 $\alpha^{(k)}$ を求める 1 変数の最小化問題であり，$\alpha^{(k)}$ を定める操作を直線探索と呼ぶ．このように，適当な出発点 $\boldsymbol{x}^{(0)}$ から始め，各反復において，現在の点 $\boldsymbol{x}^{(k)}$ から関数 f の勾配の逆方向 $\boldsymbol{d}^{(k)} = -\nabla f(\boldsymbol{x}^{(k)})$ に沿って直線探索を行って次の点 $\boldsymbol{x}^{(k+1)}$ を定

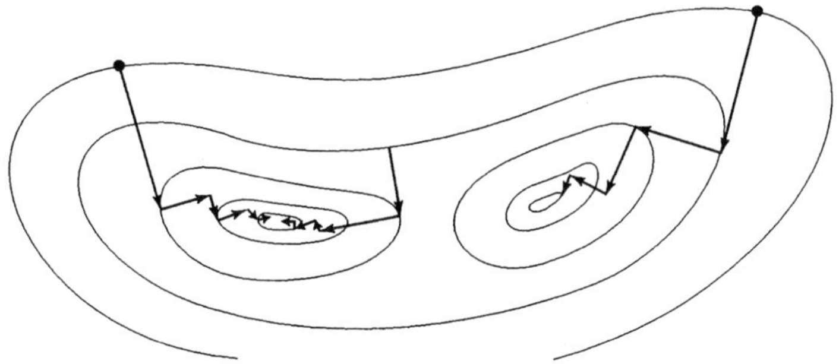

図 **4.4** 勾配降下法

める反復法を**勾配降下法**という．

勾配降下法

(0) 出発点 $\boldsymbol{x}^{(0)}$ を選び，$k := 0$ とおく．

(1) $\nabla f(\boldsymbol{x}^{(k)}) = \boldsymbol{0}$ ならば計算終了．さもなければ $\boldsymbol{d}^{(k)} := -\nabla f(\boldsymbol{x}^{(k)})$ とおいて，ステップ (2) へ．

(2) (4.17) 式を満たすステップ幅 $\alpha^{(k)} > 0$ を求め，次の点 $\boldsymbol{x}^{(k+1)} := \boldsymbol{x}^{(k)} + \alpha^{(k)}\boldsymbol{d}^{(k)}$ を定める．$k := k+1$ とおいてステップ (1) へ戻る．

現実には，$\boldsymbol{x}^{(k)}$ がいくら最適解に近づいても，ステップ (1) の終了判定条件が厳密に満たされることは期待できない．したがって，実際の計算では，たとえば十分小さい正数 ε に対して

$$\|\nabla f(\boldsymbol{x}^{(k)})\| < \varepsilon$$

が満たされたとき計算を終了する．ただし $\|\cdot\|$ はベクトルのノルムを表す [*9]．

図 4.4 は勾配降下法によって生成される点列が局所的最適解に収束していく様子を表している．この図が示すように，いくつかの局所的最適解が存在するような場合には，出発点の選び方によって，異なる局所的最適解に収束すると考えられる．しかし，理論的には，どのように出発点を選んでも，生成される点列が有界ならば，その点列の集積点は必ず関数 f の停留点となることを証明できる．このように，出発点をどこに選んでも，なんらかの解 (いまの場合は停留点) に収束

[*9] 本書ではとくに断らなければ，$\|\cdot\|$ はユークリッド・ノルム $\|\boldsymbol{x}\| = \sqrt{x_1^2 + x_2^2 + \cdots + x_n^2}$ を表すものとする．

することが理論的に保証されている方法は**大域的収束性**をもつといわれる [*10)].

勾配降下法は大域的収束性をもつという長所があるが，以下に述べるように，収束の速さに関しては，あまり優れているとはいえない．ここで，勾配降下法によって生成された点列 $\{\boldsymbol{x}^{(k)}\}$ の極限 $\boldsymbol{x}^*$ は最適性の 2 次の十分条件 (4.11) と (4.15) を満たすと仮定しよう．$\boldsymbol{G} = \nabla^2 f(\boldsymbol{x}^*)$ とおけば，条件 (4.15) より行列 $\boldsymbol{G}$ は正定値であるから

$$\|\boldsymbol{x}\|_G = \sqrt{\boldsymbol{x}^\top \boldsymbol{G}\boldsymbol{x}}$$

によってベクトルのノルムが定義でき，2 点 $\boldsymbol{x}, \boldsymbol{y}$ の距離を $\|\boldsymbol{x} - \boldsymbol{y}\|_G$ で定めることができる．詳しい議論は省略するが，このノルムを用いると，任意の $\varepsilon > 0$ に対して，k が十分大きいとき

$$\|\boldsymbol{x}^{(k+1)} - \boldsymbol{x}^*\|_G \leqq \left(\frac{\tau - 1}{\tau + 1} + \varepsilon\right) \|\boldsymbol{x}^{(k)} - \boldsymbol{x}^*\|_G \tag{4.18}$$

が成り立つことが示せる．ここで，τ は行列 $\boldsymbol{G}$ の最大固有値 $\lambda_{\max}$ と最小固有値 $\lambda_{\min}$ の比 $\lambda_{\max}/\lambda_{\min}$ を表し，$\boldsymbol{G}$ の**条件数**と呼ばれる．定義より明らかに $\tau \geqq 1$ であるから，$0 \leqq (\tau-1)/(\tau+1) < 1$ である．正数 ε は任意であったから，ε を十分小さく選べば，(4.18) 式は $\boldsymbol{x}^{(k)}$ と $\boldsymbol{x}^*$ の (ノルム $\|\cdot\|_G$ で測った) 距離 $\|\boldsymbol{x}^{(k)} - \boldsymbol{x}^*\|_G$ がほぼ $(\tau-1)/(\tau+1)$ の比率で減少していくことを意味している．すなわち，勾配降下法は局所的最適解に一定の比率で収束するような点列を生成する．一般に，このような性質をもつ反復法は **1 次収束**する，あるいは，その**収束率**は 1 次であるという．

(4.18) 式からわかるように，勾配降下法の収束の速さは目的関数の最適解 $\boldsymbol{x}^*$ におけるヘッセ行列 $\boldsymbol{G} = \nabla^2 f(\boldsymbol{x}^*)$ の条件数 $\tau = \lambda_{\max}/\lambda_{\min}$ に大きく依存する．すなわち，τ が 1 に近いときは $(\tau-1)/(\tau+1)$ が小さくなるので収束は速いが，逆に τ が大きいときには $(\tau-1)/(\tau+1) \cong 1$ であるから，収束が遅くなる．現実の問題では条件数 τ が大きいのがふつうであり，そのような場合，勾配降下法の収束は非常に遅くなる．

このことを見るために，次の関数に勾配降下法を適用してみよう．

$$f(\boldsymbol{x}) = (x_1 - 1)^2 + 10(x_1^2 - x_2)^2 \tag{4.19}$$

---

*10) 大域的に収束するとは，出発点を「大域的に」選ぶことができるということであり，大域的最適解に収束するという意味ではない．

この関数の最小点は $\boldsymbol{x}^* = (1,1)^\top$ であり，f のヘッセ行列は

$$\nabla^2 f(\boldsymbol{x}) = \begin{pmatrix} 120x_1^2 - 40x_2 + 2 & -40x_1 \\ -40x_1 & 20 \end{pmatrix} \tag{4.20}$$

であるから，点 $\boldsymbol{x}^*$ において

$$\nabla^2 f(\boldsymbol{x}^*) = \begin{pmatrix} 82 & -40 \\ -40 & 20 \end{pmatrix}$$

となる．行列 $\nabla^2 f(\boldsymbol{x}^*)$ の最大固有値と最小固有値はそれぞれ $\lambda_{\max} \cong 101.6$, $\lambda_{\min} \cong 0.4$ であるから，条件数は $\tau \cong 254$ であり，$(\tau-1)/(\tau+1) \cong 0.992$ となる．したがって，この関数に対して勾配降下法を用いると収束は非常に遅くなると推測される．出発点を $\boldsymbol{x}^{(0)} = (0,1)^\top$ として，実際に勾配降下法を適用した結果を表 4.1 に示す．この問題の最適解 $\boldsymbol{x}^* = (1,1)^\top$ における目的関数値は $f(\boldsymbol{x}^*) = 0$ であるが，表 4.1 を見れば，実際に点列 $\{\boldsymbol{x}^{(k)}\}$ が最適解 $\boldsymbol{x}^*$ に非常にゆっくり収束していく様子がわかる．

目的関数の構造に基づいて探索方向を効率よく計算する工夫がいくつか提案されている．以下では目的関数 f が m 個の関数 f_i $(i = 1, 2, \ldots, m)$ の和で表され

表 4.1　関数 (4.19) に対する勾配降下法の計算結果

反復 k	$\boldsymbol{x}^{(k)}$	$f(\boldsymbol{x}^{(k)})$	$\|\nabla f(\boldsymbol{x}^{(k)})\|$
0	$(0.00000, 1.00000)$	0.11000×10^2	0.20099×10^2
1	$(0.09988, 0.00115)$	0.81098×10^0	0.17737×10^1
2	$(0.36070, 0.02723)$	0.51452×10^0	0.20677×10^1
3	$(0.35167, 0.11761)$	0.42069×10^0	0.12174×10^1
4	$(0.44424, 0.12687)$	0.35853×10^0	0.14166×10^1
5	$(0.43824, 0.18689)$	0.31583×10^0	0.10381×10^1
10	$(0.57217, 0.28642)$	0.19981×10^0	0.82338×10^0
20	$(0.67723, 0.43291)$	0.11080×10^0	0.51716×10^0
30	$(0.73949, 0.52795)$	0.71432×10^{-1}	0.37970×10^0
40	$(0.78289, 0.59811)$	0.49328×10^{-1}	0.29770×10^0
50	$(0.81555, 0.65307)$	0.35472×10^{-1}	0.24213×10^0
100	$(0.90619, 0.81570)$	0.91002×10^{-2}	0.11011×10^0
200	$(0.96896, 0.93721)$	0.99136×10^{-2}	0.33934×10^{-1}
300	$(0.98869, 0.97691)$	0.13148×10^{-3}	0.12106×10^{-1}
400	$(0.99575, 0.99130)$	0.18520×10^{-4}	0.45109×10^{-2}
500	$(0.99838, 0.99669)$	0.26650×10^{-5}	0.17065×10^{-2}

る場合を考えよう．

$$f(\boldsymbol{x}) := \frac{1}{m}\sum_{i=1}^{m} f_i(\boldsymbol{x})$$

最小 2 乗問題の目的関数はこのような構造をもっている．最小 2 乗問題では，m はデータの数であり，数十万を超えることも珍しくない．

関数 f_i の数が莫大なときは，目的関数の値 $f(\boldsymbol{x})$ やその勾配 $\nabla f(\boldsymbol{x})$ の計算に時間がかかる．そこで，各反復において f を構成する関数 f_i を一つだけ用いて次の反復点 $\boldsymbol{x}^{(k+1)}$ を計算することを考える．まず，関数 $f_1, f_2, \ldots, f_m$ のなかから一つをランダムに選ぶ．ここでは各関数 f_i が選ばれる確率を $p_i = 1/m$ とする．選ばれた関数 f_i の勾配 $\nabla f_i(\boldsymbol{x}^{(k)})$ とステップ幅 $\alpha^{(k)}$ を用いて，次の反復点 $\boldsymbol{x}^{(k+1)}$ を以下のように定める．

$$\boldsymbol{x}^{(k+1)} = \boldsymbol{x}^{(k)} - \alpha^{(k)}\nabla f_i(\boldsymbol{x}^{(k)})$$

そのとき，探索方向 $-\nabla f_i(\boldsymbol{x}^{(k)})$ の期待値は

$$\sum_{i=1}^{m} p_i\left(-\nabla f_i(\boldsymbol{x}^{(k)})\right) = -\sum_{i=1}^{m}\frac{1}{m}\nabla f_i(\boldsymbol{x}^{(k)}) = -\nabla f(\boldsymbol{x}^{(k)})$$

となり，勾配降下法の探索方向と一致する．このため，この手法を**確率的勾配降下法**という．

各反復で用いるステップ幅 $\alpha^{(k)}$ についても，計算の負荷を軽減するため，次のような簡単な方法で定める．

$$\alpha^{(k)} = \frac{1}{ak+b}$$

ここで，a と b は適当に選んだ正の定数である．このようなステップ幅を用いても，生成される点列 $\{\boldsymbol{x}^{(k)}\}$ は目的関数 f の停留点に収束することが知られている．

4.5 ニュートン法

前節で述べた勾配降下法は，各反復において，勾配ベクトルを計算し，さらにその逆方向に直線探索を行うという簡単な計算から成り立っている．したがって，容易に実行でき，しかも大域的収束性をもつという利点があるが，前節の最後の例のように，収束が非常に遅くなる場合がしばしばある．これに対して，次に紹介するニュートン法は，関数の 2 次微分を利用することにより，収束の高速化を

計ろうとする方法である．

4.2 節の (4.10) 式に示したように，関数 f は点 $\boldsymbol{x}^{(k)}$ のまわりで，2 次関数

$$\tilde{f}(\boldsymbol{x}) = f(\boldsymbol{x}^{(k)}) + \nabla f(\boldsymbol{x}^{(k)})^\top(\boldsymbol{x} - \boldsymbol{x}^{(k)}) + \frac{1}{2}(\boldsymbol{x} - \boldsymbol{x}^{(k)})^\top \nabla^2 f(\boldsymbol{x}^{(k)})(\boldsymbol{x} - \boldsymbol{x}^{(k)})$$

によって近似できる．以下では，表記を簡単にするため，現在の点 $\boldsymbol{x}^{(k)}$ からの変位を表すベクトル $\boldsymbol{d} = \boldsymbol{x} - \boldsymbol{x}^{(k)}$ を用いて，上の 2 次関数を

$$q^{(k)}(\boldsymbol{d}) = f(\boldsymbol{x}^{(k)}) + \nabla f(\boldsymbol{x}^{(k)})^\top \boldsymbol{d} + \frac{1}{2}\boldsymbol{d}^\top \nabla^2 f(\boldsymbol{x}^{(k)})\,\boldsymbol{d} \tag{4.21}$$

と書くことにする．いま，ヘッセ行列 $\nabla^2 f(\boldsymbol{x}^{(k)})$ は正定値であると仮定すれば，2 次関数 $q^{(k)}$ は凸関数であり，1 次の最適性条件

$$\nabla q^{(k)}(\boldsymbol{d}) = \nabla f(\boldsymbol{x}^{(k)}) + \nabla^2 f(\boldsymbol{x}^{(k)})\,\boldsymbol{d} = \boldsymbol{0}$$

を満たす $\boldsymbol{d}$ において最小となる．したがって，それを $\boldsymbol{d}^{(k)}$ と表せば，関数 $q^{(k)}$ が最小となる点は次式で与えられる．

$$\boldsymbol{d}^{(k)} = -\nabla^2 f(\boldsymbol{x}^{(k)})^{-1} \nabla f(\boldsymbol{x}^{(k)}) \tag{4.22}$$

関数 $q^{(k)}$ は関数 f を近似した関数であるから，点 $\boldsymbol{x}^{(k)}$ から $\boldsymbol{d}^{(k)}$ だけ移動した点 $\boldsymbol{x}^{(k)} + \boldsymbol{d}^{(k)}$ は関数 f の最小点の近似になっていると期待できる．この考え方に基づいて点列 $\{\boldsymbol{x}^{(k)}\}$ を生成する反復法をニュートン法と呼ぶ．

ニュートン法

(0) 出発点 $\boldsymbol{x}^{(0)}$ を選び，$k := 0$ とおく．

(1) $\nabla f(\boldsymbol{x}^{(k)}) = \boldsymbol{0}$ ならば計算終了．さもなければ線形方程式

$$\nabla^2 f(\boldsymbol{x}^{(k)})\boldsymbol{d} = -\nabla f(\boldsymbol{x}^{(k)})$$

の解 $\boldsymbol{d}^{(k)}$ を求め，ステップ (2) へ．

(2) 次の点を $\boldsymbol{x}^{(k+1)} := \boldsymbol{x}^{(k)} + \boldsymbol{d}^{(k)}$ とする．$k := k + 1$ とおいてステップ (1) へ戻る．

いま，仮定より，ヘッセ行列 $\nabla^2 f(\boldsymbol{x}^{(k)})$ は正定値であるから，その逆行列も正定値となり，(4.22) 式より，$\nabla f(\boldsymbol{x}^{(k)}) \neq \boldsymbol{0}$ のとき

$$\nabla f(\boldsymbol{x}^{(k)})^\top \boldsymbol{d}^{(k)} = -\nabla f(\boldsymbol{x}^{(k)})^\top \nabla^2 f(\boldsymbol{x}^{(k)})^{-1} \nabla f(\boldsymbol{x}^{(k)}) < 0$$

が成り立つ．これはベクトル $\boldsymbol{d}^{(k)}$ が勾配 $\nabla f(\boldsymbol{x}^{(k)})$ と鈍角をなすこと，すなわち関数 f の点 $\boldsymbol{x}^{(k)}$ における降下方向になっていることを示している．したがって，各反復において直線探索を行って

$$f(\boldsymbol{x}^{(k)}+\alpha^{(k)}\boldsymbol{d}^{(k)}) \;\cong\; \min_{\alpha\geqq 0} f(\boldsymbol{x}^{(k)}+\alpha\boldsymbol{d}^{(k)}) \tag{4.23}$$

を満たすステップ幅 $\alpha^{(k)}>0$ を求め，次の点を $\boldsymbol{x}^{(k+1)}:=\boldsymbol{x}^{(k)}+\alpha\boldsymbol{d}^{(k)}$ と定めることもできる．

ニュートン法の著しい特長はその収束の速さにある．いま，とくに関数 f は3回連続的微分可能とし，点 $\boldsymbol{x}^{(k)}$ は関数 f の局所的最小点 $\boldsymbol{x}^*$ に十分近いと仮定する．さらに，点 $\boldsymbol{x}^*$ における f のヘッセ行列 $\nabla^2 f(\boldsymbol{x}^*)$ は正定値と仮定する．関数 f と ∇f を点 $\boldsymbol{x}^{(k)}$ のまわりでテイラー展開すると

$$\begin{aligned} f(\boldsymbol{x}) = {} & f(\boldsymbol{x}^{(k)})+\nabla f(\boldsymbol{x}^{(k)})^\top(\boldsymbol{x}-\boldsymbol{x}^{(k)}) \\ & +\frac{1}{2}(\boldsymbol{x}-\boldsymbol{x}^{(k)})^\top\nabla^2 f(\boldsymbol{x}^{(k)})\,(\boldsymbol{x}-\boldsymbol{x}^{(k)})+O(\|\boldsymbol{x}-\boldsymbol{x}^{(k)}\|^3) \end{aligned}$$

および

$$\nabla f(\boldsymbol{x}) = \nabla f(\boldsymbol{x}^{(k)})+\nabla^2 f(\boldsymbol{x}^{(k)})\,(\boldsymbol{x}-\boldsymbol{x}^{(k)})+O(\|\boldsymbol{x}-\boldsymbol{x}^{(k)}\|^2)$$

が得られる[*11)]．ここで，$\boldsymbol{x}=\boldsymbol{x}^*$ とおくと，$\nabla f(\boldsymbol{x}^*)=\boldsymbol{0}$ であるから

$$\boldsymbol{0} = \nabla f(\boldsymbol{x}^{(k)})+\nabla^2 f(\boldsymbol{x}^{(k)})\,(\boldsymbol{x}^*-\boldsymbol{x}^{(k)})+O(\|\boldsymbol{x}^*-\boldsymbol{x}^{(k)}\|^2)$$

となる．さらに，この式の両辺に左から $\nabla^2 f(\boldsymbol{x}^{(k)})^{-1}$ を掛けると

$$\boldsymbol{0} = \nabla^2 f(\boldsymbol{x}^{(k)})^{-1}\nabla f(\boldsymbol{x}^{(k)})+\boldsymbol{x}^*-\boldsymbol{x}^{(k)}+O(\|\boldsymbol{x}^{(k)}-\boldsymbol{x}^*\|^2)$$

となるが，ニュートン法の反復公式より $\boldsymbol{x}^{(k+1)}=\boldsymbol{x}^{(k)}-\nabla^2 f(\boldsymbol{x}^{(k)})^{-1}\nabla f(\boldsymbol{x}^{(k)})$ であることに注意すると

$$\boldsymbol{x}^{(k+1)}-\boldsymbol{x}^* = O(\|\boldsymbol{x}^{(k)}-\boldsymbol{x}^*\|^2)$$

---

*11) 記号 $O(t)$ は，十分小さいすべての $t>0$ に対して $\|O(t)\|\leqq\beta t$ を満たすような定数 $\beta>0$ が存在することを意味する．

が得られる．すなわち，ある定数 $\beta > 0$ が存在して

$$\|\boldsymbol{x}^{(k+1)} - \boldsymbol{x}^*\| \leqq \beta \|\boldsymbol{x}^{(k)} - \boldsymbol{x}^*\|^2 \tag{4.24}$$

が成り立つ．一般に，ある反復法によって生成された点列 $\{\boldsymbol{x}^{(k)}\}$ が十分大きいすべての k に対して (4.24) 式を満たすとき，その反復法は **2 次収束**する，あるいはその収束率は 2 次であるという．すなわち，上の議論はニュートン法が 2 次収束性をもつことを示している．

表 4.2 は (4.19) 式で定義される関数に，出発点を $\boldsymbol{x}^{(0)} = (0, 0)^\top$ としてニュートン法を適用した結果を示している (ただし，この計算においては (4.23) 式の直線探索を行って $\boldsymbol{x}^{(k+1)}$ を定めている)．表 4.2 より，とくに反復の最後の段階で $\|\boldsymbol{x}^{(k)} - \boldsymbol{x}^*\|$ の値が急速に小さくなっていることがわかるが，これはニュートン法が 2 次収束性をもつことを裏付ける結果となっている．また，この結果を前節の表 4.1 と比較すれば，ニュートン法の収束の速さは勾配降下法とは比べものにならないことがわかる．

ところで，上に述べたニュートン法においては，ヘッセ行列 $\nabla^2 f(\boldsymbol{x}^{(k)})$ は常に正定値であると仮定していた．4.2 節の最後に述べたように，すべての点においてヘッセ行列が半正定値となるような関数が凸関数であるから，すべての点においてヘッセ行列が正定値であるような関数は凸関数のさらに特別な場合にあたる．一般の非線形関数に対しては，ヘッセ行列の正定値性はふつう局所的にしか保証されない．たとえば，局所的最適解 $\boldsymbol{x}^*$ において $\nabla^2 f(\boldsymbol{x}^*)$ が正定値，つまり最適性の 2 次の十分条件 (4.15) が成り立つとき，点 $\boldsymbol{x}^*$ の適当な近傍内でヘッセ行列は正定値になることがいえる．このことから，出発点 $\boldsymbol{x}^{(0)}$ を最適解の十分近くに選べば，ニュートン法が生成するすべての点においてヘッセ行列は正定

表 4.2 関数 (4.19) に対するニュートン法の計算結果

反復 k	$\boldsymbol{x}^{(k)}$	$f(\boldsymbol{x}^{(k)})$	$\|\nabla f(\boldsymbol{x}^{(k)})\|$
0	$(0.00000, 0.00000)$	0.10000×10^{1}	0.20000×10^{1}
1	$(0.32341, 0.00000)$	0.56717×10^{0}	0.20919×10^{1}
2	$(0.73455, 0.46247)$	0.12990×10^{0}	0.23209×10^{1}
3	$(0.91297, 0.85632)$	0.12775×10^{-1}	0.11054×10^{1}
4	$(1.00450, 1.01041)$	0.39429×10^{-4}	0.54177×10^{-1}
5	$(0.99997, 0.99995)$	0.16624×10^{-8}	0.46482×10^{-3}
6	$(1.00000, 1.00000)$	0.39340×10^{-17}	0.17062×10^{-7}

値となり，生成される点列は最適解に収束する．しかし，$\boldsymbol{x}^{(k)}$ がそのような近傍に含まれないときには，ヘッセ行列は正定値とは限らないので，(4.21) 式の 2 次関数 $q^{(k)}$ は凸関数にはならず，最小点 $\boldsymbol{d}^{(k)}$ をもたない場合がありうる．たとえば，(4.19) 式の関数に対して，出発点を $\boldsymbol{x}^{(0)} = (0,1)^\top$ とすれば，(4.20) 式より，ヘッセ行列は

$$\nabla^2 f(\boldsymbol{x}^{(0)}) = \begin{pmatrix} -38 & 0 \\ 0 & 20 \end{pmatrix}$$

となる．この行列は正定値ではないので，関数 $q^{(0)}$ の最小化により次の点 $\boldsymbol{x}^{(1)}$ を定めることができず，ニュートン法は失敗してしまう．

一般に，出発点を解の十分近くに選べば，その解への収束が保証されるとき，その反復法は**局所的収束性**をもつという．上に述べたように，ニュートン法は通常，局所的収束性をもつが，大域的収束性をもたない．しかし，ニュートン法は収束するときには非常に速く収束するので，なんらかの工夫を加えて大域的収束性をもたせることができれば非常に優れた方法になると期待できる．そこで，現在の反復点 $\boldsymbol{x}^{(k)}$ のまわりの適当な領域を考え，そのなかで目的関数が確実に減少するように次の反復点を定める**信頼領域法**と呼ばれる方法が考案されている．

信頼領域法では，第 k 反復において次の最小化問題を解く．

$$\begin{array}{ll} \text{目的関数：} & q^{(k)}(\boldsymbol{d}) \longrightarrow \text{最小} \\ \text{制約条件：} & \|\boldsymbol{d}\| \leqq \Delta^{(k)} \end{array} \qquad (4.25)$$

ここで，$q^{(k)}$ は (4.21) 式で定義される 2 次関数であり，点 $\boldsymbol{x}^{(k)}$ において目的関数 f を 2 次近似したものである [*12)]．また，問題 (4.25) の制約条件は点 $\boldsymbol{x}^{(k)}$ を中心とする半径 $\Delta^{(k)} > 0$ の球を表しており，(第 k 反復における) **信頼領域**と呼ばれる．その半径 $\Delta^{(k)}$ は，信頼領域上で $q^{(k)}$ が f の十分良い近似関数とみなせるよう適切な大きさに定める必要があり，以下に述べるように，問題 (4.25) を解いた結果に基づいて逐次更新される．

問題 (4.25) の大域的最適解を $\boldsymbol{d}^{(k)}$ とする [*13)]．もし $\boldsymbol{d}^{(k)} = \boldsymbol{0}$ であれば，問題

---

*12)　ベクトル $\boldsymbol{d}$ は現在の反復点 $\boldsymbol{x}^{(k)}$ からの変位 $\boldsymbol{d} = \boldsymbol{x} - \boldsymbol{x}^{(k)}$ を表すことに注意．

*13)　関数 $q^{(k)}$ は連続であり，信頼領域は有界な閉集合であるから，問題 (4.25) には必ず最適解が存在する．ただし，ヘッセ行列 $\nabla^2 f(\boldsymbol{x}^{(k)})$ が半正定値でないとき，$q^{(k)}$ は凸関数ではないので，問題 (4.25) は凸最適化問題にならない．しかし，そのような場合でも問題の特別な性質を利用して最適解 $\boldsymbol{d}^{(k)}$ を計算する巧妙な方法が考案されている．

(4.25) の制約条件は実質的に効いていないので，それを取り除いても $\boldsymbol{d}^{(k)} = \boldsymbol{0}$ は最適解であり，1 次の最適性条件 $\nabla q^{(k)}(\boldsymbol{0}) = \boldsymbol{0}$ が成り立つ．いま，関数 $q^{(k)}$ の定義 (4.21) より，$\nabla q^{(k)}(\boldsymbol{d}) = \nabla f(\boldsymbol{x}^{(k)}) + \nabla^2 f(\boldsymbol{x}^{(k)})\boldsymbol{d}$ であるから，結局 $\nabla f(\boldsymbol{x}^{(k)}) = \boldsymbol{0}$ となる．すなわち，$\boldsymbol{x}^{(k)}$ はもとの問題 (4.2) の停留点であるから，反復を終了する．

一方，$\boldsymbol{d}^{(k)} \neq \boldsymbol{0}$ であれば，次式で定義される $r^{(k)}$ を計算する．

$$r^{(k)} = \frac{f(\boldsymbol{x}^{(k)}) - f(\boldsymbol{x}^{(k)} + \boldsymbol{d}^{(k)})}{q^{(k)}(\boldsymbol{0}) - q^{(k)}(\boldsymbol{d}^{(k)})} \tag{4.26}$$

ここで $q^{(k)}(\boldsymbol{0}) = f(\boldsymbol{x}^{(k)})$ に注意すると，(4.26) 式の右辺の分子は点 $\boldsymbol{x}^{(k)}$ から点 $\boldsymbol{x}^{(k)} + \boldsymbol{d}^{(k)}$ に移動したときの目的関数 f の減少量，分母は近似関数 $q^{(k)}$ の減少量を表している．よって，もし $r^{(k)}$ の値がある程度大きい (1 に近い) ならば，関数 $q^{(k)}$ は現在の信頼領域上で関数 f をよく近似しているとみなせる．逆に，$r^{(k)}$ の値が小さいときには，信頼領域が大きすぎて，信頼領域内での関数 $q^{(k)}$ と f のずれが無視できなくなっていると考えられる．前者の場合は，$\boldsymbol{x}^{(k)} + \boldsymbol{d}^{(k)}$ を次の反復点 $\boldsymbol{x}^{(k+1)}$ として採用し，$r^{(k)}$ の値によっては信頼領域の半径を大きくして，次の反復に移る．後者の場合は，反復点 $\boldsymbol{x}^{(k)}$ は動かさず，信頼領域を縮めるだけにとどめて，反復を繰り返す．信頼領域を用いるニュートン法の計算手順は次のように記述できる．

信頼領域を用いるニュートン法

(0) 定数 $0 < \mu_1 < \mu_2 < 1$, $0 < \gamma_1 < 1 < \gamma_2$ を選ぶ [*14]．出発点 $\boldsymbol{x}^{(0)}$ と信頼領域の半径の初期値 $\Delta^{(0)} > 0$ を選び，$k := 0$ とおく．

(1) 問題 (4.25) の最適解 $\boldsymbol{d}^{(k)}$ を求める．$\boldsymbol{d}^{(k)} = \boldsymbol{0}$ ならば計算終了．さもなければ，(4.26) 式の $r^{(k)}$ を計算する．

(2) $r^{(k)} \geqq \mu_1$ ならば $\boldsymbol{x}^{(k+1)} := \boldsymbol{x}^{(k)} + \boldsymbol{d}^{(k)}$ とし，$r^{(k)} < \mu_1$ ならば $\boldsymbol{x}^{(k+1)} := \boldsymbol{x}^{(k)}$ とする．

(3) $r^{(k)} \geqq \mu_2$ ならば $\Delta^{(k+1)} := \gamma_2 \Delta^{(k)}$，$\mu_1 \leqq r^{(k)} < \mu_2$ ならば $\Delta^{(k+1)} := \Delta^{(k)}$，$r^{(k)} < \mu_1$ ならば $\Delta^{(k+1)} := \gamma_1 \Delta^{(k)}$ とする．$k := k + 1$ としてステップ (1) に戻る．

---

*14) たとえば $\mu = 0.25$, $\mu_2 = 0.75$, $\gamma_1 = 0.5$, $\gamma_2 = 2$ あたりが標準的な値とされている．

このアルゴリズムにおいて反復点 $\boldsymbol{x}^{(k)}$ が実際に移動するのは，ステップ (2) の条件 $r^{(k)} \geqq \mu_1$ が成り立つときに限られる．$\boldsymbol{d}^{(k)}$ は問題 (4.25) の最適解であり，$\boldsymbol{d} = \boldsymbol{0}$ は実行可能解であるから，$q^{(k)}(\boldsymbol{d}^{(k)}) < q^{(k)}(\boldsymbol{0})$，すなわち (4.26) 式の右辺の分母は正である．したがって，$r^{(k)} \geqq \mu_1$ であれば，(4.26) 式より

$$f(\boldsymbol{x}^{(k+1)}) \leqq f(\boldsymbol{x}^{(k)}) - \mu_1 \left(q^{(k)}(\boldsymbol{0}) - q^{(k)}(\boldsymbol{d}^{(k)}) \right) < f(\boldsymbol{x}^{(k)})$$

となる．また，$r^{(k)} < \mu_1$ のときは $f(\boldsymbol{x}^{(k+1)}) = f(\boldsymbol{x}^{(k)})$ であるから，$\{f(\boldsymbol{x}^{(k)})\}$ は単調非増加列である．この性質から，信頼領域を用いるニュートン法が大域的収束性をもつことがいえる．さらに，点列 $\{\boldsymbol{x}^{(k)}\}$ の極限 $\boldsymbol{x}^*$ において最適性の 2 次の十分条件が成り立てば，収束率は 2 次であることが示されている．

4.6 準ニュートン法

ニュートン法は信頼領域を用いることにより大域的収束性をもたせることができるが，各反復で制約つき最適化問題 (4.25) を解く必要がある．また，各反復において目的関数のヘッセ行列を計算することは，変数が多いときには必ずしも容易でない．以下に述べる準ニュートン法は，ヘッセ行列を計算することなく，ニュートン法のような速い収束性をもたせようと考案された方法である．また，各反復で (4.25) 式のような最適化問題を解く必要がないので，信頼領域を用いるニュートン法に比べて，計算の仕組みが簡単である．

準ニュートン法の基本的な考え方は，1 回の反復が終わるたびに，点の変化量 $\boldsymbol{x}^{(k+1)} - \boldsymbol{x}^{(k)}$ と関数 f の勾配の変化量 $\nabla f(\boldsymbol{x}^{(k+1)}) - \nabla f(\boldsymbol{x}^{(k)})$ に基づいて，新しい点 $\boldsymbol{x}^{(k+1)}$ でのヘッセ行列 $\nabla^2 f(\boldsymbol{x}^{(k+1)})$ を推定することにある．まず，変数の次元が 1 の場合を考えてみよう．変数を $x \in \mathbb{R}$ と書けば，$\nabla f(x)$ と $\nabla^2 f(x)$ はそれぞれ実数であるから，$|x^{(k+1)} - x^{(k)}|$ があまり大きくないときには，$\nabla^2 f(x^{(k+1)})$ の値は

$$\nabla^2 f(x^{(k+1)}) \cong \frac{\nabla f(x^{(k+1)}) - \nabla f(x^{(k)})}{x^{(k+1)} - x^{(k)}}$$

によって近似できる．これを変数が n 次元の場合に拡張すれば，次式を満たすように $\nabla^2 f(\boldsymbol{x}^{(k+1)})$ の近似行列 $\boldsymbol{B}^{(k+1)}$ を定めることが考えられる．

$$\boldsymbol{B}^{(k+1)} \boldsymbol{s}^{(k)} = \boldsymbol{y}^{(k)} \tag{4.27}$$

ただし，表記を簡単にするため

$$\boldsymbol{s}^{(k)} = \boldsymbol{x}^{(k+1)} - \boldsymbol{x}^{(k)}, \quad \boldsymbol{y}^{(k)} = \nabla f(\boldsymbol{x}^{(k+1)}) - \nabla f(\boldsymbol{x}^{(k)}) \tag{4.28}$$

とおいている．変数が 1 次元のときは，(4.27) 式を満たす $\boldsymbol{B}^{(k+1)}$ は (1×1 行列であるから) $\boldsymbol{s}^{(k)}$ と $\boldsymbol{y}^{(k)}$ から一意に定まるが，変数の次元が 2 以上のときは一意に定まらない．そこで，さらに $\boldsymbol{B}^{(k+1)}$ が正定値かつ対称という条件を課すなどして，具体的に $\boldsymbol{B}^{(k+1)}$ を定める必要がある．またその際，これまでに得られている近似行列 $\boldsymbol{B}^{(k)}$ をもとにして，それに修正を加えるのが効率的である．このような考え方に基づいて，これまでにいくつかの方法が提案されているが，次に示す **BFGS 法**はそのなかでも最もよく知られた方法の一つである [*15]．

$$\boldsymbol{B}^{(k+1)} = \boldsymbol{B}^{(k)} + \frac{1}{\beta^{(k)}}\boldsymbol{y}^{(k)}(\boldsymbol{y}^{(k)})^\top - \frac{1}{\gamma^{(k)}}\boldsymbol{B}^{(k)}\boldsymbol{s}^{(k)}(\boldsymbol{s}^{(k)})^\top\boldsymbol{B}^{(k)} \tag{4.29}$$

ただし

$$\beta^{(k)} = (\boldsymbol{y}^{(k)})^\top\boldsymbol{s}^{(k)}, \qquad \gamma^{(k)} = (\boldsymbol{s}^{(k)})^\top\boldsymbol{B}^{(k)}\boldsymbol{s}^{(k)} \tag{4.30}$$

である．BFGS 法に対して次の (a) ～ (c) が成り立つ．

(a) $\boldsymbol{B}^{(k+1)}$ は (4.27) 式を満たす．

(b) $\boldsymbol{B}^{(k)}$ が対称ならば $\boldsymbol{B}^{(k+1)}$ も対称である．

(c) $\boldsymbol{B}^{(k)}$ が正定値かつ $\beta^{(k)} > 0$ ならば $\boldsymbol{B}^{(k+1)}$ も正定値である．

まず，(4.29) 式と (4.30) 式より

$$\begin{aligned}\boldsymbol{B}^{(k+1)}\boldsymbol{s}^{(k)} &= \boldsymbol{B}^{(k)}\boldsymbol{s}^{(k)} + \frac{1}{\beta^{(k)}}\boldsymbol{y}^{(k)}(\boldsymbol{y}^{(k)})^\top\boldsymbol{s}^{(k)} - \frac{1}{\gamma^{(k)}}\boldsymbol{B}^{(k)}\boldsymbol{s}^{(k)}(\boldsymbol{s}^{(k)})^\top\boldsymbol{B}^{(k)}\boldsymbol{s}^{(k)} \\ &= \boldsymbol{y}^{(k)}\end{aligned}$$

となるので (a) がいえる．(b) は (4.29) 式より明らかである．(c) については，任意のベクトル $\boldsymbol{x} \neq \boldsymbol{0}$ に対して

$$\boldsymbol{x}^\top\boldsymbol{B}^{(k+1)}\boldsymbol{x} > 0$$

が成り立つことをいえばよい．ここで，表記を簡単にするため，(4.29) 式の右辺

---

*15) この方法は C. G. Broyden, R. Fletcher, D. Goldfarb, D. F. Shanno の 4 人の研究者によって 1970 年に (独立に) 発表された．BFGS はこの 4 人の頭文字である．

の添字 (k) を省略する．行列 $\boldsymbol{B}\ (=\boldsymbol{B}^{(k)})$ は正定値対称であるから，$\boldsymbol{B}=\boldsymbol{C}\boldsymbol{C}^\top$ を満たす正則行列 $\boldsymbol{C}$ が存在する [*16]．そこで，$\boldsymbol{a}=\boldsymbol{C}^\top\boldsymbol{x}$, $\boldsymbol{b}=\boldsymbol{C}^\top\boldsymbol{s}$ とおけば，(4.29) 式と (4.30) 式より

$$\begin{aligned}\boldsymbol{x}^\top\boldsymbol{B}^{(k+1)}\boldsymbol{x}&=\boldsymbol{x}^\top\boldsymbol{B}\boldsymbol{x}-\frac{1}{\gamma}\boldsymbol{x}^\top\boldsymbol{B}\boldsymbol{s}\boldsymbol{s}^\top\boldsymbol{B}\boldsymbol{x}+\frac{1}{\beta}\boldsymbol{x}^\top\boldsymbol{y}\boldsymbol{y}^\top\boldsymbol{x}\\&=\frac{(\boldsymbol{a}^\top\boldsymbol{a})(\boldsymbol{b}^\top\boldsymbol{b})-(\boldsymbol{a}^\top\boldsymbol{b})^2}{\boldsymbol{b}^\top\boldsymbol{b}}+\frac{1}{\beta}(\boldsymbol{x}^\top\boldsymbol{y})^2\end{aligned}\tag{4.31}$$

となる．右辺の第 1 項はコーシー・シュワルツの不等式 $(\boldsymbol{a}^\top\boldsymbol{a})(\boldsymbol{b}^\top\boldsymbol{b})\geqq(\boldsymbol{a}^\top\boldsymbol{b})^2$ より，常に 0 以上であり，それが 0 となるのは $\boldsymbol{a}=\eta\boldsymbol{b}$ を満たす実数 η が存在するときに限る．また，$\beta>0$ であるから，右辺の第 2 項も常に 0 以上である．したがって，$\boldsymbol{x}^\top\boldsymbol{B}^{(k+1)}\boldsymbol{x}\geqq 0$ である．次に，$\boldsymbol{x}^\top\boldsymbol{B}^{(k+1)}\boldsymbol{x}>0$ であることを示そう．(4.31) 式の第 1 項が 0 でなければ，$\boldsymbol{x}^\top\boldsymbol{B}^{(k+1)}\boldsymbol{x}>0$ は明らかに成り立つ．また，(4.31) 式の第 1 項が 0 になるのは，$\boldsymbol{a}=\eta\boldsymbol{b}$ となる場合に限るが，そのとき $\boldsymbol{x}=\eta\boldsymbol{s}$ であるから，(4.31) 式の第 2 項は $(1/\beta)(\boldsymbol{x}^\top\boldsymbol{y})^2=(\eta^2/\beta)(\boldsymbol{s}^\top\boldsymbol{y})^2=\beta\eta^2>0$ となる ($\boldsymbol{x}\neq\boldsymbol{0}$ より $\eta\neq 0$ である)．したがって，常に $\boldsymbol{x}^\top\boldsymbol{B}^{(k+1)}\boldsymbol{x}>0$ が成り立つ．

(c) では，$\beta^{(k)}=(\boldsymbol{y}^{(k)})^\top\boldsymbol{s}^{(k)}>0$ が仮定されていたが，この条件は通常の場合成り立つものと考えられる．このことについては，準ニュートン法のアルゴリズムを述べた後で説明する．

準ニュートン法

(0) 出発点 $\boldsymbol{x}^{(0)}$ と正定値対称行列 $\boldsymbol{B}^{(0)}$ を選び，$k:=0$ とおく．

(1) $\nabla f(\boldsymbol{x}^{(k)})=\boldsymbol{0}$ ならば計算終了．さもなければ $\boldsymbol{d}^{(k)}:=-(\boldsymbol{B}^{(k)})^{-1}\nabla f(\boldsymbol{x}^{(k)})$ を求め，ステップ (2) へ．

(2) (4.17) 式を満たすステップ幅 $\alpha^{(k)}>0$ を求め，次の点 $\boldsymbol{x}^{(k+1)}:=\boldsymbol{x}^{(k)}+\alpha^{(k)}\boldsymbol{d}^{(k)}$ を定める．

[*16] 正定値対称行列 $\boldsymbol{B}$ はある直交行列 $\boldsymbol{Q}$ を用いて $\boldsymbol{B}=\boldsymbol{Q}^\top\boldsymbol{D}\boldsymbol{Q}$ と表せる．ただし $\boldsymbol{D}$ は $\boldsymbol{B}$ の固有値 $\lambda_1,\lambda_2,\ldots,\lambda_n$ を対角要素とする対角行列である．いま固有値 λ_i はすべて正であるから，それらの平方根 $\sqrt{\lambda_i}$ を対角要素とする行列を $\boldsymbol{D}^{1/2}$ とし，$\boldsymbol{C}=\boldsymbol{Q}^\top\boldsymbol{D}^{1/2}\boldsymbol{Q}$ とすれば，$\boldsymbol{C}$ は正定値であるから正則 (かつ対称) であり，$\boldsymbol{B}=\boldsymbol{C}\boldsymbol{C}^\top$ を満たす (行列 $\boldsymbol{C}$ を得る別の方法として，正定値対称行列 $\boldsymbol{B}$ に対してコレスキー分解を行えば，$\boldsymbol{B}=\boldsymbol{L}\boldsymbol{L}^\top$ を満たす正則な下三角行列 $\boldsymbol{L}$ が得られるという性質を用いて，$\boldsymbol{C}=\boldsymbol{L}$ とすることもできる)．

(3) BFGS 公式 (4.29) により行列 $\boldsymbol{B}^{(k+1)}$ を定める．ただし，$\beta^{(k)} \leqq 0$ ならば $\boldsymbol{B}^{(k+1)} := \boldsymbol{B}^{(k)}$ とする．$k := k+1$ とおいてステップ (1) へ戻る．

初期行列 $\boldsymbol{B}^{(0)}$ の選び方は任意であり，とくに理由がなければ，単に $\boldsymbol{B}^{(0)} = \boldsymbol{I}$ (単位行列) とおけばよい．また，任意の k に対して，行列 $\boldsymbol{B}^{(k)}$ が正定値ならば，逆行列 $(\boldsymbol{B}^{(k)})^{-1}$ も正定値であるから，$\nabla f(\boldsymbol{x}^{(k)}) \neq \boldsymbol{0}$ のとき

$$\nabla f(\boldsymbol{x}^{(k)})^\top \boldsymbol{d}^{(k)} = -\nabla f(\boldsymbol{x}^{(k)})^\top (\boldsymbol{B}^{(k)})^{-1} \nabla f(\boldsymbol{x}^{(k)}) < 0 \tag{4.32}$$

が成り立ち，$\boldsymbol{d}^{(k)}$ は関数 f の降下方向になっている．

ここで，条件 $\beta^{(k)} = (\boldsymbol{y}^{(k)})^\top \boldsymbol{s}^{(k)} > 0$ について考えてみよう．もし，ステップ (2) の直線探索において，(4.17) 式の右辺の最小化を正確に実行してステップ幅 $\alpha^{(k)}$ を定めたとすれば

$$\nabla f(\boldsymbol{x}^{(k)} + \alpha^{(k)} \boldsymbol{d}^{(k)})^\top \boldsymbol{d}^{(k)} = 0$$

が成り立つ．さらに，$\boldsymbol{x}^{(k+1)} = \boldsymbol{x}^{(k)} + \alpha^{(k)} \boldsymbol{d}^{(k)}$ より，$\boldsymbol{s}^{(k)} = \alpha^{(k)} \boldsymbol{d}^{(k)}$ であるから

$$\begin{aligned}
(\boldsymbol{y}^{(k)})^\top \boldsymbol{s}^{(k)} &= \alpha^{(k)} (\nabla f(\boldsymbol{x}^{(k)} + \alpha^{(k)} \boldsymbol{d}^{(k)}) - \nabla f(\boldsymbol{x}^{(k)}))^\top \boldsymbol{d}^{(k)} \\
&= -\alpha^{(k)} \nabla f(\boldsymbol{x}^{(k)})^\top \boldsymbol{d}^{(k)} \\
&> 0
\end{aligned}$$

が成り立つ．ここで最後の不等式は (4.32) 式よりしたがう．以上の結果は，直線探索を正確に実行すれば，確かに条件 $\beta^{(k)} = (\boldsymbol{y}^{(k)})^\top \boldsymbol{s}^{(k)} > 0$ が成り立つことを示している．実際の直線探索では，(4.17) 式の右辺の最小化を近似的に実行してステップ幅を定めることが多いが，その場合でも，精度の良い近似解を求めれば，$\beta^{(k)} > 0$ が成り立つと期待できる．もしこの条件が成り立たなければ，アルゴリズムのステップ (3) でそうしたように，(4.29) 式を用いて行列 $\boldsymbol{B}^{(k)}$ を更新するのをやめて，$\boldsymbol{B}^{(k+1)} := \boldsymbol{B}^{(k)}$ として次の反復に進めばよい．

上に述べた BFGS 公式 (4.29) を用いる準ニュートン法は，目的関数 f が凸関数ならば，任意の出発点に対して生成される点列 $\{\boldsymbol{x}^{(k)}\}$ の集積点は最適解であるという性質 (大域的収束性) をもつことが証明されている．さらに，最適解 $\boldsymbol{x}^*$ においてヘッセ行列 $\nabla^2 f(\boldsymbol{x}^*)$ が正定値ならば

$$\lim_{k\to\infty}\frac{\|\boldsymbol{x}^{(k+1)}-\boldsymbol{x}^*\|}{\|\boldsymbol{x}^{(k)}-\boldsymbol{x}^*\|}=0 \tag{4.33}$$

が成り立つことが知られている．一般に，(4.33) 式が成り立つとき，その反復法は**超 1 次収束**する，あるいは，その収束率は超 1 次であるという．明らかに，(4.33) 式が成立するときには (4.18) 式が成り立ち，また (4.24) 式が成り立つときには (4.33) 式が満たされる．したがって，準ニュートン法の超 1 次収束は，勾配降下法の 1 次収束とニュートン法の 2 次収束のあいだにあるということができるが，実際には，超 1 次収束は 2 次収束に近いと考えられている．このことは，次のように，理論的に裏付けることができる．準ニュートン法においてステップ幅 $\alpha^{(k)}$ を 1 とおいた反復

$$\boldsymbol{x}^{(k+1)}=\boldsymbol{x}^{(k)}-(\boldsymbol{B}^{(k)})^{-1}\nabla f(\boldsymbol{x}^{(k)}) \tag{4.34}$$

によって生成される点列が $\boldsymbol{x}^*$ に収束するとき，その点列は，次の条件が成り立つとき，またそのときに限り超 1 次収束することが知られている [*17)].

$$\lim_{k\to\infty}\frac{\|(\boldsymbol{B}^{(k)}-\nabla^2 f(\boldsymbol{x}^*))\boldsymbol{s}^{(k)}\|}{\|\boldsymbol{s}^{(k)}\|}=0 \tag{4.35}$$

ただし $\boldsymbol{s}^{(k)}=\boldsymbol{x}^{(k+1)}-\boldsymbol{x}^{(k)}$ である．明らかに，行列 $\boldsymbol{B}^{(k)}$ そのものが $\nabla^2 f(\boldsymbol{x}^k)$ に近づいていくときには (4.35) 式が成り立つ．(4.35) 式は，大ざっぱにいえば，(4.34) 式の反復が超 1 次収束することは，その方法がある意味でニュートン法に近づいていくことに等しいことを表している．また，これは超 1 次収束が 1 次収束よりもむしろ 2 次収束に近い性質であることを示している．

目的関数が凸関数でない場合には，$\boldsymbol{B}^{(k)}$ の振る舞いを理論的に評価するのが困難なため，準ニュートン法の大域的収束性は証明されていないが，たとえば $\boldsymbol{B}^{(k)}$ の固有値が常にある一定の範囲に含まれるように，行列の更新公式を修正すれば，大域的収束性をもつようなアルゴリズムを構成できる．また，非凸関数に対しても，実際には多くの場合，超 1 次収束性が成り立つことが期待される．表 4.3 は (4.19) 式の関数 (これは凸関数ではない) に対して，出発点を $\boldsymbol{x}^{(0)}=(0,1)^\top$ として，(4.29) 式の準ニュートン法 (BFGS 法) を適用した結果を示している．表

---

*17)　1974 年に J. E. Dennis と J. J. Moré によって示された．(4.35) 式はしばしばデニス・モレの条件と呼ばれる．

表 4.3 関数 (4.19) に対する準ニュートン法 (BFGS 法) の計算結果

反復 k	$\boldsymbol{x}^{(k)}$	$f(\boldsymbol{x}^{(k)})$	$\\|\nabla f(\boldsymbol{x}^{(k)})\\|$
0	$(0.00000, 1.00000)$	0.11000×10^{2}	0.20099×10^{2}
1	$(0.09988, 0.00115)$	0.81098×10^{0}	0.17737×10^{1}
2	$(0.32845, 0.00381)$	0.55927×10^{0}	0.20815×10^{1}
3	$(0.63413, 0.29092)$	0.25752×10^{0}	0.30512×10^{1}
4	$(0.64276, 0.41585)$	0.12769×10^{0}	0.78598×10^{0}
5	$(0.83666, 0.66037)$	0.42380×10^{-1}	0.12754×10^{1}
6	$(0.99543, 0.99483)$	0.17689×10^{-3}	0.18421×10^{0}
7	$(1.00116, 1.00249)$	0.16527×10^{-5}	0.58349×10^{-2}
8	$(0.99998, 0.99998)$	0.10160×10^{-8}	0.43471×10^{-3}
9	$(1.00000, 1.00000)$	0.54333×10^{-12}	0.33545×10^{-5}

4.3 からわかるように，準ニュートン法は表 4.1 の勾配降下法に比べてはるかに少ない反復回数で最適解に収束し，しかも反復の最後の段階では，表 4.2 に示したニュートン法に似た振る舞いをしている．このように，準ニュートン法は制約なし非線形最適化問題に対する，信頼性 (大域的収束性) と計算効率 (収束の速さ) の両面で非常に優れた方法と考えられており，実際に広く用いられている．

4.7 制約つき問題の最適性条件

この節では，次の制約つき問題に対する最適性条件を考える．

$$
\begin{array}{ll}
\text{目的関数：} & f(\boldsymbol{x}) \longrightarrow \text{最小} \\
\text{制約条件：} & c_i(\boldsymbol{x}) = 0 \ \ (i = 1, 2, \ldots, l) \\
 & c_i(\boldsymbol{x}) \leqq 0 \ \ (i = l+1, \ldots, m)
\end{array}
\tag{4.36}
$$

ここで，関数 f と関数 c_i $(i = 1, 2, \ldots, m)$ はいずれも 2 回連続的微分可能と仮定する．ただし，$0 \leqq l \leqq m$ であり，等式制約条件が存在しない場合には $l = 0$，不等式制約条件が存在しない場合には $m = l$ とみなす．

4.3 節で述べたように，制約なし問題においては，点 $\boldsymbol{x}^*$ が局所的最適解であれば目的関数の勾配がゼロになる．しかし，制約つき問題においては，局所的最適解が実行可能領域の境界上に存在することが多く (図 4.1 参照)，その点で目的関数の勾配はゼロになるとは限らない．制約つき問題に対しては，目的関数だけでなく，制約条件に含まれる関数，すなわち制約関数も考慮する必要がある．例として，次の問題を考えよう．

$$
\begin{aligned}
&\text{目的関数：}\quad f(\boldsymbol{x}) = (x_1-1)^2 + (x_2-2)^2 \longrightarrow \text{最小}\\
&\text{制約条件：}\quad c_1(\boldsymbol{x}) = x_1^2 + x_2^2 - 2 \leqq 0\\
&\qquad\qquad\quad\; c_2(\boldsymbol{x}) = -x_1 + x_2 \leqq 0\\
&\qquad\qquad\quad\; c_3(\boldsymbol{x}) = -x_2 \leqq 0
\end{aligned}
\tag{4.37}
$$

これは凸最適化問題であり，最適解は $\boldsymbol{x}^* = (1,1)^\top$ である (図 4.5 参照)．また，最適解において三つの不等式制約条件はそれぞれ $c_1(\boldsymbol{x}^*) = 0$, $c_2(\boldsymbol{x}^*) = 0$, $c_3(\boldsymbol{x}^*) = -1 < 0$ となっている．とくに，1 番目と 2 番目の制約条件のように，等式が成立している制約条件を (最適解における) **有効制約**と呼ぶ．ここで，最適解における目的関数と有効制約の勾配ベクトルに注目すると，図 4.5 に見られるように，三つのベクトル $\nabla f(\boldsymbol{x}^*)$, $\nabla c_1(\boldsymbol{x}^*)$, $\nabla c_2(\boldsymbol{x}^*)$ がちょうど綱引きをして釣り合っているような状態になっていることがわかる．このことは

$$
\nabla f(\boldsymbol{x}^*) + u_1^* \nabla c_1(\boldsymbol{x}^*) + u_2^* \nabla c_2(\boldsymbol{x}^*) = \mathbf{0} \tag{4.38}
$$

を満たすような実数 $u_1^* \geqq 0$, $u_2^* \geqq 0$ が存在することを示している．実際，$\nabla f(\boldsymbol{x}^*) = (0,-2)^\top$, $\nabla c_1(\boldsymbol{x}^*) = (2,2)^\top$, $\nabla c_2(\boldsymbol{x}^*) = (-1,1)^\top$ であるから，$u_1^* = 1/2$, $u_2^* = 1$ とすれば，(4.38) 式が確かに成立する．

問題 (4.37) には $\boldsymbol{x}^* = (1,1)^\top$ のほかに局所的最適解は存在しない．また，$\boldsymbol{x}^*$ 以外のどの実行可能解 $\boldsymbol{x}$ においても，上に述べたような，目的関数の勾配ベク

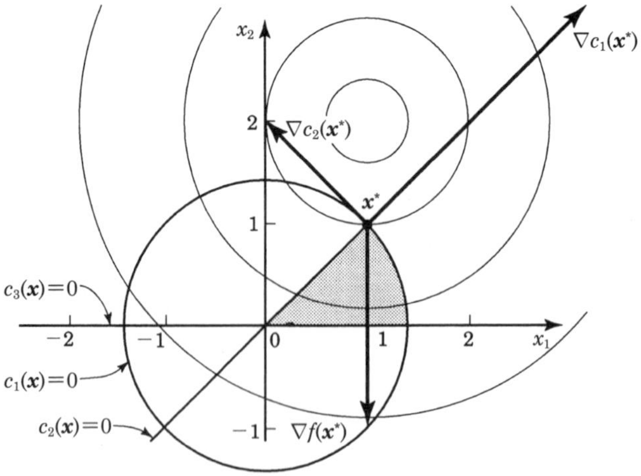

図 4.5 問題 (4.37) の最適解における目的関数と制約関数の勾配

トルと (その点 $\boldsymbol{x}$ における) 有効制約の勾配ベクトルが釣り合うという状況は起こっていない．したがって，そのような状態は最適解を特徴づけるものであると考えられる．

ただし，次の例のように，最適解において目的関数の勾配ベクトルと有効制約の勾配ベクトルが釣り合うという関係が成立しない場合もある．

$$\begin{array}{ll} \text{目的関数：} & f(\boldsymbol{x}) = (x_1 - 2)^2 + (x_2 + 1)^2 \ \longrightarrow\ \text{最小} \\ \text{制約条件：} & c_1(\boldsymbol{x}) = (x_1 - 1)^3 + x_2 \leqq 0 \\ & c_2(\boldsymbol{x}) = -x_1 \leqq 0 \\ & c_3(\boldsymbol{x}) = -x_2 \leqq 0 \end{array} \tag{4.39}$$

この問題の最適解は $\boldsymbol{x}^* = (1, 0)^\top$ であり，$c_1(\boldsymbol{x}^*) = 0$, $c_2(\boldsymbol{x}^*) = -1$, $c_3(\boldsymbol{x}^*) = 0$ であるから，有効制約は 1 番目と 3 番目の制約条件である．しかし，容易にわかるように，$\boldsymbol{x}^*$ における目的関数の勾配 $\nabla f(\boldsymbol{x}^*) = (-2, 2)^\top$ と有効制約の勾配 $\nabla c_1(\boldsymbol{x}^*) = (0, 1)^\top$, $\nabla c_3(\boldsymbol{x}^*) = (0, -1)^\top$ に対して

$$\nabla f(\boldsymbol{x}^*) + u_1^* \nabla c_1(\boldsymbol{x}^*) + u_3^* \nabla c_3(\boldsymbol{x}^*) = \mathbf{0}$$

を満たす $u_1^* \geqq 0$, $u_3^* \geqq 0$ は存在しない．この原因として，最適解における有効制約の勾配ベクトルが 1 次従属になっていることが考えられる (図 4.6 参照)．実

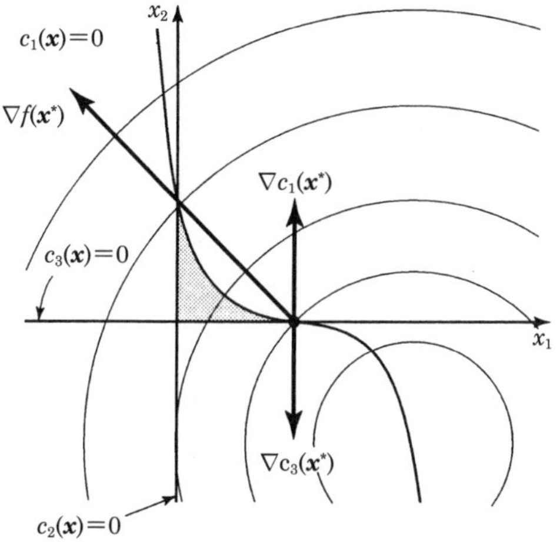

図 4.6　問題 (4.39) の最適解における目的関数と制約関数の勾配

際，最適解において有効制約の勾配ベクトルが 1 次独立のときには，問題 (4.39) のような現象は決して起こらないことが証明できる．

ところで，(4.38) 式は有効制約だけを含んでいるが，次のような形に書き換えることもできる．

$$\begin{cases} \nabla f(\boldsymbol{x}^*) + u_1^* \nabla c_1(\boldsymbol{x}^*) + u_2^* \nabla c_2(\boldsymbol{x}^*) + u_3^* \nabla c_3(\boldsymbol{x}^*) = \boldsymbol{0} \\ c_i(\boldsymbol{x}^*) < 0 \implies u_i^* = 0 \ \ (i = 1, 2, 3) \end{cases} \tag{4.40}$$

この第 1 式は見かけ上すべての制約関数を含んでいるが，第 2 式より，有効制約でない 3 番目の制約条件の係数 u_3^* はゼロになるので，結局，(4.40) 式は (4.38) 式と実質的におなじものを表している．

以上の議論を一般化することにより，$\boldsymbol{x}^*$ が制約つき問題 (4.36) の局所的最適解であり，有効制約 *18) の勾配ベクトルが 1 次独立ならば，次式が成り立つようなベクトル $\boldsymbol{u}^* = (u_1^*, u_2^*, \ldots, u_m^*)^\top$ が存在することがいえる．

$$\begin{cases} \nabla f(\boldsymbol{x}^*) + \sum_{i=1}^{m} u_i^* \nabla c_i(\boldsymbol{x}^*) = \boldsymbol{0} & \\ c_i(\boldsymbol{x}^*) = 0 & (i = 1, 2, \ldots, l) \\ \left.\begin{array}{l} c_i(\boldsymbol{x}^*) \leqq 0, \ \ u_i^* \geqq 0 \\ c_i(\boldsymbol{x}^*) < 0 \Longrightarrow u_i^* = 0 \end{array}\right\} & (i = l+1, \ldots, m) \end{cases} \tag{4.41}$$

この式は制約つき問題 (4.36) に対する最適性の **1 次の必要条件**であり，一般に**カルーシュ・キューン・タッカー条件 (KKT 条件)** と呼ばれている *19)．また，$\boldsymbol{u} = (u_1, u_2, \ldots, u_m)^\top$ は KKT 条件における各制約条件に対する重みを表すものであり，**ラグランジュ乗数**と呼ばれる．KKT 条件においては，不等式制約条件に対応するラグランジュ乗数は非負でなければならないが，等式制約条件に対するラグランジュ乗数にはそのような符号の制約はない．

一般に KKT 条件は最適性の十分条件ではない．すなわち (4.41) 式は必ずし

---

*18) 当然ながら，問題 (4.36) の等式制約条件 $c_i(\boldsymbol{x}) = 0 \ (i = 1, 2, \cdots, l)$ はすべて有効制約になっている．

*19) この条件は 1951 年に発表された H. W. Kuhn と A. W. Tucker による Nonlinear Programming と題する論文で示されて以来，2 人の著者の名前をとってキューン・タッカー条件 (KT 条件) と呼ばれてきた．しかし，後年になって，W. Karush がそれ以前に実質的に等価な条件を与えていたことが明らかになったため，現在ではカルーシュ・キューン・タッカー条件 (KKT 条件) と呼ぶのが通例になっている．

も $\boldsymbol{x}^*$ が局所的最適解であることを意味しない．しかし，目的関数が凸関数で，等式制約関数 c_i が 1 次関数，不等式制約関数 c_i が凸関数であるような問題，すなわち凸最適化問題に対しては，KKT 条件 (4.41) を満たす $(\boldsymbol{x}^*, \boldsymbol{u}^*)$ が存在するとき，その $\boldsymbol{x}^*$ は問題の (大域的) 最適解であることが知られている．

KKT 条件 (4.41) は関数の 1 次微分係数のみを含む 1 次の最適性条件であるが，4.3 節の制約なし問題の場合と同様，制約つき問題に対しても関数の 2 次微分係数を用いた最適性条件を考えることができる．ここで，問題 (4.36) に対するラグランジュ関数を次式で定義する．

$$L(\boldsymbol{x}, \boldsymbol{u}) = f(\boldsymbol{x}) + \sum_{i=1}^{m} u_i c_i(\boldsymbol{x}) \tag{4.42}$$

また，ラグランジュ関数 L の変数 $\boldsymbol{x}$ に関するヘッセ行列を

$$\nabla_x^2 L(\boldsymbol{x}, \boldsymbol{u}) = \nabla^2 f(\boldsymbol{x}) + \sum_{i=1}^{m} u_i \nabla^2 c_i(\boldsymbol{x}) \tag{4.43}$$

と表す．

問題 (4.36) の局所的最適解 $\boldsymbol{x}^*$ において有効制約の勾配ベクトルは 1 次独立であると仮定し，KKT 条件 (4.41) を満たすラグランジュ乗数を $\boldsymbol{u}^*$ とする．さらに，$\boldsymbol{x}^*$ における有効制約の集合を

$$\mathcal{I}(\boldsymbol{x}^*) = \{i \mid c_i(\boldsymbol{x}^*) = 0\}$$

とし，すべての有効制約の勾配ベクトルと直交するベクトルの集合を

$$\boldsymbol{M}^* = \{\boldsymbol{y} \in \mathbb{R}^n \mid \nabla c_i(\boldsymbol{x}^*)^\top \boldsymbol{y} = 0 \ (i \in \mathcal{I}(\boldsymbol{x}^*))\} \tag{4.44}$$

と表す．そのとき，(4.43) 式で定義されるラグランジュ関数のヘッセ行列に対して

$$\boldsymbol{y} \in \boldsymbol{M}^* \quad \Longrightarrow \quad \boldsymbol{y}^\top \nabla_x^2 L(\boldsymbol{x}^*, \boldsymbol{u}^*) \boldsymbol{y} \geqq 0 \tag{4.45}$$

が成り立つことが知られている．これは，制約なし問題に対する条件 (4.13) を制約つき問題に拡張したものになっている．このことから，KKT 条件 (4.41) と (4.45) 式をあわせて最適性の **2 次の必要条件**という．

逆に，KKT 条件 (4.41) を満たす $(\boldsymbol{x}^*, \boldsymbol{u}^*)$ に対して，さらに

$$\boldsymbol{0} \neq \boldsymbol{y} \in \boldsymbol{M}^* \quad \Longrightarrow \quad \boldsymbol{y}^\top \nabla_x^2 L(\boldsymbol{x}^*, \boldsymbol{u}^*) \boldsymbol{y} > 0 \tag{4.46}$$

が成り立つとき，$\boldsymbol{x}^*$ は問題 (4.36) の局所的最適解になることがいえる．これもやはり制約なし問題に対する条件 (4.15) を制約つき問題に拡張したものであり，問題 (4.36) に対する最適性の **2 次の十分条件**と呼ばれている．

上に述べた 2 次の最適性条件を簡単な例を用いて説明しよう．

$$
\begin{array}{ll}
\text{目的関数：} & f(\boldsymbol{x}) = -2x_1x_2^2 \longrightarrow \text{最小} \\
\text{制約条件：} & c_1(\boldsymbol{x}) = \frac{1}{2}x_1^2 + x_2^2 - \frac{3}{2} \leqq 0 \\
 & c_2(\boldsymbol{x}) = -x_1 \leqq 0 \\
 & c_3(\boldsymbol{x}) = -x_2 \leqq 0
\end{array}
\tag{4.47}
$$

この問題の最適解は $\boldsymbol{x}^* = (1,1)^\top$ であり，$c_1(\boldsymbol{x}^*) = 0$，$c_2(\boldsymbol{x}^*) = -1$，$c_3(\boldsymbol{x}^*) = -1$ であるから，$\mathcal{I}(\boldsymbol{x}^*) = \{1\}$，すなわち有効制約は 1 番目の制約条件のみである．また

$$
\nabla f(\boldsymbol{x}) = \begin{pmatrix} -2x_2^2 \\ -4x_1x_2 \end{pmatrix}, \quad \nabla c_1(\boldsymbol{x}) = \begin{pmatrix} x_1 \\ 2x_2 \end{pmatrix}
$$

であるから，$\nabla f(\boldsymbol{x}^*) = (-2,-4)^\top$，$\nabla c_1(\boldsymbol{x}^*) = (1,2)^\top$ であり，KKT 条件 (4.41) を満たすラグランジュ乗数は $\boldsymbol{u}^* = (u_1^*, u_2^*, u_3^*)^\top = (2,0,0)^\top$ となる．さらに

$$
\nabla^2 f(\boldsymbol{x}) = \begin{pmatrix} 0 & -4x_2 \\ -4x_2 & -4x_1 \end{pmatrix}, \quad \nabla^2 c_1(\boldsymbol{x}) = \begin{pmatrix} 1 & 0 \\ 0 & 2 \end{pmatrix}
$$

であるから

$$
\begin{aligned}
\nabla_x^2 L(\boldsymbol{x}^*, \boldsymbol{u}^*) &= \nabla^2 f(\boldsymbol{x}^*) + u_1^* \nabla^2 c_1(\boldsymbol{x}^*) \\
&= \begin{pmatrix} 0 & -4 \\ -4 & -4 \end{pmatrix} + 2 \begin{pmatrix} 1 & 0 \\ 0 & 2 \end{pmatrix} \\
&= \begin{pmatrix} 2 & -4 \\ -4 & 0 \end{pmatrix}
\end{aligned}
\tag{4.48}
$$

となる．また

$$
\begin{aligned}
\boldsymbol{M}^* &= \{(y_1, y_2) \in \mathbb{R}^2 \mid y_1 + 2y_2 = 0\} \\
&= \{(y_1, y_2) \in \mathbb{R}^2 \mid y_1 = 2t,\ y_2 = -t,\ t \in \mathbb{R}\}
\end{aligned}
\tag{4.49}
$$

である．したがって，(4.49) 式と (4.48) 式より

$$
\begin{aligned}
\boldsymbol{y}^\top \nabla_x^2 L(\boldsymbol{x}^*, \boldsymbol{u}^*)\boldsymbol{y} &= 2y_1^2 - 8y_1y_2 \\
&= 2 \cdot (2t)^2 - 8 \cdot 2t \cdot (-t) \\
&= 24t^2 \ \geqq \ 0
\end{aligned}
$$

となるので，最適性の 2 次の必要条件 (4.45) が成り立つ．さらに，2 次の十分条件 (4.46) も成立している．なお，(4.48) 式のヘッセ行列 $\nabla_x^2 L(\boldsymbol{x}^*, \boldsymbol{u}^*)$ それ自身は正定値でも半正定値でもないことに注意しておこう．

4.8 ペナルティ法

制約つき問題 (4.36) に対して，これまで数多くの方法が考案されている．この節では，古典的な方法の代表格であるペナルティ法を説明する．

ペナルティ法の基本的な考え方は，制約条件を直接取り扱うかわりに，各点において制約条件がどれだけ破られているかの度合いを表す関数を新たに定義し，それを目的関数に加えた関数を改めて目的関数とみなして制約なしで最小化するというものである．このように，本来の目的関数の最小化と制約条件の満足化を同時に行うことにより，制約つき問題の最適解が得られると期待される．このことを見るため，次のような 1 変数の簡単な例を考えよう．

$$
\begin{aligned}
&\text{目的関数：} \quad f(x) = (x-2)^2 \ \longrightarrow \ \text{最小} \\
&\text{制約条件：} \quad c_1(x) = x - 1 \leqq 0 \\
&\qquad\qquad\quad\ \ c_2(x) = -x - 1 \leqq 0
\end{aligned}
\tag{4.50}
$$

この問題の実行可能領域 $\boldsymbol{S}$ は閉区間 $[-1, 1]$ であり，最適解は $x^* = 1$ である．さて，この問題の制約条件に対して，次の関数を定義する．

$$
\begin{aligned}
P_\rho(x) &= \rho\,(\max\{0, c_1(x)\} + \max\{0, c_2(x)\}\,) \\
&= \rho\,(\max\{0, x-1\} + \max\{0, -x-1\}\,) \\
&= \begin{cases} \rho(x-1), & x \geqq 1 \ \text{のとき} \\ 0, & -1 \leqq x < 1 \ \text{のとき} \\ -\rho(x+1), & x < -1 \ \text{のとき} \end{cases}
\end{aligned}
$$

ただし，ρ は正のパラメータである．この関数の値 $P_\rho(x)$ は，x が実行可能領域 $\boldsymbol{S}$ に含まれているときにはゼロであるが，$\boldsymbol{S}$ の外部にあるときには $\boldsymbol{S}$ から遠く離れるほど大きい正の値をとる．すなわち，$P_\rho(x)$ は x が制約条件を破ることに対する罰 (ペナルティ) の大きさを表しているので，ペナルティ関数と呼ばれる．関数 P_ρ を目的関数 f に加えた関数

$$
\begin{aligned}
F_\rho(x) &= f(x) + P_\rho(x) \\
&= \begin{cases} (x-2)^2 + \rho(x-1), & x \geqq 1 \text{ のとき} \\ (x-2)^2, & -1 \leqq x < 1 \text{ のとき} \\ (x-2)^2 - \rho(x+1), & x < -1 \text{ のとき} \end{cases}
\end{aligned}
\tag{4.51}
$$

を定義する [*20]．図 4.7 はこの関数 F_ρ のグラフを描いたものである．パラメータ ρ を与えたとき，関数 F_ρ を制約条件なしで最小化する問題の最適解を $x(\rho)$ と表せば，簡単な計算により

$$
x(\rho) = \begin{cases} 2 - \dfrac{\rho}{2}, & 0 < \rho < 2 \text{ のとき} \\ 1, & \rho \geqq 2 \text{ のとき} \end{cases}
$$

となる．このように，ρ の値が大きくなるにしたがって $x(\rho)$ は問題 (4.50) の最適解 $x^* = 1$ に近づき，ρ が 2 を超えると $x(\rho)$ は $x^* = 1$ に一致する．

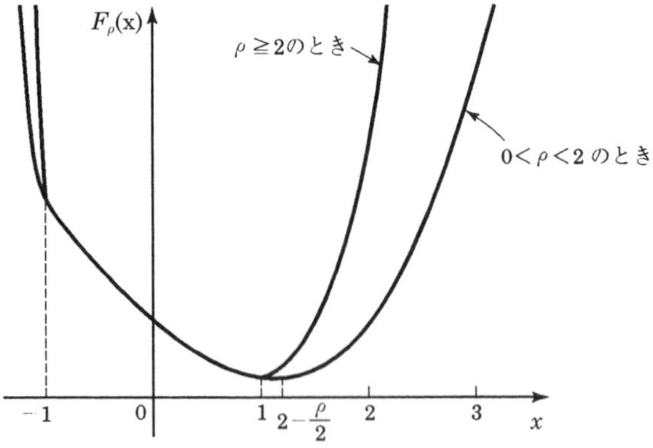

図 **4.7** ペナルティ関数 (4.51) のグラフ

*20) 関数 F_ρ もしばしばペナルティ関数と呼ばれる．

等式制約条件と不等式制約条件をもつ一般の制約つき問題 (4.36) に対するペナルティ関数はパラメータ $\rho > 0$ を用いて

$$P_\rho(\boldsymbol{x}) = \rho\left(\sum_{i=1}^{l} |c_i(\boldsymbol{x})| + \sum_{i=l+1}^{m} \max\{0, c_i(\boldsymbol{x})\}\right) \tag{4.52}$$

と定義される．明らかに，点 $\boldsymbol{x}$ が問題 (4.36) の実行可能解であるときは $P_\rho(\boldsymbol{x}) = 0$ であるが，そうでないときは $P_\rho(\boldsymbol{x}) > 0$ となり，制約条件を破ることに対するペナルティが課せられる．上の例の場合と同様，関数 F_ρ を

$$F_\rho(\boldsymbol{x}) = f(\boldsymbol{x}) + P_\rho(\boldsymbol{x}) \tag{4.53}$$

と定義する．そのとき，パラメータ ρ を十分大きく選べば，制約なし問題

$$\text{目的関数：} \quad F_\rho(\boldsymbol{x}) \longrightarrow \text{最小} \tag{4.54}$$

の局所的最適解は，ある適当な条件のもとで，問題 (4.36) の局所的最適解に一致することが知られている．ただし，パラメータ ρ をどれくらい大きく選べばよいかを問題の最適解を求める前に知ることは困難である．

(4.52) 式で定義される関数 P_ρ は，一般に，ある i に対して $c_i(\boldsymbol{x}) = 0$ となるような点 $\boldsymbol{x}$ において微分できない．したがって，問題 (4.54) に対して準ニュートン法などの微分可能性を仮定した方法を直接適用することはできない．しかし，4.9 節で説明する逐次 2 次計画法のような反復法において，次々と生成される点が最適解に近づいているかどうかを判定するための指標として，上記のペナルティ関数はしばしば用いられている．

一方，(4.52) 式の関数 P_ρ を少し修正した関数

$$\tilde{P}_\rho(\boldsymbol{x}) = \rho\left(\sum_{i=1}^{l} c_i(\boldsymbol{x})^2 + \sum_{i=l+1}^{m} (\max\{0, c_i(\boldsymbol{x})\})^2\right) \tag{4.55}$$

は微分可能である．この関数も制約条件を破ることに対するペナルティを表しているので，これを用いて問題 (4.54) のような制約なし問題を定義できる．たとえば，上の例題 (4.50) に対して，(4.55) 式のペナルティ関数 $\tilde{P}_\rho$ を用いて，関数 $\tilde{F}_\rho$ を

$$\tilde{F}_\rho(x) = f(x) + \tilde{P}_\rho(x)$$

$$= \begin{cases} (x-2)^2 + \rho(x-1)^2, & x \geqq 1 \text{ のとき} \\ (x-2)^2, & -1 \leqq x < 1 \text{ のとき} \\ (x-2)^2 + \rho(x+1)^2, & x < -1 \text{ のとき} \end{cases}$$

と定義する．容易に確かめられるように，この関数は

$$x(\rho) = 1 + \frac{1}{\rho+1}$$

において最小となるので，パラメータ ρ を大きくしていけば $x(\rho)$ は問題 (4.50) の最適解 $x^* = 1$ に限りなく近づいていく．

一般に，(4.55) 式のペナルティ関数 $\tilde{P}_\rho$ を用いて定義される関数 $\tilde{F}_\rho$ の局所的最適解は，$\rho \to \infty$ としたとき，もとの制約つき問題 (4.36) の局所的最適解に近づいていくと期待できる．しかし，(4.53) 式の関数 F_ρ とは異なり，有限の ρ に対して関数 $\tilde{F}_\rho$ の局所的最適解がもとの問題の局所的最適解と厳密に一致することは期待できない．また，$\rho \to \infty$ のとき，とくに実行可能領域の境界付近でペナルティ関数 $\tilde{P}_\rho$ の値は急激に変化するようになり，そのヘッセ行列の条件数 (4.4 節参照) はどんどん大きくなっていく．したがって，関数 $\tilde{F}_\rho$ を通常の制約なし問題に対する反復法を用いて直接最小化することは実用上困難な場合が多い．

4.9 逐次 2 次計画法

この節では制約つき問題 (4.36) に対する効率的な方法としてよく知られている逐次 **2** 次計画法 [*21] を解説する．まず，次のような等式制約条件のみを含む問題を考える．

$$\begin{array}{ll} \text{目的関数：} & f(\boldsymbol{x}) \longrightarrow \text{最小} \\ \text{制約条件：} & c_i(\boldsymbol{x}) = 0 \quad (i = 1, 2, \ldots, l) \end{array} \tag{4.56}$$

この問題に対する KKT 条件は次式で表される ((4.41) 式参照)．

$$\begin{cases} \nabla f(\boldsymbol{x}) + \sum_{i=1}^{l} u_i \nabla c_i(\boldsymbol{x}) = \boldsymbol{0} \\ c_i(\boldsymbol{x}) = 0 \quad (i = 1, 2, \ldots, l) \end{cases} \tag{4.57}$$

[*21] **SQP** 法 (successive quadratic programming method または sequential quadratic programming method) とも呼ばれる．

また，ラグランジュ関数は次式で定義される ((4.42) 式参照).

$$L(\boldsymbol{x}, \boldsymbol{u}) = f(\boldsymbol{x}) + \sum_{i=1}^{l} u_i c_i(\boldsymbol{x}) \tag{4.58}$$

ラグランジュ関数 L の勾配は

$$\nabla L(\boldsymbol{x}, \boldsymbol{u}) = \begin{pmatrix} \nabla_x L(\boldsymbol{x}, \boldsymbol{u}) \\ \nabla_u L(\boldsymbol{x}, \boldsymbol{u}) \end{pmatrix} = \begin{pmatrix} \nabla f(\boldsymbol{x}) + \sum_{i=1}^{l} u_i \nabla c_i(\boldsymbol{x}) \\ \boldsymbol{c}(\boldsymbol{x}) \end{pmatrix} \tag{4.59}$$

と表される．ただし，$\nabla_x L(\boldsymbol{x}, \boldsymbol{u})$ と $\nabla_u L(\boldsymbol{x}, \boldsymbol{u})$ はそれぞれ関数 L の変数 $\boldsymbol{x}$ と $\boldsymbol{u}$ に関する勾配を表し，$\boldsymbol{c}(\boldsymbol{x}) = (c_1(\boldsymbol{x}), c_2(\boldsymbol{x}), \ldots, c_l(\boldsymbol{x}))^\top$ である．したがって，等式制約条件のみを含む問題 (4.56) に対する KKT 条件 (4.57) は変数 $(\boldsymbol{x}, \boldsymbol{u})$ に関する非線形方程式

$$\nabla L(\boldsymbol{x}, \boldsymbol{u}) = \boldsymbol{0} \tag{4.60}$$

とみなすことができる.

一般に，p 次元ベクトル $\boldsymbol{z}$ を変数とする非線形方程式

$$\boldsymbol{F}(\boldsymbol{z}) = \boldsymbol{0} \tag{4.61}$$

に対するニュートン法 *22) は以下のように記述される．ただし，$\boldsymbol{F}$ は実数値関数 F_i $(i = 1, 2, \ldots, p)$ を要素とするベクトル値関数，すなわち

$$\boldsymbol{F}(\boldsymbol{z}) = \begin{pmatrix} F_1(\boldsymbol{z}) \\ F_2(\boldsymbol{z}) \\ \vdots \\ F_p(\boldsymbol{z}) \end{pmatrix}$$

である．ここで，関数 F_i の点 $\boldsymbol{z}$ における勾配ベクトル $\nabla F_i(\boldsymbol{z})$ を第 i 列とする

---

*22) 4.5 節で述べた制約なし最小化問題 (4.2) に対するニュートン法は，最適性の条件 $\nabla f(\boldsymbol{x}) = \boldsymbol{0}$ ((4.11) 式参照) を変数 $\boldsymbol{x}$ に関する非線形方程式とみなして，ここで述べるニュートン法を適用したものと考えることもできる.

$p \times p$ 行列を

$$\begin{aligned} \nabla \boldsymbol{F}(\boldsymbol{z}) &= (\nabla F_1(\boldsymbol{z}), \nabla F_2(\boldsymbol{z}), \cdots, \nabla F_p(\boldsymbol{z})) \\ &= \begin{pmatrix} \dfrac{\partial F_1(\boldsymbol{z})}{\partial z_1} & \dfrac{\partial F_2(\boldsymbol{z})}{\partial z_1} & \cdots & \dfrac{\partial F_p(\boldsymbol{z})}{\partial z_1} \\ \dfrac{\partial F_1(\boldsymbol{z})}{\partial z_2} & \dfrac{\partial F_2(\boldsymbol{z})}{\partial z_2} & \cdots & \dfrac{\partial F_p(\boldsymbol{z})}{\partial z_2} \\ \vdots & \vdots & \ddots & \vdots \\ \dfrac{\partial F_1(\boldsymbol{z})}{\partial z_p} & \dfrac{\partial F_2(\boldsymbol{z})}{\partial z_p} & \cdots & \dfrac{\partial F_p(\boldsymbol{z})}{\partial z_p} \end{pmatrix} \end{aligned}$$

と書くことにしよう．そのとき，非線形方程式 (4.61) に対するニュートン法の第 k 反復は，現在の点 $\boldsymbol{z}^{(k)}$ において (4.61) 式を線形近似した線形方程式

$$\boldsymbol{F}(\boldsymbol{z}^{(k)}) + \nabla \boldsymbol{F}(\boldsymbol{z}^{(k)})^\top (\boldsymbol{z} - \boldsymbol{z}^{(k)}) = \boldsymbol{0} \qquad (4.62)$$

の解を計算し，それを $\boldsymbol{z}^{(k+1)}$ とおくことに対応する．いま，行列 $\nabla \boldsymbol{F}(\boldsymbol{z}^{(k)})$ は正則であると仮定すれば

$$\boldsymbol{z}^{(k+1)} = \boldsymbol{z}^{(k)} - \left(\nabla \boldsymbol{F}(\boldsymbol{z}^{(k)})^\top \right)^{-1} \boldsymbol{F}(\boldsymbol{z}^{(k)})$$

となる．

このニュートン法を連立方程式 (4.60) に適用すると，第 k 反復で解くべき線形方程式 (ニュートン方程式) は次のように書ける．

$$\nabla L(\boldsymbol{x}^{(k)}, \boldsymbol{u}^{(k)}) + \nabla^2 L(\boldsymbol{x}^{(k)}, \boldsymbol{u}^{(k)}) \begin{pmatrix} \boldsymbol{x} - \boldsymbol{x}^{(k)} \\ \boldsymbol{u} - \boldsymbol{u}^{(k)} \end{pmatrix} = \boldsymbol{0} \qquad (4.63)$$

ただし，(4.59) 式より，$\nabla^2 L(\boldsymbol{x}, \boldsymbol{u})$ は次式で与えられる $(n+l) \times (n+l)$ 対称行列である．

$$\nabla^2 L(\boldsymbol{x}, \boldsymbol{u}) = \begin{pmatrix} \nabla_x^2 L(\boldsymbol{x}, \boldsymbol{u}) & \nabla \boldsymbol{c}(\boldsymbol{x}) \\ \nabla \boldsymbol{c}(\boldsymbol{x})^\top & \boldsymbol{0} \end{pmatrix} \qquad (4.64)$$

ここで，$\nabla_x^2 L(\boldsymbol{x}, \boldsymbol{u})$ は (4.43) 式で定義される $n \times n$ 行列，$\nabla \boldsymbol{c}(\boldsymbol{x})$ はベクトル $\nabla c_i(\boldsymbol{x})$ を第 i 列とする $n \times l$ 行列 $\big(\nabla c_1(\boldsymbol{x}), \nabla c_2(\boldsymbol{x}), \ldots, \nabla c_l(\boldsymbol{x})\big)$ である．したがって

$$\sum_{i=1}^{l} u_i \nabla c_i(\boldsymbol{x}) = \nabla \boldsymbol{c}(\boldsymbol{x})\boldsymbol{u}$$

であることに注意すると，(4.59) 式と (4.64) 式より，(4.63) 式は次のように書き換えることができる．

$$\begin{cases} \nabla f(\boldsymbol{x}^{(k)}) + \nabla_x^2 L(\boldsymbol{x}^{(k)}, \boldsymbol{u}^{(k)})(\boldsymbol{x} - \boldsymbol{x}^{(k)}) + \nabla \boldsymbol{c}(\boldsymbol{x}^{(k)})\boldsymbol{u} = \boldsymbol{0} \\ \boldsymbol{c}(\boldsymbol{x}^{(k)}) + \nabla \boldsymbol{c}(\boldsymbol{x}^{(k)})^\top (\boldsymbol{x} - \boldsymbol{x}^{(k)}) = \boldsymbol{0} \end{cases} \tag{4.65}$$

問題 (4.56) の局所的最適解 $\boldsymbol{x}^*$ において関数 c_i $(i = 1, 2, \ldots, l)$ の勾配ベクトル $\nabla c_i(\boldsymbol{x}^*)$ $(i = 1, 2, \ldots, l)$ が 1 次独立であれば，KKT 条件 (4.61) を満たすラグランジュ乗数 $\boldsymbol{u}^*$ が存在するが (4.7 節参照)，さらに $(\boldsymbol{x}^*, \boldsymbol{u}^*)$ が最適性の 2 次の十分条件 (4.46) を満たすときには，(4.64) 式で与えられるラグランジュ関数 L のヘッセ行列は $(\boldsymbol{x}^*, \boldsymbol{u}^*)$ において正則になる *23)．さらにそのとき，上に述べたニュートン法は，解 $(\boldsymbol{x}^*, \boldsymbol{u}^*)$ の十分近くに出発点を選べば，その解に 2 次収束することが示される．

さて，ここで次の 2 次最適化問題を考えよう．

$$\begin{array}{ll} \text{目的関数：} & \nabla f(\boldsymbol{x}^{(k)})^\top \boldsymbol{d} + \dfrac{1}{2}\boldsymbol{d}^\top \nabla_x^2 L(\boldsymbol{x}^{(k)}, \boldsymbol{u}^{(k)})\boldsymbol{d} \;\longrightarrow\; \text{最小} \\ \text{制約条件：} & c_i(\boldsymbol{x}^{(k)}) + \nabla c_i(\boldsymbol{x}^{(k)})^\top \boldsymbol{d} = 0 \quad (i = 1, 2, \ldots, l) \end{array} \tag{4.66}$$

---

*23)　これは非線形最適化においてしばしば用いられる重要な性質であるから，証明を与えておこう．行列 $\nabla^2 L(\boldsymbol{x}^*, \boldsymbol{u}^*)$ が正則であることをいうには

$$\nabla^2 L(\boldsymbol{x}^*, \boldsymbol{u}^*)\,\boldsymbol{z} = \boldsymbol{0}$$

を満たす $n + l$ 次元ベクトル $\boldsymbol{z}$ は $\boldsymbol{z} = \boldsymbol{0}$ 以外に存在しないことをいえばよい．(4.64) 式を考慮すれば，これは

$$\begin{cases} \nabla_x^2 L(\boldsymbol{x}^*, \boldsymbol{u}^*)\boldsymbol{y} + \nabla \boldsymbol{c}(\boldsymbol{x}^*)\boldsymbol{w} = \boldsymbol{0} \\ \nabla \boldsymbol{c}(\boldsymbol{x}^*)^\top \boldsymbol{y} = \boldsymbol{0} \end{cases}$$

を同時に満たす n 次元ベクトル $\boldsymbol{y}$ と l 次元ベクトル $\boldsymbol{w}$ は $\boldsymbol{y} = \boldsymbol{0}$ と $\boldsymbol{w} = \boldsymbol{0}$ だけであることと等価である．また，いま考えている等式制約のみの問題においては，(4.44) 式の集合 $\boldsymbol{M}^*$ は $\boldsymbol{M}^* = \{\boldsymbol{y} \in \mathbb{R}^n \mid \nabla c(\boldsymbol{x}^*)^\top \boldsymbol{y} = \boldsymbol{0}\}$ と書けるので，上式の第 2 式より $\boldsymbol{y} \in \boldsymbol{M}^*$ である．また，第 1 式の両辺に左から $\boldsymbol{y}^\top$ を掛け，さらに $\nabla \boldsymbol{c}(\boldsymbol{x}^*)^\top \boldsymbol{y} = \boldsymbol{0}$ を用いると

$$\boldsymbol{y}^\top \nabla_x^2 L(\boldsymbol{x}^*, \boldsymbol{u}^*)\boldsymbol{y} + \boldsymbol{y}^\top \nabla \boldsymbol{c}(\boldsymbol{x}^*)\boldsymbol{w} = \boldsymbol{y}^\top \nabla_x^2 L(\boldsymbol{x}^*, \boldsymbol{u}^*)\boldsymbol{y} = 0$$

となる．したがって (4.46) 式より，$\boldsymbol{y} = \boldsymbol{0}$ が得られる．さらに，これを第 1 式に代入すると $\nabla \boldsymbol{c}(\boldsymbol{x}^*)\boldsymbol{w} = \sum_{i=1}^{l} w_i \nabla c_i(\boldsymbol{x}^*) = \boldsymbol{0}$ となるが，$\nabla c_i(\boldsymbol{x}^*)$ $(i = 1, 2, \ldots, l)$ が 1 次独立であることから，$\boldsymbol{w} = \boldsymbol{0}$ がいえる．よって，行列 $\nabla^2 L(\boldsymbol{x}^*, \boldsymbol{u}^*)$ は正則であることが示せた．

ただし，変数は n 次元ベクトル $\boldsymbol{d}$ である．この問題は，もとの等式制約つき非線形最適化問題 (4.56) の目的関数を点 $\boldsymbol{x}^{(k)}$ において 2 次近似し，制約条件を点 $\boldsymbol{x}^{(k)}$ において 1 次近似したものとみなすことができる．ただし，目的関数の 2 次の項は，関数 f の点 $\boldsymbol{x}^{(k)}$ におけるヘッセ行列 $\nabla^2 f(\boldsymbol{x}^{(k)})$ のかわりに，ラグランジュ関数 L を点 $(\boldsymbol{x}^{(k)}, \boldsymbol{u}^{(k)})$ において (変数 $\boldsymbol{x}$ に関して) 2 回微分して得られるヘッセ行列 $\nabla_x^2 L(\boldsymbol{x}^{(k)}, \boldsymbol{u}^{(k)})$ を用いて表したものになっている．そのとき，2 次最適化問題 (4.66) の KKT 条件は次のように表される．

$$\begin{cases} \nabla f(\boldsymbol{x}^{(k)}) + \nabla_x^2 L(\boldsymbol{x}^{(k)}, \boldsymbol{u}^{(k)})\boldsymbol{d} + \nabla \boldsymbol{c}(\boldsymbol{x}^{(k)})\boldsymbol{v} = \boldsymbol{0} \\ \boldsymbol{c}(\boldsymbol{x}^{(k)}) + \nabla \boldsymbol{c}(\boldsymbol{x}^{(k)})^\top \boldsymbol{d} = \boldsymbol{0} \end{cases} \tag{4.67}$$

ただし $\boldsymbol{v}$ はラグランジュ乗数である．ここで

$$\boldsymbol{d} = \boldsymbol{x} - \boldsymbol{x}^{(k)}, \quad \boldsymbol{v} = \boldsymbol{u}$$

とおけば，(4.67) 式は (4.65) 式に帰着される．すなわち，2 次最適化問題 (4.66) を解いて，KKT 条件を満たす点 $(\boldsymbol{d}, \boldsymbol{v})$ を求めることと，もとの問題 (4.56) の KKT 条件 (4.57) に対するニュートン方程式 (4.63) を解くことは等価である．

次に，以上の考察を等式制約条件と不等式制約条件をもつ問題 (4.36) に一般化しよう．まず，各反復において，ラグランジュ関数のヘッセ行列

$$\nabla_x^2 L(\boldsymbol{x}^{(k)}, \boldsymbol{u}^{(k)}) = \nabla^2 f(\boldsymbol{x}^{(k)}) + \sum_{i=1}^{m} u_i^{(k)} \nabla^2 c_i(\boldsymbol{x}^{(k)}) \tag{4.68}$$

を含む 2 次最適化問題

$$\begin{array}{ll} \text{目的関数：} & \nabla f(\boldsymbol{x}^{(k)})^\top \boldsymbol{d} + \dfrac{1}{2}\boldsymbol{d}^\top \nabla_x^2 L(\boldsymbol{x}^{(k)}, \boldsymbol{u}^{(k)})\boldsymbol{d} \longrightarrow \text{最小} \\ \text{制約条件：} & c_i(\boldsymbol{x}^{(k)}) + \nabla c_i(\boldsymbol{x}^{(k)})^\top \boldsymbol{d} = 0, \quad (i = 1, 2, \ldots, l) \\ & c_i(\boldsymbol{x}^{(k)}) + \nabla c_i(\boldsymbol{x}^{(k)})^\top \boldsymbol{d} \leqq 0, \quad (i = l+1, \ldots, m) \end{array} \tag{4.69}$$

を解き，この問題の KKT 条件を満たす $(\boldsymbol{d}^{(k)}, \boldsymbol{v}^{(k)})$ を用いて

$$\boldsymbol{x}^{(k+1)} = \boldsymbol{x}^{(k)} + \boldsymbol{d}^{(k)}, \quad \boldsymbol{u}^{(k+1)} = \boldsymbol{v}^{(k)}$$

とすることにより点列 $\{(\boldsymbol{x}^{(k)}, \boldsymbol{u}^{(k)})\}$ を生成する反復法を考える．いま，$(\boldsymbol{x}^*, \boldsymbol{u}^*)$ を問題 (4.36) の KKT 条件 (4.41) を満たす点とし，さらに，最適性の 2 次の十

分条件 (4.46) および**狭義相補性**と呼ばれる条件

$$c_i(\boldsymbol{x}^*) = 0 \implies u_i^* > 0 \quad (i = l+1, \ldots, m)$$

が成り立っているとすれば，上に述べた反復法によって生成される点列は，出発点 $(\boldsymbol{x}^{(0)}, \boldsymbol{u}^{(0)})$ を解 $(\boldsymbol{x}^*, \boldsymbol{u}^*)$ の十分近くに選べば，その解に 2 次収束することがいえる．このように，各反復において 2 次最適化問題を解くことにより，解に収束する点列を生成する方法を総称して逐次 2 次計画法という．

上に述べた逐次 2 次計画法は，制約なし問題に対するニュートン法を制約つき問題に対して拡張したものとみなすことができ，優れた局所的収束性をもっている．しかし，解は未知であるから，出発点を解の十分近くに選ばなければならないという条件は不都合である．また，一般の制約つき非線形最適化問題においては，ラグランジュ関数のヘッセ行列 $\nabla_x^2 L(\boldsymbol{x}^{(k)}, \boldsymbol{u}^{(k)})$ が正定値あるいは半正定値となる保証はないので，2 次最適化問題 (4.69) の目的関数は凸関数になるとは限らない (4.7 節の例題 (4.47) 参照)．目的関数が凸関数であるような 2 次最適化問題に対しては，その最適解とラグランジュ乗数を求める効率的なアルゴリズムが存在するが，そうでないときには 2 次最適化問題を解くこと自体が困難な作業となるので，2 次最適化問題の目的関数の凸性を確保することは非常に重要である．

そこで，まず問題 (4.69) において，行列 $\nabla_x^2 L(\boldsymbol{x}^{(k)}, \boldsymbol{u}^{(k)})$ を適当な正定値対称行列 $\boldsymbol{B}^{(k)}$ で置き換えた 2 次最適化問題

$$\begin{array}{ll} \text{目的関数：} & \nabla f(\boldsymbol{x}^{(k)})^\top \boldsymbol{d} + \dfrac{1}{2}\boldsymbol{d}^\top \boldsymbol{B}^{(k)} \boldsymbol{d} \longrightarrow \text{最小} \\ \text{制約条件：} & c_i(\boldsymbol{x}^{(k)}) + \nabla c_i(\boldsymbol{x}^{(k)})^\top \boldsymbol{d} = 0 \quad (i = 1, 2, \ldots, l) \\ & c_i(\boldsymbol{x}^{(k)}) + \nabla c_i(\boldsymbol{x}^{(k)})^\top \boldsymbol{d} \leqq 0 \quad (i = l+1, \ldots, m) \end{array} \tag{4.70}$$

を考える．この問題の目的関数は凸関数であるから，2 次最適化問題の適当なアルゴリズムを用いて効率的に解くことができる．

さて，問題 (4.70) の最適解とラグランジュ乗数の対を $(\boldsymbol{d}^{(k)}, \boldsymbol{v}^{(k)})$ とすれば

$$\left\{ \begin{array}{l} \nabla f(\boldsymbol{x}^{(k)}) + \boldsymbol{B}^{(k)}\boldsymbol{d}^{(k)} + \displaystyle\sum_{i=1}^{m} v_i^{(k)} \nabla c_i(\boldsymbol{x}^{(k)}) = \boldsymbol{0} \\ c_i(\boldsymbol{x}^{(k)}) + \nabla c_i(\boldsymbol{x}^{(k)})^\top \boldsymbol{d}^{(k)} = 0 \quad (i = 1, 2, \ldots, l) \\ \left. \begin{array}{l} c_i(\boldsymbol{x}^{(k)}) + \nabla c_i(\boldsymbol{x}^{(k)})^\top \boldsymbol{d}^{(k)} \leqq 0,\ v_i^{(k)} \geqq 0 \\ c_i(\boldsymbol{x}^{(k)}) + \nabla c_i(\boldsymbol{x}^{(k)})^\top \boldsymbol{d}^{(k)} < 0 \implies v_i^{(k)} = 0 \end{array} \right\} (i = l+1, \ldots, m) \end{array} \right. \tag{4.71}$$

が成立する．ここで，もし $\boldsymbol{d}^{(k)} = \boldsymbol{0}$ であれば，(4.71) 式より，$(\boldsymbol{x}^{(k)}, \boldsymbol{v}^{(k)})$ はもとの問題 (4.36) の KKT 条件 (4.41) を満たすので，求めるべき解が得られたことになる．そこで，$\boldsymbol{d}^{(k)} \neq \boldsymbol{0}$ と仮定しよう．その場合には，(4.52) 式および (4.53) 式で定義されるペナルティ関数

$$F_\rho(\boldsymbol{x}) = f(\boldsymbol{x}) + \rho \left(\sum_{i=1}^{l} |c_i(\boldsymbol{x})| + \sum_{i=l+1}^{m} \max\{0, c_i(\boldsymbol{x})\} \right)$$

に対して直線探索を行い

$$F_\rho(\boldsymbol{x}^{(k)} + \alpha^{(k)}\boldsymbol{d}^{(k)}) \;\cong\; \min_{\alpha \geqq 0} F_\rho(\boldsymbol{x}^{(k)} + \alpha \boldsymbol{d}^{(k)}) \tag{4.72}$$

を満たすステップ幅 $\alpha^{(k)} > 0$ を定め，次の反復点を

$$\boldsymbol{x}^{(k+1)} = \boldsymbol{x}^{(k)} + \alpha^{(k)}\boldsymbol{d}^{(k)} \tag{4.73}$$

とする．ここで，ペナルティ関数 F_ρ に含まれるパラメータ ρ は十分大きく設定されており，常に

$$\rho > \max\{|v_1^{(k)}|, \ldots, |v_l^{(k)}|, v_{l+1}^{(k)}, \ldots, v_m^{(k)}\} \tag{4.74}$$

が成り立つと仮定する．そのとき，後に示すように，2 次最適化問題 (4.70) の最適解 $\boldsymbol{d}^{(k)}$ は関数 F_ρ の点 $\boldsymbol{x}^{(k)}$ における降下方向になるので，(4.72) 式および (4.73) 式によって点 $\boldsymbol{x}^{(k+1)}$ を定めたとき

$$F_\rho(\boldsymbol{x}^{(k+1)}) < F_\rho(\boldsymbol{x}^{(k)})$$

が成立する．

ここで，(4.74) 式が満たされるとき

$$F'_\rho(\boldsymbol{x}^{(k)}; \boldsymbol{d}^{(k)}) < 0$$

が成立することを確かめておこう [*24)]．この不等式が成り立てば，十分小さい任

---

*24) 関数 F_ρ は微分可能ではないが，任意の点 $\boldsymbol{x}$ において方向微分係数

$$F'_\rho(\boldsymbol{x}; \boldsymbol{d}) = \lim_{\substack{\alpha \to 0 \\ \alpha > 0}} \frac{F_\rho(\boldsymbol{x} + \alpha \boldsymbol{d}) - F_\rho(\boldsymbol{x})}{\alpha}$$

がすべての方向 $\boldsymbol{d}$ に対して存在する．

意の $\alpha > 0$ に対して

$$F_\rho(\boldsymbol{x}^{(k)} + \alpha \boldsymbol{d}^{(k)}) < F_\rho(\boldsymbol{x}^{(k)})$$

となるから，$\boldsymbol{d}^{(k)}$ は関数 F_ρ の点 $\boldsymbol{x}$ における降下方向である．等式制約条件が存在する場合も同様の議論が成立するが，ここでは簡単のため，もとの問題は不等式制約条件のみを含むと仮定する．まず，関数 F_ρ の方向微分係数は次のように表される．

$$\begin{aligned} F'_\rho(\boldsymbol{x}^{(k)}; \boldsymbol{d}^{(k)}) = \nabla f(\boldsymbol{x}^{(k)})^\top \boldsymbol{d}^{(k)} + \rho \Biggl(& \sum_{\{i \mid c_i(x^{(k)})>0\}} \nabla c_i(\boldsymbol{x}^{(k)})^\top \boldsymbol{d}^{(k)} \\ & + \sum_{\{i \mid c_i(x^{(k)})=0\}} \max\{0, \nabla c_i(\boldsymbol{x}^{(k)})^\top \boldsymbol{d}^{(k)}\} \Biggr) \end{aligned}$$

問題 (4.70) の KKT 条件より，$(\boldsymbol{d}^{(k)}, \boldsymbol{v}^{(k)})$ は

$$\begin{cases} \nabla f(\boldsymbol{x}^{(k)}) + \boldsymbol{B}^{(k)} \boldsymbol{d}^{(k)} + \sum_{i=1}^{m} v_i^{(k)} \nabla c_i(\boldsymbol{x}^{(k)}) = \boldsymbol{0} \\ \left. \begin{array}{l} c_i(\boldsymbol{x}^{(k)}) + \nabla c_i(\boldsymbol{x}^{(k)})^\top \boldsymbol{d}^{(k)} \leqq 0, \ v_i^{(k)} \geqq 0 \\ v_i^{(k)} \left(c_i(\boldsymbol{x}^{(k)}) + \nabla c_i(\boldsymbol{x}^{(k)})^\top \boldsymbol{d}^{(k)} \right) = 0 \end{array} \right\} (i = 1, 2, \ldots, m) \end{cases}$$

を満足する．この第 1 式に $\boldsymbol{d}^{(k)}$ を掛け，最後の式を考慮すると

$$\nabla f(\boldsymbol{x}^{(k)})^\top \boldsymbol{d}^{(k)} + (\boldsymbol{d}^{(k)})^\top \boldsymbol{B}^{(k)} \boldsymbol{d}^{(k)} - \sum_{i=1}^{m} v_i^{(k)} c_i(\boldsymbol{x}^{(k)}) = 0$$

となり，第 2 式より

$$\nabla c_i(\boldsymbol{x}^{(k)})^\top \boldsymbol{d}^{(k)} \leqq -c_i(\boldsymbol{x}^{(k)}) \quad (i = 1, 2, \ldots, m)$$

であるから，これらを方向微分係数の式と組み合わせると

$$\begin{aligned} F'_\rho(\boldsymbol{x}^{(k)}; \boldsymbol{d}^{(k)}) = & -(\boldsymbol{d}^{(k)})^\top \boldsymbol{B}^{(k)} \boldsymbol{d}^{(k)} - \sum_{\{i \mid c_i(x^{(k)})>0\}} (\rho - v_i^{(k)}) c_i(\boldsymbol{x}^{(k)}) \\ & + \sum_{\{i \mid c_i(x^{(k)})<0\}} v_i^{(k)} c_i(\boldsymbol{x}^{(k)}) \end{aligned}$$

となる．したがって，$\boldsymbol{B}^{(k)}$ の正定値性，(4.74) 式および $v_i^{(k)} \geqq 0$ $(i = 1, 2, \ldots, m)$ より

$$F'_\rho(\boldsymbol{x}^{(k)};\boldsymbol{d}^{(k)}) < 0$$

であることが示された．

さて，上の議論では，2 次最適化問題 (4.70) の目的関数の係数行列は正定値対称と仮定していた．一方，この節の前半で述べたように，ラグランジュ関数のヘッセ行列 $\nabla_x^2 L(\boldsymbol{x}^{(k)},\boldsymbol{u}^{(k)})$ を $\boldsymbol{B}^{(k)}$ とおけば逐次 2 次計画法はニュートン法に帰着されるので，非常に速い局所的収束性が期待できる．したがって，行列 $\boldsymbol{B}^{(k)}$ としては，正定値性を保ちつつ，できるだけ $\nabla_x^2 L(\boldsymbol{x}^{(k)},\boldsymbol{u}^{(k)})$ に近いものを選ぶことが望ましい．そこで，制約なし問題に対する**準ニュートン法**の考え方にしたがって，次のような方法で行列 $\boldsymbol{B}^{(k)}$ を逐次更新していく．まず，2 次最適化問題 (4.70) を解いて得られる $(\boldsymbol{d}^{(k)},\boldsymbol{v}^{(k)})$ を用いて

$$\boldsymbol{x}^{(k+1)} = \boldsymbol{x}^{(k)} + \alpha^{(k)}\boldsymbol{d}^{(k)}, \quad \boldsymbol{u}^{(k+1)} = \boldsymbol{v}^{(k)}$$

と定める．次に

$$\boldsymbol{s}^{(k)} = \boldsymbol{x}^{(k+1)} - \boldsymbol{x}^{(k)} \tag{4.75}$$

$$\boldsymbol{y}^{(k)} = \nabla L_x(\boldsymbol{x}^{(k+1)},\boldsymbol{u}^{(k+1)}) - \nabla L_x(\boldsymbol{x}^{(k)},\boldsymbol{u}^{(k+1)}) \tag{4.76}$$

とおき，**BFGS 公式** ((4.29) 式，(4.30) 式参照) を用いて次のように $\boldsymbol{B}^{(k)}$ を更新する．

$$\boldsymbol{B}^{(k+1)} = \boldsymbol{B}^{(k)} + \frac{1}{\beta^{(k)}}\boldsymbol{y}^{(k)}(\boldsymbol{y}^{(k)})^\top - \frac{1}{\gamma^{(k)}}\boldsymbol{B}^{(k)}\boldsymbol{s}^{(k)}(\boldsymbol{s}^{(k)})^\top\boldsymbol{B}^{(k)} \tag{4.77}$$

ただし

$$\beta^{(k)} = (\boldsymbol{y}^{(k)})^\top\boldsymbol{s}^{(k)}, \quad \gamma^{(k)} = (\boldsymbol{s}^{(k)})^\top\boldsymbol{B}^{(k)}\boldsymbol{s}^{(k)} \tag{4.78}$$

である．4.5 節で述べたように，$\beta^{(k)} > 0$ であれば，$\boldsymbol{B}^{(k)}$ が正定値のときには必ず $\boldsymbol{B}^{(k+1)}$ も正定値になる．しかし，制約なし問題の場合とは異なり，制約つき問題の場合には $\boldsymbol{y}^{(k)}$ が (4.76) 式で与えられるため，しばしば $\beta^{(k)} > 0$ が成り立たないことがある．そこで，たとえば

$$\theta = \begin{cases} 1, & (\boldsymbol{y}^{(k)})^\top\boldsymbol{s}^{(k)} \geqq 0.2(\boldsymbol{s}^{(k)})^\top\boldsymbol{B}^{(k)}\boldsymbol{s}^{(k)} \text{ のとき} \\ \dfrac{0.8(\boldsymbol{s}^{(k)})^\top\boldsymbol{B}^{(k)}\boldsymbol{s}^{(k)}}{(\boldsymbol{s}^{(k)})^\top\boldsymbol{B}^{(k)}\boldsymbol{s}^{(k)} - (\boldsymbol{y}^{(k)})^\top\boldsymbol{s}^{(k)}}, & (\boldsymbol{y}^{(k)})^\top\boldsymbol{s}^{(k)} < 0.2(\boldsymbol{s}^{(k)})^\top\boldsymbol{B}^{(k)}\boldsymbol{s}^{(k)} \text{ のとき} \end{cases}$$

とおいて

$$\tilde{\boldsymbol{y}}^{(k)} = \theta \boldsymbol{y}^{(k)} + (1-\theta)\boldsymbol{B}^{(k)}\boldsymbol{s}^{(k)} \tag{4.79}$$

を定め，(4.77) 式の $\boldsymbol{y}^{(k)}$ を $\tilde{\boldsymbol{y}}^{(k)}$ で置き換えた公式を用いて $\boldsymbol{B}^{(k)}$ を更新すれば，常に $\boldsymbol{B}^{(k)}$ の正定値性を確保することができる．

以上の考察をまとめると，次のようなアルゴリズムが得られる．

逐次 2 次計画法

(0) 出発点 $\boldsymbol{x}^{(0)}$ と正定値行列 $\boldsymbol{B}^{(0)}$ を選び，$k := 0$ とおく．

(1) 2 次最適化問題 (4.70) を解いて $(\boldsymbol{d}^{(k)}, \boldsymbol{v}^{(k)})$ を求める．$\boldsymbol{d}^{(k)} = \boldsymbol{0}$ ならば計算終了．さもなければステップ (2) へ．

(2) 直線探索 (4.72) によってステップ幅 $\alpha^{(k)} > 0$ を求め，$\boldsymbol{x}^{(k+1)} := \boldsymbol{x}^{(k)} + \alpha^{(k)}\boldsymbol{d}^{(k)}$，$\boldsymbol{u}^{(k+1)} := \boldsymbol{v}^{(k)}$ とおく．(4.77) 式を用いて行列 $\boldsymbol{B}^{(k+1)}$ を定める (ただし $\boldsymbol{y}^{(k)}$ は (4.79) 式の $\tilde{\boldsymbol{y}}^{(k)}$ で置き換える)．$k := k+1$ とおいてステップ (1) へ戻る．

行列 $\boldsymbol{B}^{(k)}$ は常に正定値となるので，ペナルティ・パラメータ ρ を十分大きく選べば，ペナルティ関数値 $F_\rho(\boldsymbol{x}^{(k)})$ は単調に減少し，F_ρ の局所的最小値に収束すると期待される．実際，適当な仮定のもとで，上のアルゴリズムによって生成される点列 $\{(\boldsymbol{x}^{(k)}, \boldsymbol{u}^{(k)})\}$ はもとの問題 (4.36) の KKT 条件 (4.41) を満たす点 $(\boldsymbol{x}^*, \boldsymbol{u}^*)$ に収束することが証明できる．

表 4.4 は，次の問題に逐次 2 次計画法を実際に適用したときに生成された点列 $\{(\boldsymbol{x}^{(k)}, \boldsymbol{u}^{(k)})\}$ とそれに対応するペナルティ関数値 $F_\rho(\boldsymbol{x}^{(k)})$ を示している．

$$\begin{array}{ll} \text{目的関数：} & x_1^2 + x_2^2 + 2x_3^2 + x_4^2 - 5x_1 - 5x_2 - 21x_3 + 7x_4 \longrightarrow \text{最小} \\ \text{制約条件：} & x_1^2 + x_2^2 + x_3^2 + x_4^2 + x_1 - x_2 + x_3 - x_4 - 8 \leqq 0 \\ & x_1^2 + 2x_2^2 + x_3^2 + 2x_4^2 - x_1 - x_4 - 10 \leqq 0 \\ & 2x_1^2 + x_2^2 + x_3^2 + 2x_1 - x_2 - x_4 - 5 \leqq 0 \end{array} \tag{4.80}$$

なお，ペナルティ・パラメータの値は $\rho = 10$ とし，出発点は $\boldsymbol{x}^{(0)} = (10, -10, 10, -10)^\top$，初期行列 $\boldsymbol{B}^{(0)}$ は単位行列とした．表 4.4 より，点列 $\{(\boldsymbol{x}^{(k)}, \boldsymbol{u}^{(k)})\}$ がこの問題の KKT 条件を満たす点 $\boldsymbol{x}^* = (0, 1, 2, -1)^\top$，$\boldsymbol{u}^* = (1, 0, 2)^\top$ に収束していることが確認できる．

表 **4.4** 問題 (4.80) に対する逐次 2 次計画法の計算結果

反復 k	$\boldsymbol{x}^{(k)}$ $\boldsymbol{u}^{(k)}$	$F_\rho(\boldsymbol{x}^{(k)})$
0	$\boldsymbol{x}^{(0)} = (10.00000, -10.00000, 10.00000, -10.00000)$ $\boldsymbol{u}^{(0)} = (0.00000, 0.00000, 0.00000)$	$F_\rho(\boldsymbol{x}^{(0)}) = 14790.00000$
1	$\boldsymbol{x}^{(1)} = (-5.00000, 15.00000, -9.00000, 3.00000)$ $\boldsymbol{u}^{(1)} = (0.00000, 0.00000, 0.00000)$	$F_\rho(\boldsymbol{x}^{(1)}) = 12471.00000$
2	$\boldsymbol{x}^{(2)} = (-0.87558, 8.12596, 11.28458, -0.57450)$ $\boldsymbol{u}^{(2)} = (0.00000, 0.00000, 0.00000)$	$F_\rho(\boldsymbol{x}^{(2)}) = 6266.68029$
3	$\boldsymbol{x}^{(3)} = (4.03226, -0.05377, 6.78470, -4.82796)$ $\boldsymbol{u}^{(3)} = (0.00000, 0.00000, 0.00000)$	$F_\rho(\boldsymbol{x}^{(3)}) = 2730.59722$
4	$\boldsymbol{x}^{(4)} = (1.25787, 2.24825, 4.38011, -1.95909)$ $\boldsymbol{u}^{(4)} = (0.16585, 0.00000, 0.00000)$	$F_\rho(\boldsymbol{x}^{(4)}) = 734.56184$
5	$\boldsymbol{x}^{(5)} = (0.47116, 0.07174, 3.18360, -0.95163)$ $\boldsymbol{u}^{(5)} = (0.86378, 0.00000, 0.04570)$	$F_\rho(\boldsymbol{x}^{(5)}) = 123.85893$
6	$\boldsymbol{x}^{(6)} = (0.63507, 1.15786, 2.58909, -1.32723)$ $\boldsymbol{u}^{(6)} = (1.12118, 0.00000, 0.24393)$	$F_\rho(\boldsymbol{x}^{(6)}) = 93.24436$
7	$\boldsymbol{x}^{(7)} = (-0.16945, 1.31894, 2.37173, -0.60344)$ $\boldsymbol{u}^{(7)} = (1.57672, 0.00000, 0.44821)$	$F_\rho(\boldsymbol{x}^{(7)}) = -13.93292$
8	$\boldsymbol{x}^{(8)} = (0.17361, 0.83304, 2.03567, -1.17206)$ $\boldsymbol{u}^{(8)} = (1.02923, 0.00000, 1.36292)$	$F_\rho(\boldsymbol{x}^{(8)}) = -31.85629$
9	$\boldsymbol{x}^{(9)} = (-0.01206, 1.05573, 2.02523, -0.98207)$ $\boldsymbol{u}^{(9)} = (1.14028, 0.00000, 1.67224)$	$F_\rho(\boldsymbol{x}^{(9)}) = -41.95134$
10	$\boldsymbol{x}^{(10)} = (-0.00046, 0.98925, 2.00481, -0.99741)$ $\boldsymbol{u}^{(10)} = (1.02036, 0.00000, 1.93959)$	$F_\rho(\boldsymbol{x}^{(10)}) = -43.91171$
11	$\boldsymbol{x}^{(11)} = (0.00215, 1.00215, 1.99791, -1.00213)$ $\boldsymbol{u}^{(11)} = (0.99777, 0.00000, 2.00012)$	$F_\rho(\boldsymbol{x}^{(11)}) = -43.99591$
12	$\boldsymbol{x}^{(12)} = (-0.00048, 1.00032, 2.00025, -0.99963)$ $\boldsymbol{u}^{(12)} = (1.00231, 0.00000, 1.99641)$	$F_\rho(\boldsymbol{x}^{(12)}) = -43.99961$
13	$\boldsymbol{x}^{(13)} = (0.00004, 0.99991, 2.00000, -1.00002)$ $\boldsymbol{u}^{(13)} = (0.99963, 0.00000, 2.00054)$	$F_\rho(\boldsymbol{x}^{(13)}) = -43.99999$

4.10　半正定値最適化問題

これまで制約条件が等式や不等式で与えられる問題を取り扱ってきたが，この節では制約条件に対称行列の半正定値条件を含む**半正定値最適化問題**と呼ばれる問題を紹介する．以下では，対称行列 $\boldsymbol{A}$ が半正定値のとき $\boldsymbol{A} \succeq \boldsymbol{O}$ と書く．さらに，$n \times n$ 対称行列 $\boldsymbol{A}, \boldsymbol{B}$ に対して，$\boldsymbol{A}$ と $\boldsymbol{B}$ の内積を $\langle \boldsymbol{A}, \boldsymbol{B} \rangle = \sum_{i=1}^{n} \sum_{j=1}^{n} a_{ij} b_{ij}$ で定義する．たとえば

$$\boldsymbol{A} = \begin{pmatrix} a_{11} & a_{12} \\ a_{21} & a_{22} \end{pmatrix}, \quad \boldsymbol{B} = \begin{pmatrix} b_{11} & b_{12} \\ b_{21} & b_{22} \end{pmatrix}$$

のとき，$\langle \boldsymbol{A}, \boldsymbol{B} \rangle = a_{11}b_{11} + a_{12}b_{12} + a_{21}b_{21} + a_{22}b_{22}$ となる．

次の問題は半正定値最適化問題の一例である．

$$\begin{array}{ll} \text{目的関数：} & \left\langle \begin{pmatrix} 3 & -1 \\ -1 & -2 \end{pmatrix}, \begin{pmatrix} x_{11} & x_{12} \\ x_{21} & x_{22} \end{pmatrix} \right\rangle \longrightarrow \text{最小} \\ \text{制約条件：} & \left\langle \begin{pmatrix} 0 & -2 \\ -2 & 3 \end{pmatrix}, \begin{pmatrix} x_{11} & x_{12} \\ x_{21} & x_{22} \end{pmatrix} \right\rangle = 5 \\ & \left\langle \begin{pmatrix} -1 & 2 \\ 2 & 0 \end{pmatrix}, \begin{pmatrix} x_{11} & x_{12} \\ x_{21} & x_{22} \end{pmatrix} \right\rangle = 8 \\ & \begin{pmatrix} x_{11} & x_{12} \\ x_{21} & x_{22} \end{pmatrix} \succeq \boldsymbol{O} \end{array} \tag{4.81}$$

この問題の変数は $x_{11}, x_{12}, x_{21}, x_{22}$ である．ただし，行列はすべて対称としているので，$x_{12} = x_{21}$ が成立しなければならない．行列の内積の定義より，この問題の目的関数と等式制約条件はすべて変数 x_{ij} $(i = 1, 2;\ j = 1, 2)$ に関して線形である．しかし，最後の制約条件 (半正定値条件) は

$$x_{11} \geqq 0, \quad x_{22} \geqq 0, \quad x_{11}x_{22} - x_{12}x_{21} \geqq 0$$

と等価であるから [*25]，半正定値条件は線形ではない．したがって，問題 (4.81)

[*25] 対称行列が半正定値であるための必要十分条件はすべての主小行列式が非負となることである．

は非線形最適化問題である．ただし，半正定値行列全体の集合は凸集合であるから [*26)]，この問題は凸最適化問題である．

半正定値最適化問題は様々な形で表されるが，次の問題は標準的な表現の一つである (例としてあげた問題 (4.81) もこの形の問題である).

$$\begin{array}{ll} \text{目的関数：} & \langle \boldsymbol{C}, \boldsymbol{X} \rangle \longrightarrow \text{最小} \\ \text{制約条件：} & \langle \boldsymbol{A}_i, \boldsymbol{X} \rangle = b_i \ (i = 1, 2, \ldots, l) \\ & \boldsymbol{X} \succeq \boldsymbol{O} \end{array} \tag{4.82}$$

ただし，$\boldsymbol{X}, \boldsymbol{C}, \boldsymbol{A}_1, \boldsymbol{A}_2, \ldots, \boldsymbol{A}_l$ は $n \times n$ 対称行列，$b_1, b_2, \ldots, b_l$ は実数であり，問題の変数は行列 $\boldsymbol{X}$ である．

上にも述べたようにこの問題は線形ではないが，2.1 節で定義した標準形の線形最適化問題 (2.1) とよく似た形をしている．唯一の大きな違いは，線形最適化問題における不等式条件 $\boldsymbol{x} \geqq \boldsymbol{0}$ が半正定値最適化問題では行列の半正定値条件 $\boldsymbol{X} \succeq \boldsymbol{O}$ になっている点だけである．そこで，線形最適化問題の主問題 (2.29) と双対問題 (2.30) に着目して，半正定値最適化問題 (4.82) の**双対問題**を次のように定義する．

$$\begin{array}{ll} \text{目的関数：} & \displaystyle\sum_{i=1}^{l} b_i y_i \longrightarrow \text{最大} \\ \text{制約条件：} & \displaystyle\sum_{i=1}^{l} \boldsymbol{A}_i y_i + \boldsymbol{Z} = \boldsymbol{C} \\ & \boldsymbol{Z} \succeq \boldsymbol{O} \end{array} \tag{4.83}$$

ただし，この問題の変数は $\boldsymbol{y} = (y_1, y_2, \ldots, y_l)^\top$ と $n \times n$ 対称行列 $\boldsymbol{Z}$ である．この問題も半正定値最適化問題であり，問題 (4.82) と同様，(線形ではない) 凸最適化問題である．

なお，最初に例としてあげた問題 (4.81) の双対問題は次のように書ける．

---

*26) $\boldsymbol{X}, \boldsymbol{Y} \succeq \boldsymbol{O}, 0 \leqq \alpha \leqq 1$ ならば $\alpha \boldsymbol{X} + (1 - \alpha) \boldsymbol{Y} \succeq \boldsymbol{O}$ が成り立つ．

$$
\begin{array}{ll}
\text{目的関数：} & 5y_1 + 8y_2 \longrightarrow \text{最大} \\
\text{制約条件：} & \begin{pmatrix} 0 & -2 \\ -2 & 3 \end{pmatrix} y_1 + \begin{pmatrix} -1 & 2 \\ 2 & 0 \end{pmatrix} y_2 + \begin{pmatrix} z_{11} & z_{12} \\ z_{21} & z_{22} \end{pmatrix} \\
& \qquad = \begin{pmatrix} 3 & -1 \\ -1 & -2 \end{pmatrix} \\
& \begin{pmatrix} z_{11} & z_{12} \\ z_{21} & z_{22} \end{pmatrix} \succeq \boldsymbol{O}
\end{array}
\tag{4.84}
$$

ただし，行列 $\boldsymbol{Z}$ の対称性より $z_{12} = z_{21}$ である．

半正定値最適化問題においても，線形最適化問題と同様，次の弱双対定理が成り立つ．

弱双対定理　主問題 (4.82) と双対問題 (4.83) それぞれの任意の実行可能解 $\boldsymbol{X}$ と $(\boldsymbol{y}, \boldsymbol{Z})$ に対して，常に不等式 $\langle \boldsymbol{C}, \boldsymbol{X} \rangle \geqq \sum_{i=1}^{l} b_i y_i$ が成り立つ．

[証明]　それぞれの問題の制約条件より

$$
\begin{aligned}
\langle \boldsymbol{C}, \boldsymbol{X} \rangle &= \langle \textstyle\sum_{i=1}^{l} \boldsymbol{A}_i y_i + \boldsymbol{Z}, \boldsymbol{X} \rangle \\
&= \textstyle\sum_{i=1}^{l} \langle \boldsymbol{A}_i, \boldsymbol{X} \rangle y_i + \langle \boldsymbol{Z}, \boldsymbol{X} \rangle \\
&= \textstyle\sum_{i=1}^{l} b_i y_i + \langle \boldsymbol{Z}, \boldsymbol{X} \rangle
\end{aligned}
$$

が成り立つ．さらに，$\boldsymbol{X} \succeq \boldsymbol{O}$ と $\boldsymbol{Z} \succeq \boldsymbol{O}$ より $\langle \boldsymbol{Z}, \boldsymbol{X} \rangle \geqq 0$ がいえる．よって $\langle \boldsymbol{C}, \boldsymbol{X} \rangle \geqq \sum_{i=1}^{l} b_i y_i$ が成立する．　■

弱双対定理より，$\boldsymbol{X}$ と $(\boldsymbol{y}, \boldsymbol{Z})$ が次式を満たせば，それらはそれぞれ主問題 (4.82) と双対問題 (4.83) の最適解となる．

$$
\begin{cases}
\langle \boldsymbol{C}, \boldsymbol{X} \rangle = \sum_{i=1}^{l} b_i y_i \\
\langle \boldsymbol{A}_i, \boldsymbol{X} \rangle = b_i \ (i = 1, 2, \ldots, l) \\
\sum_{i=1}^{l} \boldsymbol{A}_i y_i + \boldsymbol{Z} = \boldsymbol{C} \\
\boldsymbol{X} \succeq \boldsymbol{O}, \ \boldsymbol{Z} \succeq \boldsymbol{O}
\end{cases}
\tag{4.85}
$$

ここで，弱双対定理の証明より，(4.85) 式の $\langle \boldsymbol{C}, \boldsymbol{X} \rangle = \sum_{i=1}^{l} b_i y_i$ は $\langle \boldsymbol{Z}, \boldsymbol{X} \rangle = 0$ で置き換えられることに注意しよう．さらに，$\langle \boldsymbol{Z}, \boldsymbol{X} \rangle = 0$ は $\boldsymbol{ZX} = \boldsymbol{O}$ で置き

換えることができるので *27)，結局，(4.85) 式は次式に帰着される．

$$\begin{cases} \boldsymbol{X}\boldsymbol{Z} = \boldsymbol{O} \\ \langle \boldsymbol{A}_i, \boldsymbol{X} \rangle = b_i \ (i = 1, 2, \ldots, l) \\ \sum_{i=1}^{l} \boldsymbol{A}_i y_i + \boldsymbol{Z} = \boldsymbol{C} \\ \boldsymbol{X} \succeq \boldsymbol{O},\ \boldsymbol{Z} \succeq \boldsymbol{O} \end{cases} \tag{4.86}$$

これは線形最適化問題における主双対最適性条件 (2.32) に対応するものであり，半正定値最適化問題に対する**主双対最適性条件**という．ここで，パラメータ $\mu > 0$ を用いて，(4.86) 式の第 1 式を $\boldsymbol{X}\boldsymbol{Z} = \mu\boldsymbol{I}$ で置き換えた方程式

$$\begin{cases} \boldsymbol{X}\boldsymbol{Z} = \mu\boldsymbol{I} \\ \langle \boldsymbol{A}_i, \boldsymbol{X} \rangle = b_i \ (i = 1, 2, \ldots, l) \\ \sum_{i=1}^{l} \boldsymbol{A}_i y_i + \boldsymbol{Z} = \boldsymbol{C} \\ \boldsymbol{X} \succeq \boldsymbol{O},\ \boldsymbol{Z} \succeq \boldsymbol{O} \end{cases} \tag{4.87}$$

を考え，その解 $(\boldsymbol{X}(\mu), \boldsymbol{y}(\mu), \boldsymbol{Z}(\mu))$ によって**中心パス**を定義する．そのとき，中心パスは集合 $\{(\boldsymbol{X}, \boldsymbol{Z}) \mid \boldsymbol{X} \succeq \boldsymbol{O},\ \boldsymbol{Z} \succeq \boldsymbol{O}\}$ の内部，すなわち $\{(\boldsymbol{X}, \boldsymbol{Z}) \mid \boldsymbol{X} \succ \boldsymbol{O},\ \boldsymbol{Z} \succ \boldsymbol{O}\}$ にとどまり *28)，$\mu \to 0$ のとき主双対最適性条件 (4.86) を満たす解に収束する．具体的なアルゴリズムの記述は省略するが，半正定値最適化問題に対しても，線形最適化問題に対する**パス追跡法**と同様の考え方に基づく内点法が開発され，様々な応用分野において効果的に適用されている．

4.11 演習問題

4.1 n 次元空間 $\mathbb{R}^n$ 上の実数値関数 f と実数 ξ に対して定義される集合 $\boldsymbol{S}(\xi) = \{\boldsymbol{x} \in \mathbb{R}^n \mid f(\boldsymbol{x}) \leqq \xi\}$ を f の**レベル集合**という．f が凸関数ならば，任意の ξ に対するレベル集合 $\boldsymbol{S}(\xi)$ は凸集合であることを示せ (ただし，空集合も凸集合とみなす)．なお，その逆は必ずしも正しくない．すな

---

*27) 弱双対定理の証明で用いた $\boldsymbol{X} \succeq \boldsymbol{O},\ \boldsymbol{Z} \succeq \boldsymbol{O}$ のとき $\langle \boldsymbol{X}, \boldsymbol{Z} \rangle \geqq 0$ が成り立つという事実や，ここで用いた $\boldsymbol{X} \succeq \boldsymbol{O},\ \boldsymbol{Z} \succeq \boldsymbol{O}$ のとき $\langle \boldsymbol{X}, \boldsymbol{Z} \rangle = 0$ は $\boldsymbol{X}\boldsymbol{Z} = \boldsymbol{O}$ で置き換えられるという事実は決して自明ではないが，ここでは証明は省略する．

*28) $\boldsymbol{X} \succ \boldsymbol{O}$ は行列 $\boldsymbol{X}$ が正定値であることを意味する．

わち，任意の ξ に対してレベル集合 $\boldsymbol{S}(\xi)$ が凸集合であっても，f は凸関数とは限らない．任意の ξ に対してレベル集合 $\boldsymbol{S}(\xi)$ が凸集合であるような関数は**準凸関数**と呼ばれる．準凸関数であるが凸関数でない関数の例をあげよ．

4.2 次の関数が凸関数かどうかを調べよ．ただし $\boldsymbol{x} = (x_1, x_2)^\top$ である．

$$f(\boldsymbol{x}) = 4x_1^2 - 2x_1x_2 + x_2^2 - 10x_1 - 8x_2 - 100$$

4.3 次の非線形最適化問題について，問 (a), (b) に答えよ．

$$\begin{aligned} \text{目的関数：} \quad & -x_1^4 - x_2^4 - x_1x_2 + 4x_2 \quad \longrightarrow \quad \text{最小} \\ \text{制約条件：} \quad & x_1^3 - x_2 \leqq 0 \\ & x_1^2 + x_2^2 - 2 \leqq 0 \\ & -x_1 \leqq 0 \end{aligned}$$

(a) 以下の点 $\boldsymbol{a}$, $\boldsymbol{b}$, $\boldsymbol{c}$ がこの問題の実行可能解かどうかを調べよ．また，実行可能解であるような点に対して，それらの各点における有効制約条件を示せ．

$$\boldsymbol{a} = \begin{pmatrix} 1 \\ 1 \end{pmatrix}, \quad \boldsymbol{b} = \begin{pmatrix} 0 \\ \sqrt{2} \end{pmatrix}, \quad \boldsymbol{c} = \begin{pmatrix} 0 \\ 0 \end{pmatrix}$$

(b) 問 (a) の点 $\boldsymbol{a}$, $\boldsymbol{b}$, $\boldsymbol{c}$ のそれぞれに対して，KKT 条件が成立するかどうかを調べよ．

4.4 次の非線形最適化問題を考える．

$$\begin{aligned} \text{目的関数：} \quad & \frac{1}{2}(x_1 - 3)^2 + \frac{1}{2}(x_2 - 2)^2 \quad \longrightarrow \quad \text{最小} \\ \text{制約条件：} \quad & x_1^2 + x_2^2 - 5 \leqq 0 \\ & x_1 + tx_2 - (2 + t) \leqq 0 \end{aligned}$$

ただし，t は区間 $0 \leqq t \leqq 5$ に含まれるパラメータである．点 $\boldsymbol{x}^* = (2, 1)^\top$ がこの問題に対する KKT 条件を満たすようなパラメータ t の範囲を求めよ．

4.5 次の非線形最適化問題の最適解を求めよ．

$$\begin{aligned} \text{目的関数：} \quad & \sum_{k=1}^{n} \sqrt{k}\, x_k \quad \longrightarrow \quad \text{最大} \\ \text{制約条件：} \quad & \sum_{k=1}^{n} x_k^2 = 1 \end{aligned}$$

次に，この問題の最適解は制約条件を

$$\sum_{k=1}^{n} x_k^2 \leqq 1$$
$$x_k \geqq 0 \quad (k = 1, 2, \ldots, n)$$

で置き換えた問題に対しても最適であることを示せ.

4.6 次の等式制約の非線形最適化問題を考える.

$$\text{目的関数：} \quad f(\boldsymbol{x}) \longrightarrow \text{最小}$$
$$\text{制約条件：} \quad c_i(\boldsymbol{x}) = 0 \quad (i = 1, 2, \ldots, l)$$

点 $\boldsymbol{x}^*$ は 2 次の十分条件を満たす局所的最適解であり，KKT 条件を満たすラグランジュ乗数を $\boldsymbol{u}^* = (u_1^*, u_2^*, \ldots, u_l^*)^\top$ とする．さらに，制約関数の勾配ベクトル $\nabla c_i(\boldsymbol{x}^*)$ $(i = 1, 2, \ldots, l)$ は 1 次独立であるとする．パラメータ $\rho > 0$ を用いて関数 G_ρ を

$$G_\rho(\boldsymbol{x}) = f(\boldsymbol{x}) + \sum_{i=1}^{l} \left(u_i^* c_i(\boldsymbol{x}) + \frac{\rho}{2} c_i(\boldsymbol{x})^2 \right)$$

で定義すれば，パラメータ ρ が十分大きいとき，$\boldsymbol{x}^*$ は G_ρ を目的関数とする制約なし問題

$$\text{目的関数：} G_\rho(\boldsymbol{x}) \longrightarrow \text{最小}$$

の局所的最適解となることを示せ.

第5章

組合せ最適化

この章では組合せ型の最適化問題を取り扱う．まず最初に，欲張り法と呼ばれる単純なアルゴリズムを，最小木問題を例にとって紹介する．次に，一般の組合せ最適化問題に対するアルゴリズムを構築する方法としてよく用いられる分枝限定法と動的計画法の考え方を述べる．最後に，複雑な組合せ最適化問題に対する現実的なアプローチである近似解法やメタヒューリスティックスについても言及する．

5.1 欲 張 り 法

組合せ最適化問題とは，一般に，有限個の要素からなる実行可能集合のなかで目的関数が最小あるいは最大となるようなものを見つける問題である．第3章で取り扱った最短路問題は代表的な組合せ最適化問題である．また，線形最適化問題は無限個の実行可能解をもつが，実質的には有限個の実行可能基底解 *1) から最適解を見つける問題であるから，組合せ最適化問題の一つとみなすこともできる．さらに，最大流問題や最小費用流問題などのネットワーク最適化問題も，特殊な線形最適化問題であるから，やはり組合せ最適化問題である．

組合せ最適化問題においては実行可能解の数は有限であるから，すべての実行可能解に対する目的関数の値を計算し，それらの大小を単純に比較すれば，常に最適解を見つけることができる．しかし，一口に有限といっても，たとえば 0 または 1 の二つの値をとる n 個の 0-1 変数 $x_i\,(i=1,2,\ldots,n)$ の組 $\boldsymbol{x}=(x_1,x_2,\ldots,x_n)$ のとりうる値は 2^n 個もあり，とくに n が大きいときにはその数は莫大なものと

*1) 実際，各々の基底解は n 個の変数から m 個の基底変数を選ぶ組合せに対応していたことを思い出そう．

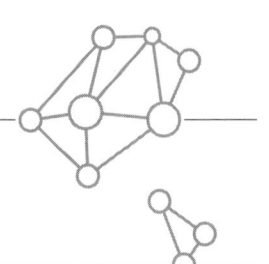

なる．実際，$n=10$ のときには $2^{10}=1024$ でしかないが，$n=20, 30, 40, 50$ となるにつれて $2^{20}\cong 10^6$, $2^{30}\cong 10^9$, $2^{40}\cong 10^{12}$, $2^{50}\cong 10^{15}$ と増加していくので，すべての実行可能解を列挙してその目的関数値を比較する単純な方法では，変数が数十個程度の問題ですら現実には取り扱えないことは明らかである．そこで，問題の性質や構造を考慮して，問題に応じた効率的な解法 (アルゴリズム) を開発する必要がある．

組合せ最適化問題に対するアルゴリズムを設計する際に用いられる基本的な考え方の一つに**欲張り法**と呼ばれる方法がある．これは，解を段階的に構築していく際に，常にその段階で最善と思われるものを取り入れていく方法である．一般に，このような単純な方法では問題の (大域的) 最適解が構築できる保証はないが，ある種の問題に対しては実際に最適解を効率的に得ることができる．その典型的な例として，**最小木問題**に対する**クラスカル法** *2) を紹介しよう．

節点集合 $V=\{1,2,\ldots,n\}$ と枝集合 $E=\{e_1,e_2,\ldots,e_m\}$ をもつ連結無向グラフ $G=(V,E)$ に対して，グラフ G とおなじ節点集合 V をもち，さらに E の部分集合 T を枝集合とするグラフ $G'=(V,T)$ を考える．ただし，各節点 $i\in V$ は少なくとも一つの枝 $e_j\in E$ の端点になっているとする．そのとき，G' が閉路を含まない連結グラフ，すなわち木になっているならば (3.1 節参照)，G' を G の**全域木**という．さらに，各枝 $e_i\in E$ に長さ a_i が与えられているとき，枝集合 T に属する枝の長さの和 $\sum_{e_i\in T} a_i$ を全域木 $G'=(V,T)$ の長さと定義し，すべての全域木のなかで長さが最小であるようなものを**最小木**と呼ぶ．以下では，簡単のため，全域木 $G'=(V,T)$ を単に T と書くことにする．図 5.1 に全域木の一例を示す (節点数 n のグラフにおける全域木は必ず $n-1$ 本の枝を含む)．

クラスカル法は，長さの短い順に枝を一つずつ選び，それを前に選んだ枝の集合に付け加えたとき閉路を生じない限り，その枝を付け加えるという操作を，全域木が得られるまで繰り返す方法である．

クラスカル法

(0) グラフ G の枝を短い順に並べ，$a_1\leqq a_2\leqq\cdots\leqq a_m$ を満たすように枝 e_i の番号 (添字) を付けかえる．$T:=\{e_1\}$, $k:=2$ とおく．

(1) 枝集合 $T\cup\{e_k\}$ が閉路を含まないならば，$T:=T\cup\{e_k\}$ とする．

---

*2) クラスカル法は 1956 年に J. B. Kruskal によって考案された方法である．

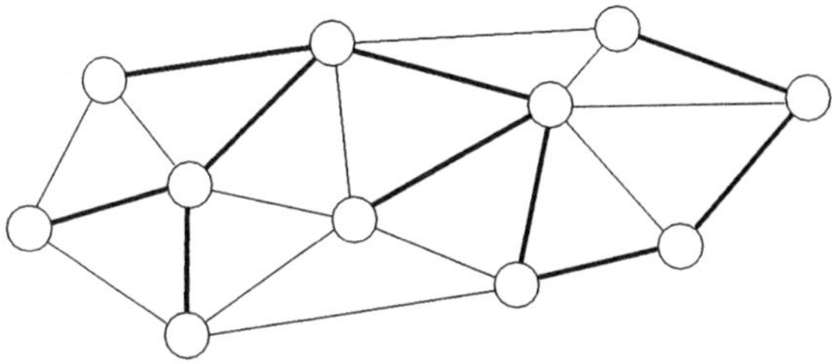

図 **5.1** 全域木の例 (太線の枝は T を表す)

(2) T が G の全域木になっていれば計算終了．さもなければ $k := k + 1$ として，ステップ (1) へ戻る．

図 5.2 にクラスカル法による計算例を示す．この例では枝の長さはすべて異なっているが，おなじ長さの枝が存在する場合でも計算は同様である．この例では，4 回目の反復で選ばれた長さ 10 の枝は，その段階で得られている T に追加すると閉路ができるので，T に付け加えていないことに注意しよう．計算が終了した時点では長さが 31 の全域木が得られているが，容易に確かめられるように，それは実際に最小木になっている．

なお，クラスカル法の計算の途中では，枝集合 T は一般に複数の木の集まり

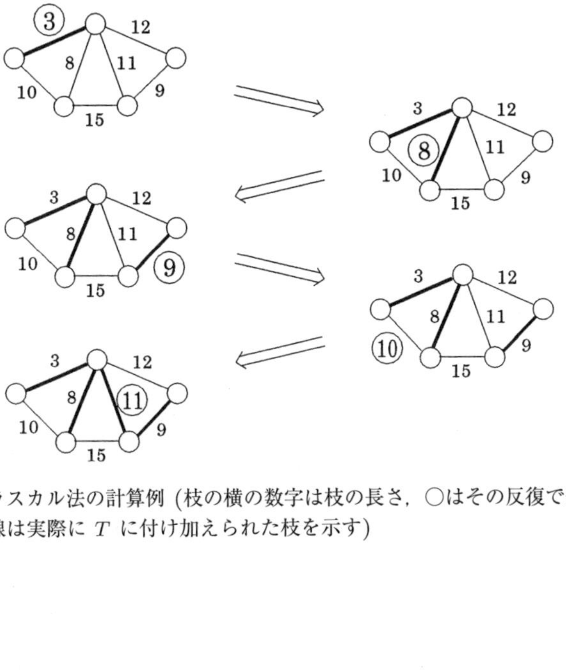

図 **5.2** クラスカル法の計算例 (枝の横の数字は枝の長さ，○はその反復で選ばれた枝，太線は実際に T に付け加えられた枝を示す)

になっている．このような集合を森と呼ぶ．また，ある (連結グラフとは限らない) グラフに含まれる森に対して，どの枝を付け加えても閉路ができてしまうとき，その森を**全域森**という．一般に，一つのグラフには多数の全域森が存在するが，それらの全域森の枝数はそのグラフに固有な定数であることが知られている．

ここで，クラスカル法によって必ず最小木が得られることを背理法を用いて証明しておこう．クラスカル法によって得られた全域木を $T = \{e_{l_1}, e_{l_2}, \ldots, e_{l_{n-1}}\}$ とし，枝は $e_{l_1}, e_{l_2}, \ldots, e_{l_{n-1}}$ の順に付け加えられたものとする．すなわち

$$a_{l_1} \leqq a_{l_2} \leqq \cdots \leqq a_{l_{n-1}}$$

である．さて，T より長さの小さい全域木 $T^* = \{e_{q_1}, e_{q_2}, \ldots, e_{q_{n-1}}\}$ が別に存在し

$$a_{q_1} \leqq a_{q_2} \leqq \cdots \leqq a_{q_{n-1}} \tag{5.1}$$

であると仮定しよう．T^* の長さは T より小さいことから，$a_{q_i} < a_{l_i}$ であるような i が必ず存在する．そのような i のなかで最小のものを r とすれば

$$\left\{\begin{array}{ccc} a_{q_1} & \geqq & a_{l_1} \\ & \vdots & \\ a_{q_{r-1}} & \geqq & a_{l_{r-1}} \\ a_{q_r} & < & a_{l_r} \end{array}\right. \tag{5.2}$$

である．ここで，枝集合 $\tilde{T} = \{e_{l_1}, \ldots, e_{l_{r-1}}, e_{q_1}, \ldots, e_{q_r}\}$ からなる部分グラフ $\tilde{G}$ を考える (ただし，$\tilde{T}$ には枝が重複して含まれている可能性もある)．クラスカル法における T の構成法より，枝集合 $\{e_{l_1}, \ldots, e_{l_{r-1}}\}$ は部分グラフ $\tilde{G}$ に対する全域森になっている．なぜなら，もしそうでないとすると，(5.1) 式と (5.2) 式より，クラスカル法の計算の途中，枝集合 $\{e_{l_1}, \ldots, e_{l_{r-1}}\}$ に枝を付け加える段階で，e_{l_r} のかわりにそれよりも短い $e_{q_1}, \ldots, e_{q_r}$ のいずれかを $\{e_{l_1}, \ldots, e_{l_{r-1}}\}$ に付け加えることができたはずだからである．枝集合 $\{e_{l_1}, \ldots, e_{l_{r-1}}\}$ が $\tilde{G}$ の全域森であることから，$\tilde{G}$ は r 本以上の枝をもつ森は含まない．一方，$\{e_{q_1}, \ldots, e_{q_r}\}$ は G に対する全域木 T^* の一部分を構成する森であり，その枝数は r である．これは先に述べたことに矛盾する．よって，クラスカル法によって得られた T は最小木であることが示せた．

最小木問題は欲張り法によって解けることがわかったが，一般に欲張り法で最適解が得られる問題はある種の特殊な構造をもっている．そのような問題の構造はマトロイドと呼ばれる概念に関連して詳しく研究されているが，ここではこれ以上言及しない (演習問題 5.1 参照).

欲張り法はわかりやすく計算量も少なくてすむので，最適解を得る保証がないような問題に対しても，近似最適解を求める方法 (近似解法) としてしばしば採用されている.

5.2 分枝限定法

5.1 節の最初に述べたように，組合せ最適化問題の実行可能解は有限個であるから，原理的には，それらをすべて列挙することにより最適解を求めることができる．この節で紹介する**分枝限定法** *3) は実行可能解を列挙するために場合分けを行っていく過程で，最適解が得られる見込みのない不必要な場合分けをできるだけ省略して，探索する範囲を絞り込むことにより，計算時間を短縮しようとする方法である.

分枝限定法は様々な問題に対して用いることのできる一般的な計算原理であるが，ここでは次の**ナップサック問題** (1.4 節参照) を取り上げ *4)，分枝限定法の考え方を説明しよう.

$$
\begin{array}{ll}
\text{目的関数：} & \displaystyle\sum_{i=1}^{n} c_i x_i \;\longrightarrow\; \text{最大} \\
\text{制約条件：} & \displaystyle\sum_{i=1}^{n} a_i x_i \leqq b \\
 & x_i = 0, 1 \quad (i = 1, 2, \ldots, n)
\end{array}
\tag{5.3}
$$

ただし，c_i, a_i, b はすべて正の整数とし

$$
\frac{c_1}{a_1} \geqq \frac{c_2}{a_2} \geqq \cdots \geqq \frac{c_n}{a_n} \tag{5.4}
$$

となるように，前もって変数の添字 i は並べ換えられていると仮定する.

具体的な例として次の問題を考えよう.

---

*3) ブランチ・アンド・バウンド法 (branch-and-bound method) とも呼ばれる.

*4) 問題 (5.3) は目的関数を最大化する問題であることに注意.

$$\begin{aligned} \text{目的関数：} \quad & 7x_1 + 8x_2 + x_3 + 2x_4 \quad \longrightarrow \quad \text{最大} \\ \text{制約条件：} \quad & 4x_1 + 5x_2 + x_3 + 3x_4 \leqq 6 \\ & x_i = 0, 1 \quad (i = 1, 2, 3, 4) \end{aligned} \tag{5.5}$$

この問題に対して，各変数が 0 または 1 でなければならないという条件 (0-1 条件) を，0 と 1 のあいだの任意の実数でよいという条件に緩めた問題を定義する．

$$\begin{aligned} \text{目的関数：} \quad & 7x_1 + 8x_2 + x_3 + 2x_4 \quad \longrightarrow \quad \text{最大} \\ \text{制約条件：} \quad & 4x_1 + 5x_2 + x_3 + 3x_4 \leqq 6 \\ & 0 \leqq x_i \leqq 1 \quad (i = 1, 2, 3, 4) \end{aligned} \tag{5.6}$$

これを問題 (5.5) に対する**連続緩和問題**と呼ぶ．問題の係数が (5.4) 式の条件を満たすことから，連続緩和問題 (5.6) の最適解は，変数 $x_1, x_2, \ldots$ の順に制約条件が満たされる限りできるだけ大きい値を定めていくという簡単な方法で求めることができる．問題 (5.5) に対してこの方法を適用すると最適解 $\boldsymbol{x} = (1, 2/5, 0, 0)^\top$ が得られる．これを問題 (5.5) の**実数最適解**という．この実数最適解は 0-1 条件を満たさないので問題 (5.5) の最適解ではないが，次の二つの有用な性質をもっている．

(a) 連続緩和問題 (5.6) の実行可能領域は問題 (5.5) の実行可能領域を含むので，前者の問題の最大値は後者の問題の最大値より大きいかまたは等しい．すなわち，前者の問題の最大値は後者の問題の最大値に対する一つの**上界値**を与える．

(b) 実数最適解には 0-1 条件を満たさない変数は高々一つしかない．その変数の値を 0 とおき，そのかわり値が 0 になっている変数のなかに制約条件を破ることなく 1 に変更できるものがあれば，それを 1 とおくことによって問題 (5.5) の近似解を容易に得ることができる．いまの場合は，変数 x_2 を 0 とおき，かわりに変数 x_3 を 1 とすれば，問題 (5.5) の近似解 $\boldsymbol{x} = (1, 0, 1, 0)^\top$ が得られる [*5)]．

とくに性質 (a) は以下に述べる分枝限定法において重要な役割をはたす．

問題 (5.5) の最適解は各変数の値を 0 または 1 とおいた 16 ($= 2^4$) 個の組合せのなかにある．それらをすべて数え上げるには，図 5.3 のような**分枝図**を考える

*5) この近似最適解の構成法の考え方は 5.1 節で述べた欲張り法にほかならない．

のが好都合である．図 5.3 は問題の変数の値を一つずつ 0 または 1 に固定していく様子を表しており，最上部の節点はまだどの変数も固定されていない状態に，最下部の 16 個の節点はすべての変数が 0 または 1 に固定された状態に対応している．また，途中に現れる節点は，問題 (5.5) において一部の変数の値が 0 または 1 に固定され，それ以外の変数は固定されていないような問題を表している．そのような問題を**部分問題**と呼び，$\mathcal{P}(J_0, J_1)$ と書く．ここで J_0 と J_1 はそれぞれ 0 に固定されている変数と 1 に固定されている変数 (の添字) の集合を表している．また，固定されていない変数を**自由変数**といい，その添字の集合を F で表す．たとえば，$F = \{1,3\}$, $J_0 = \{2\}$, $J_1 = \{4\}$ に対する部分問題 $\mathcal{P}(\{2\},\{4\})$ は次のようになる．

$$
\begin{array}{lll}
\mathcal{P}(\{2\},\{4\}) & \text{目的関数：} & 7x_1 + x_3 + 2 \;\longrightarrow\; \text{最大} \\
& \text{制約条件：} & 4x_1 + x_3 + 3 \leqq 6 \\
& & x_i = 0, 1 \quad (i \in F = \{1,3\})
\end{array}
$$

この問題もまたナップサック問題の形になっていることに注意しよう．

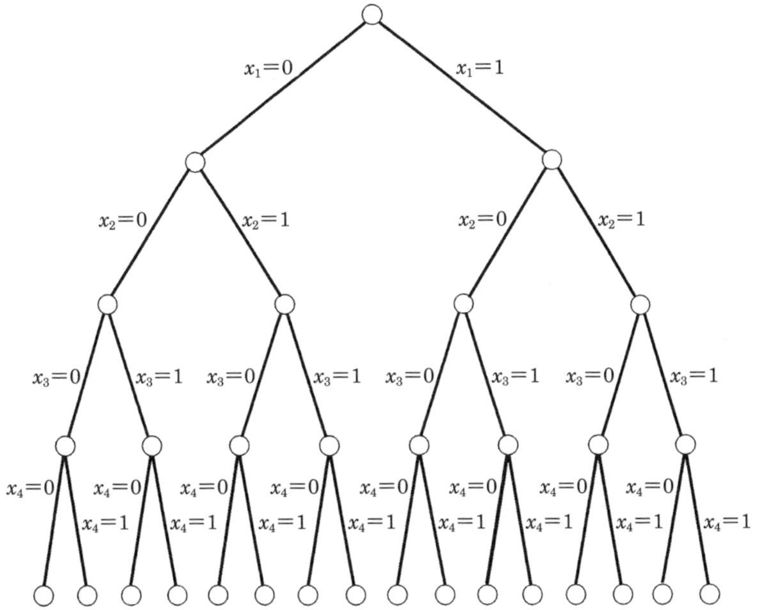

図 **5.3** 分枝図の例

分枝限定法では，分枝図に現れるすべての節点 (部分問題) を数え上げるかわりに，順次生成される部分問題に対して，その最適解がもとの問題の最適解を与える可能性があるかどうかのテストを行い，可能性がないことが判明すれば，その部分問題を解くことをやめる．これを部分問題の**終端**という．それ以外にも，部分問題の最適解が得られることや，部分問題には実行可能解が存在しないことが判明することがあり，そのような場合にも部分問題は終端できる．部分問題を終端すると，分枝図におけるその部分問題の下のすべての節点 (部分問題) を調べる必要はなくなるので，生成される部分問題の数はその分だけ減少する．

部分問題のテストと終端には以下のようなものがある．

(a) それまでに得られている最良の実行可能解を**暫定解**とし，その目的関数値をその時点での**暫定値**とする．部分問題 $\mathcal{P}(J_0, J_1)$ の連続緩和問題を解いて問題 $\mathcal{P}(J_0, J_1)$ の上界値を求めたとき，それが暫定値より小さいならば，その部分問題がもとの問題の最適解を与える可能性はない．よって部分問題 $\mathcal{P}(J_0, J_1)$ は終端できる．

(b) 連続緩和問題の最適解 (実数最適解) が 0-1 条件を満たすならば，それは部分問題 $\mathcal{P}(J_0, J_1)$ の最適解になっている．この場合も部分問題は終端できる．さらに，得られた解の目的関数値が暫定値より大きいときは，より良い実行可能解が見つかったので，それを新しい暫定解とする．

(c) 部分問題 $\mathcal{P}(J_0, J_1)$ が実行可能解をもたないことが判明すれば部分問題は終端できる．

これらの操作を**限定操作**という．終端できなかった部分問題に対しては，自由変数を一つ選んで，それを 0 または 1 に固定することにより，新しい部分問題を生成する．これを**分枝操作**という．ただし，分枝限定法の実際の計算では，終端できないことがわかった部分問題に対して，ただちに分枝操作を施すとは限らない．一般に，その時点で分枝操作が適用可能な部分問題 (これらを**活性部分問題**という) は複数存在しているので，なんらかの規則を設けて次に分枝操作を施す活性部分問題を選ぶ必要がある．そのような選択規則を**探索法**といい，その代表的なものに**最良優先探索法**や**深さ優先探索法**などがある．最良優先探索法は，各活性部分問題に対してその最大値の推定値を求めておき，それが最良 (最大) であるような活性部分問題を選ぶ方法である．深さ優先探索法では，分枝図において最上部の節点 (もとの問題) からの深さが最大であるような活性部分問題 (すなわち最上部の節点から最も遠い節点) を選ぶ．この方法は，上に述べたような，限定操作により終端できなかった部分問題に対してただちに分枝操作を施す方法に対応している．深さ優先探索法は計算の途中で保持される活性部分問題の数が少なくおさえられるという特徴があり，大規模な問題を取り扱う際には，記憶領域の面で都合がよい．一方，最良優先探索法では計算終了までに生成される部分問題の総数が深さ優先探索法に比べて少なくなると期待される．

問題 (5.5) に対して，深さ優先探索法を用いた分枝限定法を適用してみよう．なお，各時点における活性部分問題の集合を $\mathcal{A}$ で表す．

[反復 1]

問題 $\mathcal{P}(\emptyset,\emptyset)$ の実数最適解を修正して得られる近似解 $\boldsymbol{x}=(1,0,1,0)^\top$ を暫定解とし，その目的関数値 8 を暫定値 z^* とする．自由変数 x_1 を選んで，問題 $\mathcal{P}(\emptyset,\emptyset)$ に分枝操作を施し，二つの部分問題 $\mathcal{P}(\{1\},\emptyset)$ と $\mathcal{P}(\emptyset,\{1\})$ を生成する．活性部分問題の集合は $\mathcal{A}=\{\mathcal{P}(\{1\},\emptyset),\mathcal{P}(\emptyset,\{1\})\}$ となる．

[反復 2]

活性部分問題 $\mathcal{P}(\{1\},\emptyset)$ を選ぶ．部分問題

$$
\begin{array}{lll}
\mathcal{P}(\{1\},\emptyset) & \text{目的関数：} & 8x_2+x_3+2x_4 \longrightarrow \text{最大} \\
 & \text{制約条件：} & 5x_2+x_3+3x_4 \leqq 6 \\
 & & x_i=0,1 \quad (i=2,3,4)
\end{array}
$$

の実数最適解は $(x_2,x_3,x_4)^\top=(1,1,0)^\top$ となる．これは 0-1 条件を満たすので，部分問題 $\mathcal{P}(\{1\},\emptyset)$ は終端できる．また，この解に対する目的関数値 9 は暫定値 8 より大きいので，暫定解を $\boldsymbol{x}=(0,1,1,0)^\top$ に，暫定値を 9 に置き換える．活性部分問題の集合は $\mathcal{A}=\{\mathcal{P}(\emptyset,\{1\})\}$ となる．

[反復 3]

活性部分問題 $\mathcal{P}(\emptyset,\{1\})$ を選ぶ．部分問題

$$
\begin{array}{lll}
\mathcal{P}(\emptyset,\{1\}) & \text{目的関数：} & 7+8x_2+x_3+2x_4 \longrightarrow \text{最大} \\
 & \text{制約条件：} & 4+5x_2+x_3+3x_4 \leqq 6 \\
 & & x_i=0,1 \quad (i=2,3,4)
\end{array}
$$

の実数最適解は $(x_2,x_3,x_4)^\top=(2/5,0,0)^\top$，その目的関数値は $51/5=10.2$ である．問題の最適値は常に整数であることに注意すると，この部分問題の上界値は 10 となる．これは現在の暫定値 9 より大きいので，この時点で部分問題 $\mathcal{P}(\emptyset,\{1\})$ を終端することはできない．そこで，この部分問題において自由変数 x_2 を 0 または 1 に固定した部分問題を生成する．その結果，活性部分問題の集合は $\mathcal{A}=\{\mathcal{P}(\{2\},\{1\}),\mathcal{P}(\emptyset,\{1,2\})\}$

となる．

[反復 **4**]

活性部分問題 $\mathcal{P}(\{2\},\{1\})$ を選ぶ．部分問題

$$
\begin{array}{lll}
\mathcal{P}(\{2\},\{1\}) & \text{目的関数：} & 7 + x_3 + 2x_4 \quad \longrightarrow \quad \text{最大} \\
 & \text{制約条件：} & 4 + x_3 + 3x_4 \leqq 6 \\
 & & x_i = 0, 1 \quad (i = 3, 4)
\end{array}
$$

の実数最適解は $(x_3, x_4)^\top = (1, 1/3)^\top$ であり，その目的関数値は $26/3 \cong 8.7$ となる．問題の最適値は常に整数であるから，部分問題 $\mathcal{P}(\{2\},\{1\})$ の上界値は 8 となるが，これは現在の暫定値 9 より小さい．よって，部分問題 $\mathcal{P}(\{2\},\{1\})$ が最適解を与える可能性はないので，この部分問題を終端できる．その結果，活性部分問題の集合は $\mathcal{A} = \{\mathcal{P}(\emptyset, \{1,2\})\}$ となる．

[反復 **5**]

活性部分問題 $\mathcal{P}(\emptyset, \{1,2\})$ を選ぶ．ところが，この部分問題

$$
\begin{array}{lll}
\mathcal{P}(\emptyset,\{1,2\}) & \text{目的関数：} & 7 + 8 + x_3 + 2x_4 \quad \longrightarrow \quad \text{最大} \\
 & \text{制約条件：} & 4 + 5 + x_3 + 3x_4 \leqq 6 \\
 & & x_i = 0, 1 \quad (i = 3, 4)
\end{array}
$$

は明らかに実行可能解をもたないので，ただちに終端できる．その結果，$\mathcal{A} = \emptyset$ となる．

[反復 **6**]

活性部分問題がなくなったので，計算を終了する．このとき得られている暫定解 $\boldsymbol{x} = (0, 1, 1, 0)^\top$ が問題 (5.5) の最適解である．

図 5.4 は上の計算によって生成された部分問題を表している．これを問題 (5.5) に対する分枝限定法の**探索木**という．図 5.4 において，各節点の数字はテストされた順番を表す．また，◎は実行可能解が得られ，暫定解を更新した部分問題，□は上界値が暫定値以下であったため終端した節点，△は実行可能解をもたないため終端した節点を表している．この例では反復 2 で得られた実行可能解が最終的に最適解となったが，実際にそれが最適解であることは計算が終了した時点で初めて確認されている．

以上，ナップサック問題を用いて分枝限定法の考え方を説明した．分枝限定法はもっと複雑な組合せ最適化問題に対してもよく用いられており，非常に適用範囲の広い方法である．ここで一般的な分枝限定法の手続きをまとめておこう．な

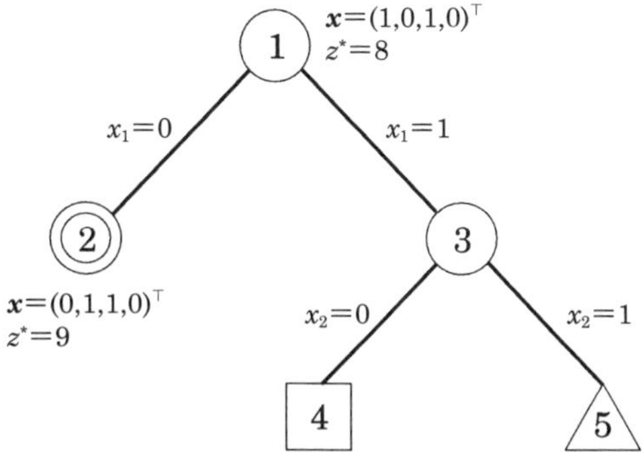

図 **5.4** 問題 (5.5) に対する分枝限定法の探索木

お，ナップサック問題の場合，分枝操作はいつでも二つの部分問題を生成するが，一般の組合せ最適化問題では，場合分けによって三つ以上の部分問題が生成されることもある．以下のアルゴリズム中ではもとの問題を $\mathcal{P}_0$ で，途中で生成される部分問題を $\mathcal{P}_i, \mathcal{P}_j$ などと表している．分枝限定法を実際に適用するにあたっては，対象とする問題に応じて，効果的な上界値の計算法や活性部分問題の探索法などを工夫することが重要になる．

分枝限定法

(0) 適当な方法で近似最適解を求め，それを暫定解，その目的関数値を暫定値 z^* とする．もとの問題 $\mathcal{P}_0$ からいくつかの部分問題 $\mathcal{P}_1, \mathcal{P}_2, \ldots, \mathcal{P}_m$ を生成し，$\mathcal{A} := \{\mathcal{P}_1, \mathcal{P}_2, \ldots, \mathcal{P}_m\}$ とおく．

(1) 集合 $\mathcal{A}$ から部分問題 $\mathcal{P}_i$ を一つ選ぶ．

(1-1) 部分問題 $\mathcal{P}_i$ が実行可能解をもたなければ，ただちに $\mathcal{P}_i$ を終端する．$\mathcal{A} := \mathcal{A} \setminus \{\mathcal{P}_i\}$ としてステップ (3) へ [*6]．

(1-2) 部分問題 $\mathcal{P}_i$ の最適解が得られ，その目的関数値 z_i が $z_i \leq z^*$ を満たせば，ただちに $\mathcal{P}_i$ を終端する．$z_i > z^*$ を満たせば $z^* := z_i$ とおき，暫定解を更新して $\mathcal{P}_i$ を終端する．$\mathcal{A} := \mathcal{A} \setminus \{\mathcal{P}_i\}$ としてステップ (3) へ．

(1-3) 部分問題 $\mathcal{P}_i$ の上界値 $\bar{z}_i$ が得られ，それが $\bar{z}_i \leq z^*$ を満たせば $\mathcal{P}_i$ を終端する．$\mathcal{A} := \mathcal{A} \setminus \{\mathcal{P}_i\}$ としてステップ (3) へ．$\bar{z}_i > z^*$ を満

[*6] 二つの集合 A, B に対して，$A \setminus B$ は A と B の差集合 $\{v \mid v \in A, v \notin B\}$ を表す．

たせばステップ (2) へ.

(2) 部分問題 $\mathcal{P}_i$ からいくつかの部分問題 $\mathcal{P}_j, \ldots, \mathcal{P}_k$ を生成し, $\mathcal{A} := \mathcal{A} \cup \{\mathcal{P}_j, \ldots, \mathcal{P}_k\} \setminus \{\mathcal{P}_i\}$ とおく. ステップ (1) へ戻る.

(3) $\mathcal{A} = \emptyset$ ならば計算終了 (暫定解はもとの問題 $\mathcal{P}_0$ の最適解). さもなければステップ (1) へ戻る.

上のアルゴリズムは最大化問題を対象としているため, 限定操作において部分問題の最大値に対する上界値を用いているが, 最小化問題を取り扱うときには, 部分問題の最小値に対する下界値を用いなければならない. しかし, この点を除いて, 分枝限定法それ自体の基本的な考え方は最大化問題の場合とまったくおなじである.

5.3 動的計画法

3.1 節で紹介した最短路問題に対するダイクストラ法は**最適性の原理**と呼ばれる考え方に基づいていた. 一般に, 最適性の原理に基づく方法を**動的計画法** *7) という. 動的計画法は, 分枝限定法とおなじく, 効率的な列挙法の一種であり, 様々な組合せ最適化問題に対する基本的なアプローチの一つに位置づけられている. この節では難しい組合せ最適化問題の代表格である巡回セールスマン問題 (1.4.4 節) を題材にして, 動的計画法の考え方を説明する.

節点集合を $V = \{1, 2, \ldots, n\}$, 枝集合 を E, 各枝 $(i, j) \in E$ の長さを a_{ij} としたネットワークに対する対称な (すなわち $a_{ij} = a_{ji}$ を満たす) 巡回セールスマン問題を考える. 図 5.5 に示すネットワークの例では

$$V = \{1, 2, 3, 4\},\ E = \{(1,2),\ (1,3),\ (1,4),\ (2,3),\ (2,4),\ (3,4)\}$$

であり, たとえば枝 $(1, 2)$ の長さ a_{12} は 7 である.

以下では, 節点 1 を出発点とする. 節点の部分集合 $S \subsetneqq \{2, 3, \ldots, n\}$ と S に含まれる節点 i に対して, 節点 1 を出発して, S に属するすべての節点をちょうど一度ずつ通った後, 節点 i に到達する路のなかで最短のものの長さを $f(S, i)$ と書くことにする.

---

*7) ダイナミック・プログラミング (dynamic programming) とも呼ばれる.

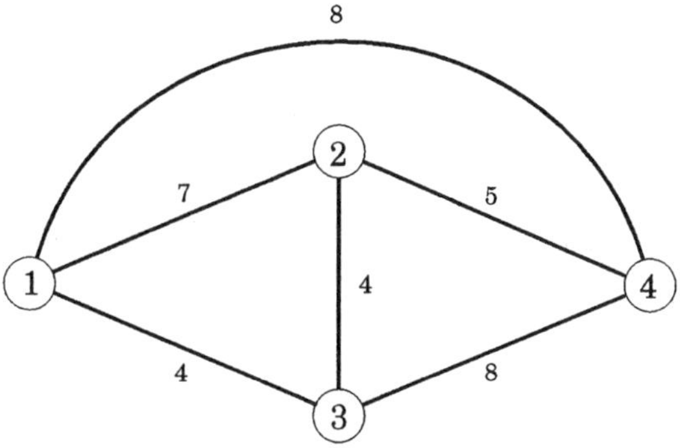

図 5.5 巡回セールスマン問題の例 (数字は枝の長さ)

図 5.5 の例で，$S = \{2,3,4\}$ とし，それぞれの $i \in S$ に対する $f(S,i)$ を考える．たとえば，$f(\{2,3,4\},3)$ は節点 1 を出発して，節点 2 と 4 を適当な順番で経由して節点 3 に到達する路のうち最短のものの長さを表している．さて，いま $i = 2,3,4$ のそれぞれに対して，$f(\{2,3,4\},2)$，$f(\{2,3,4\},3)$，$f(\{2,3,4\},4)$ の値がわかっているとしよう．そのとき，節点集合 $\{2,3,4\}$ のすべての節点を通って節点 1 に戻る最短巡回路 (すなわち求めるべき最短巡回路) の長さ f^* は

$$f^* = \min\{f(\{2,3,4\},i) + a_{i1} \,|\, i \in \{2,3,4\}\} \tag{5.7}$$

より計算できる．これは，巡回路においては，節点 1 に戻る直前に訪問する節点は 2, 3, 4 のいずれかであるから，それら三つの場合に対する最短部分経路の長さを求めておけば，それらを用いて最短巡回路が構成できるという事実に基づいている．これが巡回セールスマン問題に対する最適性の原理である．

(5.7) 式で既知としていた $f(\{2,3,4\},i)$ の値を求めるには上の考え方をもう一度使えばよい．たとえば，$f(\{2,3,4\},3)$ に対しては，節点 3 の直前に訪問する節点が 2 と 4 のどちらであるかに応じて二つの場合を考えることにより，次式を得る．

$$f(\{2,3,4\},3) = \min\{f(\{2,4\},2) + a_{23},\ f(\{2,4\},4) + a_{43}\} \tag{5.8}$$

このように，$f(\{2,3,4\},i)$ は $f(\{2,4\},j)$, $f(\{3,4\},j)$ などをあらかじめ求めておけば容易に計算できる．これも最適性の原理にほかならない．

(5.7) 式，(5.8) 式のような関係式は最終的に $f(\{2\},2)$，$f(\{3\},3)$，$f(\{4\},4)$，

$f(\{5\},5)$ を含む形にまで分解していくことができる．これらの値はただちに得られるので，最短巡回路を求めるには，上の手順を集合 S の要素数の小さい順にたどっていき，最終的に (5.7) 式から f^* を求めればよい．これが動的計画法の考え方である．

図 5.5 の例題を動的計画法を用いて解いてみよう．なお，$p(S,i)$ は節点 i の直前に訪問する節点を記憶しておくためのものであり，最後に最短巡回路を構成する際に用いる．

[反復 **1**]

$$f(\{2\},2) = a_{12} = 7, \qquad p(\{2\},2) = 1$$
$$f(\{3\},3) = a_{13} = 4, \qquad p(\{3\},3) = 1$$
$$f(\{4\},4) = a_{14} = 8, \qquad p(\{4\},4) = 1$$

[反復 **2**]

$$f(\{2,3\},2) = f(\{3\},3) + a_{32} = 4 + 4 = 8, \qquad p(\{2,3\},2) = 3$$
$$f(\{2,3\},3) = f(\{2\},2) + a_{23} = 7 + 4 = 11, \qquad p(\{2,3\},3) = 2$$
$$f(\{2,4\},2) = f(\{4\},4) + a_{42} = 8 + 5 = 13, \qquad p(\{2,4\},2) = 4$$
$$f(\{2,4\},4) = f(\{2\},2) + a_{24} = 7 + 5 = 12, \qquad p(\{2,4\},4) = 2$$
$$f(\{3,4\},3) = f(\{4\},4) + a_{43} = 8 + 8 = 16, \qquad p(\{3,4\},3) = 4$$
$$f(\{3,4\},4) = f(\{3\},3) + a_{34} = 4 + 8 = 12, \qquad p(\{3,4\},4) = 3$$

[反復 **3**]

$$\begin{aligned}
f(\{2,3,4\},2) &= \min\{f(\{3,4\},3) + a_{32}, f(\{3,4\},4) + a_{42}\} \\
&= \min\{16+4, 12+5\} = 17, \quad p(\{2,3,4\},2) = 4 \\
f(\{2,3,4\},3) &= \min\{f(\{2,4\},2) + a_{23}, f(\{2,4\},4) + a_{43}\} \\
&= \min\{13+4, 12+8\} = 17, \quad p(\{2,3,4\},3) = 2 \\
f(\{2,3,4\},4) &= \min\{f(\{2,3\},2) + a_{24}, f(\{2,3\},3) + a_{34}\} \\
&= \min\{8+5, 11+8\} = 13, \quad p(\{2,3,4\},4) = 2
\end{aligned}$$

[反復 **4**]

$$\begin{aligned}
f^* &= \min\{f(\{2,3,4\},2) + a_{21},\ f(\{2,3,4\},3) + a_{31},\ f(\{2,3,4\},4) + a_{41}\} \\
&= \min\{17+7, 17+4, 13+8\} = 21
\end{aligned}$$

したがって最短巡回路の長さは 21 であり，節点 1 に戻る直前に訪問する節点は 4 または 3 である．ここでは節点 4 の場合を考える．反復 3 より $p(\{2,3,4\},4) = 2$ であるから，節点 4 の直前に訪問する節点は 2 である．反復 2 より $p(\{2,3\},2)=3$ であるから，節点 2 の直前に訪問する節点は 3 である．最後に，反復 1 より $p(\{3\},3)=1$ であるから巡回路が構成できた．最短巡回路は $1 \to 3 \to 2 \to 4 \to 1$ である (節点 1 に戻る直前に訪問する節点を 3 として得られる最短巡回路 $1 \to 4 \to 2 \to 3 \to 1$ は上の巡回路を逆にたどったものになっている).

図 5.5 の例は規模が小さいので，すべての巡回路を数え上げることも可能であり，むしろそのほうが上に示した動的計画法の計算よりも少ない計算量で最短巡回路を見つけることができる．しかし，節点の数がもっと多くなると，単純な数え上げでは最適解を求めることは困難になり，動的計画法の有利さが明らかになってくる．ただし，動的計画法も本質的には列挙法であり，節点数に対して指数関数的に計算量が増加するので，現実的に取り扱える問題の規模はせいぜい数十程度が限界と考えられる．より大規模な巡回セールスマン問題に対しては，様々な工夫を取り入れた分枝限定法が有効である．

5.4 近 似 解 法

3.1 節で述べたように，問題の大きさに関する多項式時間で解ける問題はクラス **P** に属するという．また，ある問題を場合分けによって解くとき，それぞれの場合に対する計算が問題の大きさに関する多項式時間で実行できるならば，その問題はクラス **NP** に属するという (NP は nondeterministic polynomial time, すなわち非決定性計算のもとでの多項式時間を意味し，クラスとは問題の集まりのことである)．もちろん，クラス P に含まれる問題はクラス NP にも含まれる．現実の応用に現れる組合せ最適化問題はたいていクラス NP に属しているが，それらの多くは場合分けの数が問題の規模が大きくなるにつれて爆発的に増加するため，すべての場合に対する解を多項式時間で調べ尽くすことは不可能と考えられる．したがって，クラス NP には解くのが非常に難しい問題が多数含まれている．

ここでは問題の難しさの厳密な定義は省略するが，クラス NP に含まれるどの問題と比べても難しさが同等かそれ以上であるような問題のクラスを定義することができる．そのような問題のクラスを **NP 困難**と呼び，その代表的な問題に 5.3 節で取り上げた巡回セールスマン問題がある．NP 困難のクラスに属するとの問題に対してもこれまで多項式時間アルゴリズムは与えられておらず，文字どおり非常に難しい問題と考えられている[*8)].

分枝限定法や動的計画法は問題の最適解を有限ステップで計算する方法であるが，本質的に列挙法であるから，NP 困難の問題に対しては，一般に計算量が問題の大きさに対して指数関数的に増加することは避けられない．そのため，NP 困難の問題に対しては，最適解を厳密に求めることはあきらめ，良い近似最適解が比較的短時間で得られればそれで満足しようという考え方が一般に受け入れられている．そのような方法は**ヒューリスティック解法**あるいは**発見的解法**といわれる．

欲張り法は組合せ最適化問題のヒューリスティック解法を構成する有力な考え方である．たとえば，5.2 節で述べた連続緩和問題の解からナップサック問題の近似最適解を定める方法はまさに欲張り法の考え方に基づいている．この節では前節と同様，**巡回セールスマン問題**を取り上げ，欲張り法に基づくヒューリスティック解法を紹介する．

最初の方法は，ある節点から出発して，まだ訪問していない隣接節点のなかで現在の節点に最も近い節点へ次々と移動していく方法であり，**最近近傍法**と呼ばれている．図 5.5 の例に対して，節点 1 を出発点として最近近傍法を適用すると，巡回路 $1 \to 3 \to 2 \to 4 \to 1$ が得られる．これはこの問題の最適解になっている．次に，節点 3 を出発点とする場合を考えよう．節点 3 から節点 1 と 2 は等距離にあるので，どちらを選ぶこともできる．そこで，仮に節点 2 を選ぶと，巡回路 $3 \to 2 \to 4 \to 1 \to 3$ が得られるが，これは上の巡回路とおなじであるから最適解である．しかし，節点 2 のかわりに節点 1 を選ぶと，得られる巡回路は $3 \to 1 \to 2 \to 4 \to 3$ となる．この巡回路は長さが 24 であるから，最適解ではない．最近近傍法は近視的に巡回路を構成していくので，得られる巡回路は一般に最適解に比べてかなり悪くなることが多い．

最近近傍法より優れた欲張り法に**挿入法**と呼ばれる方法がある．挿入法の各反

---

*8) NP 困難の問題に対して多項式時間アルゴリズムが存在しないということも証明されていない．このことは計算の複雑さの分野における最大の未解決問題とされている．なお，NP 困難に類似した概念に **NP 完全**があるが，これはクラス NP に属する最も難しい問題のクラスを意味する．NP 完全の問題はクラス NP に含まれるものに限られるが，NP 困難はクラス NP に属さない問題も含む．

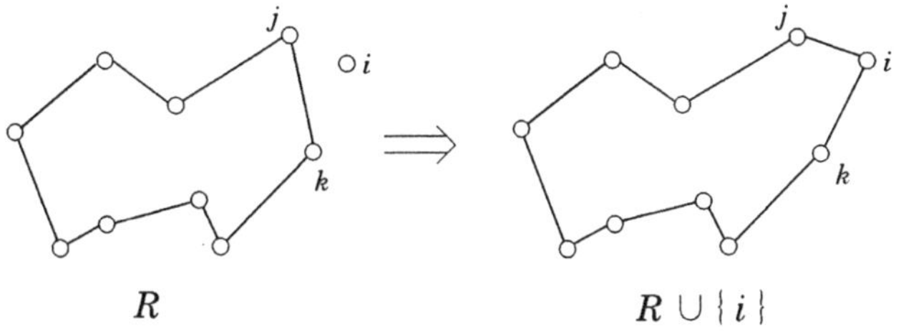

図 **5.6** 挿入法

復では，その時点で得られている部分巡回路 (いくつかの節点のみを経由する巡回路) R に一つの節点 i を付け加え，新しい巡回路 $R \cup \{i\}$ を構成する [*9] (図 5.6 参照)．部分巡回路 $R \subsetneqq \{1, 2, \ldots, n\}$ と節点 $i \notin R$ に対して，R と i の距離を

$$d(R, i) = \min_{j \in R} \{a_{ij}\}$$

で定義すると，挿入法の計算手順は次のように表される．

挿入法

(0) 節点 i_0 を任意に選び，$R := \{i_0\}$ とする．

(1) 巡回路 R との距離 $d(R, i)$ が最小となる節点 $i \notin R$ を選ぶ．

(2) $a_{ij} = d(R, i)$ を満たす節点 $j \in R$ に対して，巡回路から節点 j を端点とする一つの枝 (j, k) を取り除き，かわりに枝 (i, j) と (i, k) を付け加える．新しい巡回路を $R := R \cup \{i\}$ とする．

(3) すべての節点を通る巡回路が得られたなら計算終了．さもなければステップ (1) へ戻る．

このアルゴリズムでは，最初に三つの枝 (節点) からなる巡回路が得られるまでは例外的な取り扱いが必要である．まずステップ (0) では，R を一つの節点 i_0 だけからなる巡回路と考える．最初の反復では $R = \{i_0\}$ に最も近い節点 i_1 を選び，次の反復では $R = \{i_0, i_1\}$ に最も近い節点 i_2 を選んで $R = \{i_0, i_1, i_2\}$ とすればよい．それ以後の部分巡回路の構成法は上の計算手順に従う．

上に述べた挿入法は，各反復において現在の部分巡回路 R に最も近い節点 i を

---

*9) 挿入法の説明では，簡単のため，部分巡回路を単に節点の集合 $R \subsetneqq \{1, 2, \ldots, n\}$ で表しているが，厳密にはこれでは不十分である．実際の計算では，部分巡回路に現れる節点の順序あるいは部分巡回路を構成する枝を記憶しておく必要がある．

選ぶので，とくに**最近挿入法**と呼ばれる．挿入法には，このほかにも，各反復において現在の巡回路から最も離れている節点を選ぶ**最遠挿入法**や，その節点を挿入したときの巡回路の長さの増加量が最小となるようなものを選ぶ**最廉挿入法**などがある．理論的には，各枝の長さが三角不等式 $a_{ij} + a_{ik} \geqq a_{jk}$ を満たすような問題に対して，最近挿入法によって得られる巡回路の長さは最適巡回路の長さの2倍以下であることが知られている．最遠挿入法や最廉挿入法についてはそのような理論的性質は知られていないが，実際には最近挿入法より優れているという計算実験の報告もある．

5.5 局所探索法とメタヒューリスティックス

ヒューリスティック解法によって得られた近似最適解に対して，さらに部分的な修正を繰り返し加えることにより，より良い近似最適解が得られる場合がしばしばある．そのための基本的な戦略がこれまでに数多く提案されており，それらは一般に**メタヒューリスティックス**と呼ばれている．

様々なメタヒューリスティックスの基礎となるのが**局所探索法**と呼ばれる方法である．任意の実行可能解 $\boldsymbol{x}$ (以下，単に解 $\boldsymbol{x}$ という) に対して，その一部分を修正して得られる解の集合を $\mathcal{N}(\boldsymbol{x})$ で表し，$\boldsymbol{x}$ の**近傍**と呼ぶ．最小化する目的関数を $f(\boldsymbol{x})$ とすると，局所探索法の一般的な計算手順は次のように表される．

局所探索法

(0) 初期解 $\boldsymbol{x}$ を選ぶ．

(1) 現在の解 $\boldsymbol{x}$ の近傍 $\mathcal{N}(\boldsymbol{x})$ から $f(\boldsymbol{y}) < f(\boldsymbol{x})$ を満たす解 $\boldsymbol{y}$ を選ぶ．そのような解 $\boldsymbol{y}$ が $\mathcal{N}(\boldsymbol{x})$ 内に存在しなければ計算終了．

(2) $\boldsymbol{x}$ を $\boldsymbol{y}$ で置き換えてステップ (1) へ戻る．

局所探索法の振る舞いを模式的に表すと図 5.7 のようになる．図 5.7 において，●は生成される解であり，大きい円はそれぞれの解の近傍を，○は各近傍内の解を表している．局所探索法が終了した時点で得られている解 $\boldsymbol{x}$ は，少なくともその近傍 $\mathcal{N}(\boldsymbol{x})$ 内で目的関数が最小であるような**局所的最適解**になっている．

局所探索法を用いて実際に問題を解くには，近傍をどう定義するか，近傍 $\mathcal{N}(\boldsymbol{x})$ からどのように解 $\boldsymbol{y}$ を見つけるかなどを具体的に定める必要がある．後者につい

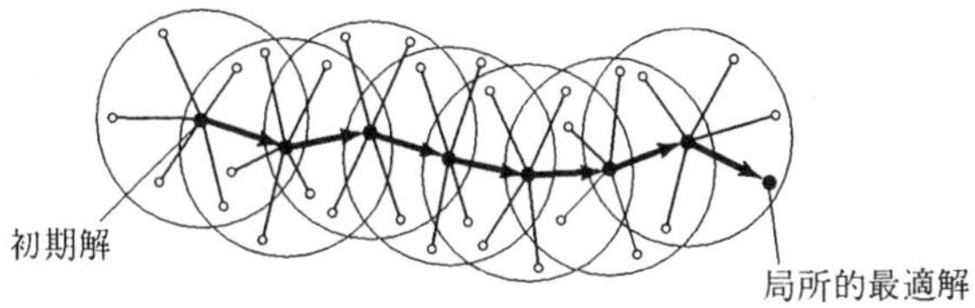

図 **5.7**　局所探索法

ては，たとえば，近傍 $\mathcal{N}(\boldsymbol{x})$ 内の解を一つずつ調べていき，$\boldsymbol{x}$ より良い解 $\boldsymbol{y}$ が見つかればただちに $\boldsymbol{x}$ を $\boldsymbol{y}$ で置き換える方法や，近傍 $\mathcal{N}(\boldsymbol{x})$ 内の解をすべて調べて最良の解 $\boldsymbol{y}$ を見つけ，それを $\boldsymbol{x}$ と置き換える方法などが考えられる．また，近傍は対象とする問題に応じて定義されるが，おなじ問題に対しても様々な近傍を考えることができるので，どのような近傍を用いるかが最終的に得られる局所的最適解の良し悪しに大きく影響する．一般に，大きい近傍を用いれば，小さい近傍を用いた場合に比べて，現在の解 $\boldsymbol{x}$ よりも良い解が見つかる可能性が大きいので，最終的に得られる局所的最適解の質は良くなると期待される [*10]．

局所探索法の具体的な構成法を示すため，以下では，巡回セールスマン問題に限定して話を進めていこう．

いま巡回路 $\boldsymbol{x}$ が一つ得られているとする [*11]．そのとき，隣り合わない 2 本の枝を巡回路 $\boldsymbol{x}$ から取り去り，別の 2 本の枝を付け加えて得られる巡回路 (図 5.8 参照) の全体を $\boldsymbol{x}$ の近傍 $\mathcal{N}(\boldsymbol{x})$ と定義できる．このように定義される近傍は **2-opt 近傍**と呼ばれている．

2-opt の場合，取り去る 2 本の枝 (たとえば図 5.8 の枝 (i,j) と (k,l)) に対して，付け加えられる 2 本の枝 (図 5.8 の枝 (i,k) と (j,l)) は一意的に決まることに注意しよう．したがって，2-opt 近傍を用いる局所探索法は比較的簡単に実行できる．しかし，一つの解 $\boldsymbol{x}$ に対してその近傍 $\mathcal{N}(\boldsymbol{x})$ に含まれる解の数は節点

---

*10)　以下に述べる巡回セールスマン問題に対する k-opt 近傍を用いる局所探索法の場合には，近傍の大きさを表すパラメータ k を大きくしても，得られる局所的最適解が改善されないような問題例が存在することが知られている．しかし，これは最悪の場合の話であり，多くの場合，パラメータ k を大きくすると得られる局所的最適解が良くなるのがふつうである．

*11)　巡回セールスマン問題における (実行可能) 解 $\boldsymbol{x}$ は，一つの巡回路を構成する枝の集合，順序づけられた節点の集合 (順列) など様々な表現が考えられるが，ここでは $\boldsymbol{x}$ は巡回路を構成する枝の集合を表すものとする．

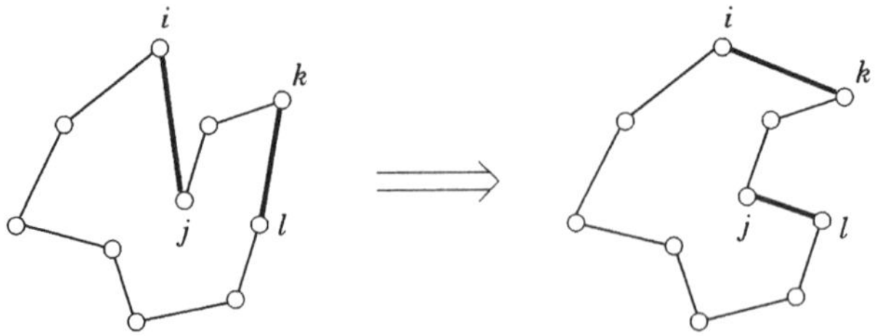

図 **5.8**　2-opt

数が n のとき $n(n-3)/2$ すなわち $O(n^2)$ であり，以下に紹介する 3-opt などに比べて近傍が小さいので，得られる局所的最適解の質についてはあまり大きな期待はできない．

巡回路 $\boldsymbol{x}$ の **3-opt** 近傍とは，隣り合わない 3 本の枝を $\boldsymbol{x}$ から取り去り，別の 3 本の枝を付け加えて得られる巡回路全体の集合と定義される．一つの解 $\boldsymbol{x}$ に対して 3 本の枝を選ぶ組合せの数は $O(n^3)$ であり，さらに，取り去る 3 本の枝が決まっても，2-opt とは違って，それらにかわって付け加えられる 3 本の枝は図 5.9 に示すように 4 通りの組合せが考えられる．このように，3-opt 近傍は 2-opt 近傍に比べて大きいので，より良い近似最適解が得られると期待できる．しかし，近傍が大きいということはそれだけ局所探索法の 1 回の反復に要する計算量が増加することを意味するので，その手間を軽減するため，近傍内の解をすべて調べるかわりに，適当な基準に従って近傍の一部分だけを調べるという方策がよく用いられる．

2-opt や 3-opt の考え方をさらに押し進めて，$k \geq 4$ に対する k-opt 近傍を

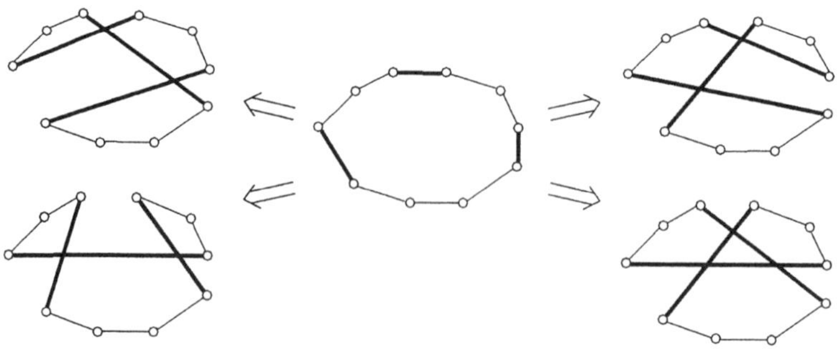

図 **5.9**　3-opt

定義することも可能であるが，その場合，近傍内のすべての解を探索するために $O(n^k)$ の計算量を必要とするので，実際に用いられることは稀である．巡回セールスマン問題に対する効率的な局所探索法の一つといわれているリンとカーニハンの方法 [*12)] は 2-opt と 3-opt を巧妙に組み合わせることにより計算効率の向上を図ったものである．

局所探索法はその性質上，いったん局所的最適解に到達すれば，それから抜け出すことはできない．もちろん得られた局所的最適解が大域的最適解である保証はない．そこで，さらに良い解を得るには，様々な初期解を用いて計算を行うことがまず考えられる．それに対して，局所探索法の各反復で必ず目的関数値が改善されるという制約を緩め，改悪となるような解への移動も許すことによって，好ましくない局所的最適解に捕捉されることを避けようとする考え方も有力である．このような方法の代表的な例として，以下に述べる焼きなまし法とタブー探索法がある．それらの方法を用いれば，単純な局所探索法に比べて計算時間は大幅に増加するが，はるかに高精度の近似最適解を得ることができる．

焼きなまし法 (シミュレーテッド・アニーリング法) は統計物理の分野で研究されてきた焼きなまし過程の考え方に基づいて開発された組合せ最適化問題に対する方法である [*13)]．焼きなまし法では，現在の解の近傍からランダムに選ばれた解が改良になっていればそれを新しい解とし，改悪になる場合でも，目的関数値の差の大きさに応じて，ある確率でその解を新しい解として採用する．焼きなまし法の特徴は，改悪となる解を採用する確率を温度と呼ばれるパラメータを用いて変化させていくことにある．目的関数 f を最小化する問題に対して，焼きなまし法の計算手順は次のように記述される．

焼きなまし法

(0) 凍結温度 $T_{\text{freeze}} > 0$ を定め，初期温度 $T > T_{\text{freeze}}$ と初期解 $\boldsymbol{x}$ を選ぶ．

(1) 現在の解 $\boldsymbol{x}$ の近傍 $\mathcal{N}(\boldsymbol{x})$ からランダムに解 $\boldsymbol{y}$ を選び，$\Delta := f(\boldsymbol{y}) - f(\boldsymbol{x})$ とおく．

(2) $\Delta < 0$ ならば $\boldsymbol{x}$ を $\boldsymbol{y}$ で置き換える．

(3) $\Delta \geqq 0$ ならば，区間 $[0,1]$ から実数 ξ をランダムに選び，$\xi < e^{-\Delta/T}$ で

---

*12) 1973 年に S. Lin と B. W. Kernighan によって提案された方法である．
*13) 1983 年に S. Kirkpatrick, C. D. Gelatt, M. P. Vecchi によって提案された．

あれば $\boldsymbol{x}$ を $\boldsymbol{y}$ で置き換える．

(4) $T \leqq T_{\mathrm{freeze}}$ であれば計算終了．そうでなければ，新しい温度 $T_{\mathrm{new}} \leqq T$ を定める．T を T_{new} で置き換えて，ステップ (1) へ戻る．

このアルゴリズムのステップ (3) は，近傍 $\mathcal{N}(\boldsymbol{x})$ から選ばれた解 $\boldsymbol{y}$ が改悪となる場合でも，確率 $e^{-\Delta/T}$ で解の入れ替えを行うことを意味している．ここで，$\Delta > 0$ のとき

$$0 < T < T' \quad \Longrightarrow \quad 0 < e^{-\Delta/T} < e^{-\Delta/T'} < 1$$

であるから，目的関数の改悪量 Δ がおなじであっても，温度が高いときには改悪となる解を採用する確率が大きく，温度が低いときには改悪となる解を採用する確率が小さい．すなわち，焼きなまし法では，計算の最初の段階では温度を高く設定することによって，好ましくない局所的最適解に捕捉されることを避けている．さらに，計算の進行とともに良い解が得られるにしたがって，温度を次第に低下させていくことにより，改悪が起こる確率を下げ，安定した探索が行えるよう工夫している．温度の適切な調節法は対象とする問題の性質によって異なるので，計算実験を通して具体的に定めるべきであるが，実際には次のような方法がよく用いられている．まず，温度の減少率を表すパラメータ $0 < \alpha < 1$ と各温度に対して何回の反復を行うかを決定するためのパラメータ $\beta > 0$ を定める (ふつう α は 1 に十分近く，β は 1 と 2 のあいだに選ぶ)．ある温度 T で r 回の反復を行い，それが終われば温度を αT に下げる．さらに新しい温度のもとで行う反復の回数を $\lceil \beta r \rceil$ と変更して [*14)]，計算を続行する．このとき，温度をゆっくり低下させるとともに，各温度に対して十分な回数の反復を繰り返す必要がある．したがって，焼きなまし法によって問題を解こうとすればかなりの計算時間を覚悟しなければならないが，それに見合うだけの良い近似最適解を得ることが期待できる．

次にタブー探索法について説明しよう [*15)]．局所探索法では，現在の解 $\boldsymbol{x}$ の近傍 $\mathcal{N}(\boldsymbol{x})$ 内で $f(\boldsymbol{y}) < f(\boldsymbol{x})$ を満たす解 $\boldsymbol{y}$ に移動するが，もしそのような解が存在しなければ $\boldsymbol{x}$ は局所的最適解であるから，それ以上計算を続けることはできな

---

*14)　実数 a に対して $\lceil a \rceil$ は a 以上の最小の整数を表す．

*15)　1989 年に F. Glover が提案した方法である．

い．そこで，さらに継続して探索を行えるようにするため，近傍 $\mathcal{N}(\boldsymbol{x})$ において $\boldsymbol{x}$ 自身を除く最良の解 $\boldsymbol{y}$ を見つけ，たとえ $f(\boldsymbol{y}) \geqq f(\boldsymbol{x})$ であっても，$\boldsymbol{y}$ に移動することが考えられる．しかし，このような方法を用いるとおなじ解が繰り返し現れる可能性が大きいので，過去の探索における移動についての経験を蓄積しておき，おなじ解の再探索を避けるよう工夫する必要がある．タブー探索法は，過去の反復において現れた解や移動のパターンをタブーリストと呼ばれる集合の形で記憶しておき，そのリストに含まれない解のなかで最良のものに移動する方法である．また，探索を効率的に行うため，タブーリストは定められた大きさを超えないものとし，古い情報は最新の情報で置き換えていく．

タブー探索法

(0) 初期解 $\boldsymbol{x}$ を選ぶ．タブーリストの最大長 $l_{\max}$ を定め，初期タブーリストを $\mathcal{L}_{\text{tabu}} := \emptyset$ とする．

(1) 現在の解 $\boldsymbol{x}$ の近傍 $\mathcal{N}(\boldsymbol{x})$ において $\boldsymbol{x}$ 自身とタブーリスト $\mathcal{L}_{\text{tabu}}$ に含まれる解を除く最良の解 $\boldsymbol{y}$ を見つけ，$\boldsymbol{x}$ を $\boldsymbol{y}$ で置き換える．

(2) タブーリスト $\mathcal{L}_{\text{tabu}}$ に新しい解 $\boldsymbol{x}$ を追加する．もしも $\mathcal{L}_{\text{tabu}}$ の大きさが $l_{\max}$ を超えれば，最も古い要素を $\mathcal{L}_{\text{tabu}}$ から取り除く．

(3) 停止条件が満たされれば計算終了．そうでなければ，ステップ (1) へ戻る．

この方法では解そのものをタブーリストに蓄積しているが，上にも述べたように，解 $\boldsymbol{x}$ から $\boldsymbol{y}$ への移動の特徴をパターン化した情報を保持することも考えられる．

組合せ最適化問題に対しては，焼きなまし法とタブー探索法のほかにも，遺伝的アルゴリズムやニューラルネットワークなど様々なメタヒューリスティックスが提案されている．メタヒューリスティックスは複雑な組合せ最適化問題に対する実際的なアルゴリズムを構築するための柔軟な枠組みを与えるが，理論的に解明されている部分は少ない．とくに，計算を効率的に実行するにはアルゴリズムに含まれるパラメータを適切な値に設定する必要があるが，そのためには計算実験などによって得られる経験的な知識を最大限に利用することが重要である．

5.6 演習問題

5.1 有限個の要素をもつ集合 $E=\{e_1,e_2,\ldots,e_n\}$ に対して，E の部分集合を要素とする集合 $\mathcal{I}$ が次の条件を満たすものとする．

$I_p \in \mathcal{I}$, $I_{p+1} \in \mathcal{I}$, $|I_p|=p$, $|I_{p+1}|=p+1$ ならば $I_p \cup \{e\} \in \mathcal{I}$ であるような $e \in I_{p+1} \setminus I_p$ が存在する [*16]．

このような性質をもつ $(E,\mathcal{I})$ をマトロイドといい，$\mathcal{I}$ に含まれる E の部分集合 I を**独立集合**と呼ぶ．さらに，マトロイド $(E,\mathcal{I})$ において要素数が最大の独立集合を**極大独立集合**という．

(a) 有限個の n 次元ベクトル $\boldsymbol{a}_1,\boldsymbol{a}_2,\ldots,\boldsymbol{a}_m$ からなる集合 A を考える．A の部分集合で 1 次独立であるようなもの全体 (ただし空集合を含む) の集合を $\mathcal{I}$ とすれば，$(A,\mathcal{I})$ はマトロイドであることを示せ．

(b) グラフ $G=(V,E)$ において，枝集合 E の部分集合である森全体の集合 (ただし空集合を含む) を $\mathcal{I}$ とすれば，$(E,\mathcal{I})$ はマトロイドであることを示せ．

(c) 任意のマトロイド $(E,\mathcal{I})$ において，E の各要素 e の重み w_e が与えられているとき，重みの総和 $w(I)=\sum_{e\in I} w_e$ が最小となるような極大独立集合 I を求める問題を考える．この問題に対する欲張り法のアルゴリズムを与えよ．さらに，その欲張り法によって極大独立集合が得られることを示せ．

5.2 ナップサック問題 (5.3) を考える．$0 \leqq k \leqq n$ を満たす整数 k と $0 \leqq d \leqq b$ を満たす整数 d に対して定義される部分問題

$$
\begin{aligned}
\text{目的関数：} \quad & \sum_{i=1}^{k} c_i x_i \longrightarrow \text{最大} \\
\text{制約条件：} \quad & \sum_{i=1}^{k} a_i x_i \leqq d \\
& x_i = 0,1 \quad (i=1,2,\ldots,k)
\end{aligned}
$$

に対して，その目的関数の最大値を $f(k,d)$ と表す．もとの問題 (5.3) は

[*16] 有限集合 A に対して，$|A|$ は集合 A に含まれる要素の数を表す．

$f(n,b)$ を求めることに対応する.

$$f(k,d) = \max\{f(k-1,d),\ f(k-1,d-a_k)+c_k\}$$

が成り立つことを動的計画法の考え方を用いて示せ.

5.3 次の最適化問題を考える.

$$\begin{aligned} &\text{目的関数：} && \boldsymbol{c}^\top \boldsymbol{x} \longrightarrow \text{最大} \\ &\text{制約条件：} && \boldsymbol{A}\boldsymbol{x} \leqq \boldsymbol{b} \\ & && \boldsymbol{x} \in \boldsymbol{X} \end{aligned}$$

ただし, $\boldsymbol{X}$ は空でない有限集合とする. 制約条件 $\boldsymbol{A}\boldsymbol{x} \leqq \boldsymbol{b}$ をラグランジュ乗数 $\boldsymbol{w}$ を用いて目的関数に移した問題

$$\begin{aligned} &\text{目的関数：} && \boldsymbol{c}^\top \boldsymbol{x} + \boldsymbol{w}^\top(\boldsymbol{b} - \boldsymbol{A}\boldsymbol{x}) \longrightarrow \text{最大} \\ &\text{制約条件：} && \boldsymbol{x} \in \boldsymbol{X} \end{aligned}$$

を考える. この問題をもとの問題の**ラグランジュ緩和問題**と呼ぶ. 任意に固定された $\boldsymbol{w} \geqq \boldsymbol{0}$ に対してラグランジュ緩和問題の目的関数の最大値を $g(\boldsymbol{w})$ と表せば, $g(\boldsymbol{w})$ は常にもとの最適化問題の最大値の上界値を与えることを示せ.

5.4 ナップサック問題 (5.3) に対して, 上の問 5.3 のラグランジュ緩和問題から得られる上界値を用いた分枝限定法のアルゴリズムを構成せよ.

演習問題の解答と解説

第1章

1.1 「いも」「かぼちゃ」「なす」それぞれの畑の面積を x_1, x_2, x_3 (ヘクタール) とする．面積と資金に関する制約条件のもとで総利益を最大化する問題は次の線形最適化問題として定式化できる．

$$
\begin{aligned}
\text{目的関数：}\quad & 20x_1 + 30x_2 + 60x_3 \quad \longrightarrow \quad \text{最大} \\
\text{制約条件：}\quad & x_1 + x_2 + x_3 \leqq 10 \\
& 2x_1 + 5x_2 + 8x_3 \leqq 40 \\
& x_1 \geqq 0,\ x_2 \geqq 0,\ x_3 \geqq 0
\end{aligned}
$$

1.2 新店舗の位置を (x, y) とすると，問題は三つの団地との距離の最大値

$$
\max\left\{\sqrt{(x-1)^2+(y-4)^2},\ \sqrt{(x-6)^2+(y-8)^2},\ \sqrt{(x-9)^2+(y-2)^2}\right\}
$$

が最小となる (x, y) を求めることである．ここで補助変数 z を導入すると，この問題は次の非線形最適化問題に書き換えることができる．

$$
\begin{aligned}
\text{目的関数：}\quad & z \quad \longrightarrow \quad \text{最小} \\
\text{制約条件：}\quad & \sqrt{(x-1)^2+(y-4)^2} \leqq z \\
& \sqrt{(x-6)^2+(y-8)^2} \leqq z \\
& \sqrt{(x-9)^2+(y-2)^2} \leqq z
\end{aligned}
$$

なお，距離の最小化は距離の 2 乗の最小化と考えてもよいので，次の非線形最適化問題に定式化することもできる．

$$
\begin{aligned}
\text{目的関数：}\quad & t \quad \longrightarrow \quad \text{最小} \\
\text{制約条件：}\quad & (x-1)^2+(y-4)^2 \leqq t \\
& (x-6)^2+(y-8)^2 \leqq t \\
& (x-9)^2+(y-2)^2 \leqq t
\end{aligned}
$$

どちらの問題を解いても，求めるべき解が得られる．前者の問題は微分不可能な関数を含んでいる (たとえば，$\sqrt{(x-1)^2+(y-4)^2}$ は $(x,y)=(1,4)$ において微分不可能である) が，**2 次錐最適化問題**と呼ばれる特別な数理最適化問題の形をしており，効率的な解法を適用することができる．一方，後者の問題に含まれる関数はすべて微分可能であり，標準的な非線形最適化の方法を用いて解くことができる．

1.3 添字 $i=1,\,2,\,3$ はそれぞれ「山田さん」「今井さん」「大下さん」を表し，添字 $j=1,2,3$ はそれぞれ「3 番打者」「4 番打者」「5 番打者」を表すものとする．変数を次のように定義する．

$$x_{ij}=\begin{cases}1, & i \text{ を } j \text{ とするとき}\\ 0, & i \text{ を } j \text{ としないとき}\end{cases}$$

3 人をどれか一つの打順に必ず割り当てるという制約条件は

$$x_{i1}+x_{i2}+x_{i3}=1 \quad (i=1,2,3)$$

となり，三つの打順にだれか 1 人を必ず割り当てるという制約条件は

$$x_{1j}+x_{2j}+x_{3j}=1 \quad (j=1,2,3)$$

となる．したがって，3 人の打率の和が最大となるような打順を決める問題は次のような 0-1 計画問題に定式化できる．

$$\begin{aligned}\text{目的関数：}\quad & 0.295x_{11}+0.309x_{12}+0.315x_{13}\\ & +0.310x_{21}+0.301x_{22}+0.308x_{23}\\ & +0.288x_{31}+0.285x_{32}+0.302x_{33} \longrightarrow \text{最大}\\ \text{制約条件：}\quad & \sum_{j=1}^{3} x_{ij}=1 \quad (i=1,2,3)\\ & \sum_{i=1}^{3} x_{ij}=1 \quad (j=1,2,3)\\ & x_{ij}=0,\,1 \quad (i=1,2,3;\, j=1,2,3)\end{aligned}$$

このような問題は**割り当て問題**と呼ばれている．なお，割り当て問題については，制約条件 $x_{ij}=0,1$ を $0 \leqq x_{ij} \leqq 1$ で置き換えた線形最適化問題にシンプレックス法 (第 2 章参照) を適用したとき，得られる最適解は必ず $x_{ij}=0$ または $x_{ij}=1$ を満たすという性質が知られている．

1.4 1.4.2 項と同様，0-1 変数 y_i $(i=1,2)$ を

$$y_i=\begin{cases}1, & \text{倉庫 } A_i \text{ を使用するとき}\\ 0, & \text{倉庫 } A_i \text{ を使用しないとき}\end{cases}$$

と定義すると，条件 (1.29) は

$$
\begin{array}{rcccl}
20y_1 & \leqq & x_{11}+x_{12}+x_{13} & \leqq & 65y_1 \\
15y_2 & \leqq & x_{21}+x_{22}+x_{23} & \leqq & 65y_2
\end{array}
$$

と変更される．さらに，(1.31) 式と (1.32) 式もそれぞれ

$$z_1 = 300y_1 + 50(1-y_1) + 5x_{11} + 3x_{12} + 2x_{13}$$

$$z_2 = 200y_2 + 35(1-y_2) + 2x_{21} + 7x_{22} + 4x_{23}$$

と変更される．したがって，問題は上記の不等式制約条件と各取引先の注文量に対する条件 (1.33) および変数 x_{ij} に対する非負条件 (1.30) のもとで，上で定義した費用 z_1 と z_2 の和が最小となるような連続変数 $x_{11}, x_{12}, \ldots, x_{23}$ および 0-1 変数 y_1, y_2 の値を求める混合 0-1 計画問題として定式化できる．

1.5 0-1 変数 y_i $(i = 1, 2, \ldots, K)$ と x_{ij} $(i = 1, 2, \ldots, K;\ j = 1, 2, \ldots, M)$ を次のように定義する．

$$y_i = \begin{cases} 1, & \text{配送センター } B_i \text{ を選ぶとき} \\ 0, & \text{配送センター } B_i \text{ を選ばないとき} \end{cases}$$

$$x_{ij} = \begin{cases} 1, & \text{配送センター } B_i \text{ から店舗 } A_j \text{ に配送するとき} \\ 0, & \text{配送センター } B_i \text{ から店舗 } A_j \text{ に配送しないとき} \end{cases}$$

実際に配置されるセンターからしか配送は行われないので

$$y_i = 0 \quad \Longrightarrow \quad x_{ij} = 0 \quad (j = 1, 2, \ldots, M)$$

なる関係が成り立たなければならない．これは

$$x_{ij} \leqq y_i \quad (i = 1, 2, \ldots, K;\ j = 1, 2, \ldots, M)$$

と表される．さらに，各店舗にちょうど一つのセンターを割り当てる条件

$$\sum_{i=1}^{K} x_{ij} = 1 \quad (j = 1, 2, \ldots, M)$$

と，K か所の候補地から N 個を選ぶ条件

$$\sum_{i=1}^{K} y_i = N$$

のもとで，配送距離の総和

$$\sum_{i=1}^{K} \sum_{j=1}^{M} d_{ij} x_{ij}$$

を最小化する問題として定式化される．したがって，問題は次のように書ける．

$$
\begin{aligned}
\text{目的関数：}\quad & \sum_{i=1}^{K}\sum_{j=1}^{M} d_{ij}x_{ij} \longrightarrow \text{最小} \\
\text{制約条件：}\quad & \sum_{i=1}^{K} y_i = N \\
& \sum_{i=1}^{K} x_{ij} = 1 \quad (j=1,2,\ldots,M) \\
& x_{ij} \leqq y_i \quad (i=1,2,\ldots,K;\ j=1,2,\ldots,M) \\
& y_i = 0,1 \quad (i=1,2,\ldots,K) \\
& x_{ij} = 0,1 \quad (i=1,2,\ldots,K;\ j=1,2,\ldots,M)
\end{aligned}
$$

第2章

2.1 変数 y を導入して，問題を次のように書き換えることができる．

$$
\begin{aligned}
\text{目的関数：}\quad & -x_1 + y \longrightarrow \text{最小} \\
\text{制約条件：}\quad & 2x_1 + 5x_2 \leqq 9 \\
& x_1 + 3x_2 \leqq 5 \\
& |x_2| \leqq y \\
& x_1 \geqq 0,\ x_2 \text{は符号制約なし},\ y \geqq 0
\end{aligned}
$$

(3 番目の制約条件が $|x_2| = y$ ではなく $|x_2| \leqq y$ になっていることに注意．このようにしても問題の等価性は損なわれない．また，最後の非負条件 $y \geqq 0$ は制約条件 $|x_2| \leqq y$ のもとでは実質的には不要であるが，標準形に変換するために付け加えている．) 制約条件 $|x_2| \leqq y$ は二つの制約条件

$$x_2 \leqq y, \quad -x_2 \leqq y$$

で置き換えることができる．さらに，符号制約のない変数 x_2 は二つの非負変数 $x_2' \geqq 0$ と $x_2'' \geqq 0$ の差 $x_2 = x_2' - x_2''$ で表すことができる．よって，上の問題は次のように書き換えることができる．

$$
\begin{aligned}
\text{目的関数：}\quad & -x_1 + y \longrightarrow \text{最小} \\
\text{制約条件：}\quad & 2x_1 + 5x_2' - 5x_2'' \leqq 9 \\
& x_1 + 3x_2' - 3x_2'' \leqq 5 \\
& x_2' - x_2'' - y \leqq 0 \\
& -x_2' + x_2'' - y \leqq 0 \\
& x_1 \geqq 0,\ x_2' \geqq 0,\ x_2'' \geqq 0,\ y \geqq 0
\end{aligned}
$$

最後に，x_2', x_2'', y を改めて x_2, x_3, x_4 と書き，不等式制約条件をスラック変数を用いて等式制約条件に変換すると次の標準形の問題が得られる．

$$
\begin{aligned}
&\text{目的関数：} && -x_1 + x_4 \longrightarrow \text{最小} \\
&\text{制約条件：} && 2x_1 + 5x_2 - 5x_3 + x_5 = 9 \\
& && x_1 + 3x_2 - 3x_3 + x_6 = 5 \\
& && x_2 - x_3 - x_4 + x_7 = 0 \\
& && -x_2 + x_3 - x_4 + x_8 = 0 \\
& && x_i \geqq 0 \quad (i = 1, 2, \ldots, 8)
\end{aligned}
$$

2.2 (a) 基底行列は

$$
\boldsymbol{B} = \begin{pmatrix} 1 & 2 & 0 \\ 1 & -1 & 1 \\ -1 & 1 & 0 \end{pmatrix}
$$

であるから

$$
\boldsymbol{x}_B^* = \boldsymbol{B}^{-1}\boldsymbol{b} = \begin{pmatrix} 1 & 2 & 0 \\ 1 & -1 & 1 \\ -1 & 1 & 0 \end{pmatrix}^{-1} \begin{pmatrix} 9 \\ 2 \\ 4 \end{pmatrix} = \begin{pmatrix} 1/3 \\ 13/3 \\ 6 \end{pmatrix}
$$

したがって，最適解は $\boldsymbol{x}^* = (1/3, 0, 13/3, 0, 6, 0)^\top$ である．

(b) $\boldsymbol{B}^{-1}$ は次式で与えられる．

$$
\boldsymbol{B}^{-1} = \begin{pmatrix} 1/3 & 0 & -2/3 \\ 1/3 & 0 & 1/3 \\ 0 & 1 & 1 \end{pmatrix}
$$

(c) $\boldsymbol{c}_B = (1, -4, 0)^\top$ であるから，最適基底に対するシンプレックス乗数 (双対問題の最適解) は

$$
\boldsymbol{w}^* = (\boldsymbol{B}^\top)^{-1}\boldsymbol{c}_B = \begin{pmatrix} 1/3 & 1/3 & 0 \\ 0 & 0 & 1 \\ -2/3 & 1/3 & 1 \end{pmatrix} \begin{pmatrix} 1 \\ -4 \\ 0 \end{pmatrix} = \begin{pmatrix} -1 \\ 0 \\ -2 \end{pmatrix}
$$

となる．これは，各制約条件の右辺の定数を 1 だけ増やしたときの目的関数の最小値の減少量がそれぞれ 1, 0, 2 であることを示している．よって答えは「3 番目の制約条件」．

(d) $\Delta \boldsymbol{b} = (t, t, t)^\top$ とすれば，現在 $(t = 0)$ の最適基底は不等式

$$\begin{aligned}\boldsymbol{B}^{-1}(\boldsymbol{b} + \Delta \boldsymbol{b}) &= \boldsymbol{x}_B^* + \boldsymbol{B}^{-1}\Delta \boldsymbol{b} \\ &= \begin{pmatrix} 1/3 \\ 13/3 \\ 6 \end{pmatrix} + \begin{pmatrix} 1/3 & 0 & -2/3 \\ 1/3 & 0 & 1/3 \\ 0 & 1 & 1 \end{pmatrix} \begin{pmatrix} t \\ t \\ t \end{pmatrix} \\ &= \begin{pmatrix} \frac{1}{3} - \frac{1}{3}t \\ \frac{13}{3} + \frac{2}{3}t \\ 6 + 2t \end{pmatrix} \geqq \boldsymbol{0}\end{aligned}$$

が満たされる範囲，すなわち $-3 \leqq t \leqq 1$ において最適となる．また，そのときの目的関数値は

$$\boldsymbol{c}_B^\top \boldsymbol{B}^{-1}(\boldsymbol{b} + \Delta \boldsymbol{b}) = (1, -4, 0) \begin{pmatrix} \frac{1}{3} - \frac{1}{3}t \\ \frac{13}{3} + \frac{2}{3}t \\ 6 + 2t \end{pmatrix} = -17 - 3t$$

となる．

2.3 $\boldsymbol{x}^*$ と $\hat{\boldsymbol{x}}$ はどちらも問題 (P), $(\hat{\mathrm{P}})$ 両方の実行可能解であるから

$$\boldsymbol{c}^\top \boldsymbol{x}^* \leqq \boldsymbol{c}^\top \hat{\boldsymbol{x}}$$

および

$$\hat{\boldsymbol{c}}^\top \boldsymbol{x}^* \geqq \hat{\boldsymbol{c}}^\top \hat{\boldsymbol{x}}$$

が成り立つ．これらの不等式をあわせて

$$(\boldsymbol{c} - \hat{\boldsymbol{c}})^\top \boldsymbol{x}^* \leqq (\boldsymbol{c} - \hat{\boldsymbol{c}})^\top \hat{\boldsymbol{x}}$$

すなわち

$$(\boldsymbol{c} - \hat{\boldsymbol{c}})^\top (\boldsymbol{x}^* - \hat{\boldsymbol{x}}) \leqq 0$$

を得る．

2.4 (a) 与えられた問題は次のように書き換えることができる．

$$\begin{aligned}&\text{目的関数：} \quad (-\boldsymbol{c})^\top \boldsymbol{x} \longrightarrow \text{最大} \\ &\text{制約条件：} \quad (-\boldsymbol{A})\,\boldsymbol{x} \leqq -\boldsymbol{b}\end{aligned}$$

これは 2.6 節の問題 (2.17) とおなじ形であるから，その双対問題は問題 (2.16) の

形で与えられる．

$$\text{目的関数：}\quad (-\boldsymbol{b})^\top \boldsymbol{w} \quad \longrightarrow \quad \text{最小}$$
$$\text{制約条件：}\quad (-\boldsymbol{A})^\top \boldsymbol{w} = -\boldsymbol{c},\ \boldsymbol{w} \geqq \boldsymbol{0}$$

これはさらに次のように書き換えることができる．

$$\text{目的関数：}\quad \boldsymbol{b}^\top \boldsymbol{w} \quad \longrightarrow \quad \text{最大}$$
$$\text{制約条件：}\quad \boldsymbol{A}^\top \boldsymbol{w} = \boldsymbol{c},\ \boldsymbol{w} \geqq \boldsymbol{0}$$

(b)　双対定理より $\boldsymbol{c}^\top \boldsymbol{x}^* = \boldsymbol{b}^\top \boldsymbol{w}^*$ が成り立ち，さらに双対問題の制約条件より $\boldsymbol{A}^\top \boldsymbol{w}^* = \boldsymbol{c}$ であるから

$$\begin{aligned}\boldsymbol{c}^\top \boldsymbol{x}^* - \boldsymbol{b}^\top \boldsymbol{w}^* &= (\boldsymbol{A}^\top \boldsymbol{w}^*)^\top \boldsymbol{x}^* - \boldsymbol{b}^\top \boldsymbol{w}^* \\ &= (\boldsymbol{w}^*)^\top (\boldsymbol{A}\boldsymbol{x}^* - \boldsymbol{b}) \\ &= \sum_{i=1}^{m} w_i^* (\boldsymbol{a}^i \boldsymbol{x}^* - b_i) = 0\end{aligned}$$

である．ところが，主問題と双対問題の制約条件より，それぞれの i に対して，$w_i^* \geqq 0$ かつ $\boldsymbol{a}^i \boldsymbol{x}^* - b_i \geqq 0$ であるから

$$w_i^* (\boldsymbol{a}^i \boldsymbol{x}^* - b_i) = 0 \quad (i = 1, 2, \ldots, m)$$

が成り立つ．

2.5　(2.32) 式より，任意の k に対して $\boldsymbol{A}\boldsymbol{x}^{(k)} = \boldsymbol{b}$ ならば $\boldsymbol{A}\Delta\boldsymbol{x} = \boldsymbol{0}$ となる．したがって，(2.33) 式より，ステップ幅 α の値によらず

$$\begin{aligned}\boldsymbol{A}\boldsymbol{x}^{(k+1)} &= \boldsymbol{A}\boldsymbol{x}^{(k)} + \alpha \boldsymbol{A}\Delta\boldsymbol{x} \\ &= \boldsymbol{A}\boldsymbol{x}^{(k)} \\ &= \boldsymbol{b}\end{aligned}$$

が満たされる．同様に，(2.32) 式より，任意の k に対して $\boldsymbol{A}^\top \boldsymbol{w}^{(k)} + \boldsymbol{s}^{(k)} = \boldsymbol{c}$ であれば $\boldsymbol{A}^\top \Delta\boldsymbol{w} + \Delta\boldsymbol{s} = \boldsymbol{0}$ であるから，(2.33) 式より，ステップ幅 α の値によらず

$$\begin{aligned}\boldsymbol{A}^\top \boldsymbol{w}^{(k+1)} + \boldsymbol{s}^{(k+1)} &= \boldsymbol{A}^\top \boldsymbol{w}^{(k)} + \boldsymbol{s}^{(k)} + \alpha(\boldsymbol{A}^\top \Delta\boldsymbol{w} + \Delta\boldsymbol{s}) \\ &= \boldsymbol{A}^\top \boldsymbol{w}^{(k)} + \boldsymbol{s}^{(k)} \\ &= \boldsymbol{c}\end{aligned}$$

が成り立つ．したがって，$(\boldsymbol{x}^{(0)}, \boldsymbol{w}^{(0)}, \boldsymbol{s}^{(0)})$ が主・双対問題の実行可能解ならば，すべての k に対して $(\boldsymbol{x}^{(k)}, \boldsymbol{w}^{(k)}, \boldsymbol{s}^{(k)})$ は実行可能解となる．

第 3 章

3.1 節点 $1, 2, \ldots, k$ のみを経由するような i から j の最短路は，途中に節点 k を含む場合と含まない場合に分かれる．前者の場合には，その最短路は i から k への路と k から j への路の二つの路をつなぎあわせたものになっているが，それらはそれぞれ節点 $1, 2, \ldots, k-1$ のみを通るという条件のもとでの i から k および k から j への最短路になっている (最適性の原理)．よって，その長さは $d^k(i,k) + d^k(k,j)$ に等しい．また，後者の場合は，節点 $1, 2, \ldots, k-1$ のみを経由するという条件のもとでの i から j への最短路にほかならないので，その長さは $d^k(i,j)$ に等しい．したがって，次式が成り立つ．

$$d^{k+1}(i,j) = \min\{d^k(i,j),\, d^k(i,k) + d^k(k,j)\}$$

図 3.20 のネットワークにフロイド・ワーシャル法を適用すると以下のようになる．

[反復 **0**]

$$\begin{array}{llll}
d(1,1) = 0, & d(1,2) = 1, & d(1,3) = 2, & d(1,4) = \infty, \\
d(2,1) = \infty, & d(2,2) = 0, & d(2,3) = \infty, & d(2,4) = \infty, \\
d(3,1) = \infty, & d(3,2) = \infty, & d(3,3) = 0, & d(3,4) = 1, \\
d(4,1) = -1, & d(4,2) = 4, & d(4,3) = \infty, & d(4,4) = 0.
\end{array}$$

[反復 **1**]

$$\begin{array}{lcll}
d(2,2) = 0 < d(2,1) + d(1,2) = \infty & \longrightarrow & d(2,2) = 0, & p(2,2) = 2 \\
d(2,3) = \infty = d(2,1) + d(1,3) = \infty & \longrightarrow & d(2,3) = \infty, & p(2,3) = 2 \\
d(2,4) = \infty = d(2,1) + d(1,4) = \infty & \longrightarrow & d(2,4) = \infty, & p(2,4) = 2 \\
d(3,2) = \infty = d(3,1) + d(1,2) = \infty & \longrightarrow & d(3,2) = \infty, & p(3,2) = 3 \\
d(3,3) = 0 < d(3,1) + d(1,3) = \infty & \longrightarrow & d(3,3) = 0, & p(3,3) = 3 \\
d(3,4) = 1 < d(3,1) + d(1,4) = \infty & \longrightarrow & d(3,4) = 1, & p(3,4) = 3 \\
d(4,2) = 4 > d(4,1) + d(1,2) = 0 & \longrightarrow & d(4,2) = 0, & p(4,2) = 1 \\
d(4,3) = \infty > d(4,1) + d(1,3) = 1 & \longrightarrow & d(4,3) = 1, & p(4,3) = 1 \\
d(4,4) = 0 < d(4,1) + d(1,4) = \infty & \longrightarrow & d(4,4) = 0, & p(4,4) = 4
\end{array}$$

[反復 **2**]

$$\begin{array}{lcll}
d(1,1) = 0 < d(1,2) + d(2,1) = \infty & \longrightarrow & d(1,1) = 0, & p(1,1) = 1 \\
d(1,3) = 2 < d(1,2) + d(2,3) = \infty & \longrightarrow & d(1,3) = 2, & p(1,3) = 1
\end{array}$$

$$
\begin{array}{lll}
d(1,4)=\infty=d(1,2)+d(2,4)=\infty & \longrightarrow & d(1,4)=\infty, \quad p(1,4)=1 \\
d(3,1)=\infty=d(3,2)+d(2,1)=\infty & \longrightarrow & d(3,1)=\infty, \quad p(3,1)=3 \\
d(3,3)=0<d(3,2)+d(2,3)=\infty & \longrightarrow & d(3,3)=0, \quad p(3,3)=3 \\
d(3,4)=1<d(3,2)+d(2,4)=\infty & \longrightarrow & d(3,4)=1, \quad p(3,4)=3 \\
d(4,1)=-1<d(4,2)+d(2,1)=\infty & \longrightarrow & d(4,1)=-1, \quad p(4,1)=4 \\
d(4,3)=1<d(4,2)+d(2,3)=\infty & \longrightarrow & d(4,3)=1, \quad p(4,3)=1 \\
d(4,4)=0<d(4,2)+d(2,4)=\infty & \longrightarrow & d(4,4)=0, \quad p(4,4)=4
\end{array}
$$

[反復 **3**]

$$
\begin{array}{lll}
d(1,1)=0<d(1,3)+d(3,1)=\infty & \longrightarrow & d(1,1)=0, \quad p(1,1)=1 \\
d(1,2)=1<d(1,3)+d(3,2)=\infty & \longrightarrow & d(1,2)=1, \quad p(1,2)=1 \\
d(1,4)=\infty>d(1,3)+d(3,4)=3 & \longrightarrow & d(1,4)=3, \quad p(1,4)=3 \\
d(2,1)=\infty=d(2,3)+d(3,1)=\infty & \longrightarrow & d(2,1)=\infty, \quad p(2,1)=2 \\
d(2,2)=0=d(2,3)+d(3,2)=\infty & \longrightarrow & d(2,2)=0, \quad p(2,2)=2 \\
d(2,4)=\infty=d(2,3)+d(3,4)=\infty & \longrightarrow & d(2,4)=\infty, \quad p(2,4)=2 \\
d(4,1)=-1<d(4,3)+d(3,1)=\infty & \longrightarrow & d(4,1)=-1, \quad p(4,1)=4 \\
d(4,2)=0<d(4,3)+d(3,2)=\infty & \longrightarrow & d(4,2)=0, \quad p(4,2)=1 \\
d(4,4)=0<d(4,3)+d(3,4)=2 & \longrightarrow & d(4,4)=0, \quad p(4,4)=4
\end{array}
$$

[反復 **4**]

$$
\begin{array}{lll}
d(1,1)=0<d(1,4)+d(4,1)=2 & \longrightarrow & d(1,1)=0, \quad p(1,1)=1 \\
d(1,2)=1<d(1,4)+d(4,2)=3 & \longrightarrow & d(1,2)=1, \quad p(1,2)=1 \\
d(1,3)=2<d(1,4)+d(4,3)=4 & \longrightarrow & d(1,3)=2, \quad p(1,3)=1 \\
d(2,1)=\infty=d(2,4)+d(4,1)=\infty & \longrightarrow & d(2,1)=\infty, \quad p(2,1)=2 \\
d(2,2)=0<d(2,4)+d(4,2)=\infty & \longrightarrow & d(2,2)=0, \quad p(2,2)=2 \\
d(2,3)=\infty=d(2,4)+d(4,3)=\infty & \longrightarrow & d(2,3)=\infty, \quad p(2,3)=2 \\
d(3,1)=\infty>d(3,4)+d(4,1)=0 & \longrightarrow & d(3,1)=0, \quad p(3,1)=4 \\
d(3,2)=\infty>d(3,4)+d(4,2)=1 & \longrightarrow & d(3,2)=1, \quad p(3,2)=1 \\
d(3,3)=0<d(3,4)+d(4,3)=2 & \longrightarrow & d(3,3)=0, \quad p(3,3)=3
\end{array}
$$

最後に得られている $d(i,j)$ が節点 i から j への最短路の長さを表している (ただし，$d(i,j)=\infty$ は i から j への路が存在しないことを示している)．また，$p(i,j)$ はその最短路において節点 j の直前に位置する節点を示しているので，それを j から i に逆にたどっていけば最短路が求められる．たとえば，節点 3 から 2 への最短路の長さは $d(3,2)=1$ であり，$p(3,2)=1$, $p(3,1)=4$, $p(3,4)=3$ とたどることにより，最短路は $3 \to 4 \to 1 \to 2$ であることがわかる．

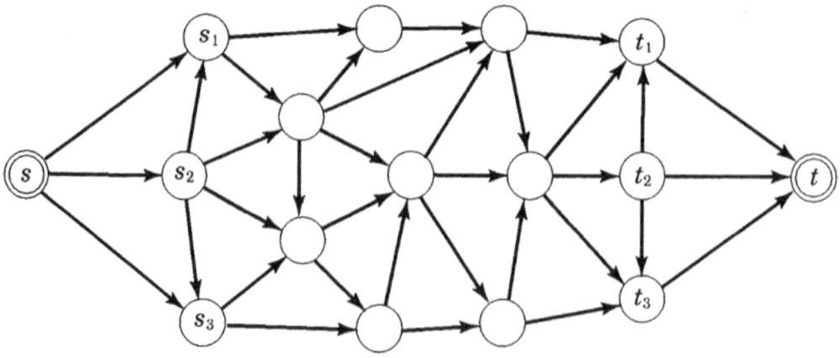

図 **A.1** 複数のソースとシンクをもつネットワークの変換

枝 $(4,1)$ の長さを -4 に変更してフロイド・ワーシャル法を適用すると，$d(1,1) = d(3,3) = d(4,4) = -1$ という結果が得られる (計算の詳細は省略)．これは閉路 $1 \to 3 \to 4 \to 1$ の長さが -1 となることを示している．このようにネットワークが負の長さの閉路を含むときには，$d(i,i) < 0$ となる i が存在する．

3.2 与えられたネットワークのソース (供給節点) を $s_1, s_2, \ldots, s_k$，シンク (需要節点) を $t_1, t_2, \ldots, t_l$ とし，各ソースにおけるフロー供給量を $b_i > 0$ $(i = s_1, s_2, \ldots, s_k)$，各シンクのフロー需要量を $b_j < 0$ $(j = t_1, t_2, \ldots, t_l)$ とする．ここで，新たに二つの節点 s, t と枝 $(s, s_1), (s, s_2), \ldots, (s, s_k), (t_1, t), (t_2, t), \ldots, (t_l, t)$ をネットワークに付加し，各枝 (s, s_i) の容量を b_i，各枝 (t_j, t) の容量を $|b_j|$ とする (図 A.1 参照)．このネットワークに対して，節点 s をソース，節点 t をシンクとする最大流問題を解く．そのとき，得られた最大流が，付加されたすべての枝を飽和していれば (つまりそれらの枝の流れが容量に等しいならば)，もとのネットワークに実行可能なフローが存在する．

3.3 図 3.6 の最大流問題におけるカットとそれらの容量は以下のとおりである．

$$S = \{1\},\ T = \{2,3,4,5\}: \quad C(S,T) = 5+4 = 9$$
$$S = \{1,2\},\ T = \{3,4,5\}: \quad C(S,T) = 1+3+4 = 8$$
$$S = \{1,3\},\ T = \{2,4,5\}: \quad C(S,T) = 5+5+8 = 18$$
$$S = \{1,4\},\ T = \{2,3,5\}: \quad C(S,T) = 5+4+3 = 12$$
$$S = \{1,2,3\},\ T = \{4,5\}: \quad C(S,T) = 1+5+8 = 14$$
$$S = \{1,2,4\},\ T = \{3,5\}: \quad C(S,T) = 4+3+3 = 10$$
$$S = \{1,3,4\},\ T = \{2,5\}: \quad C(S,T) = 5+3+8 = 16$$
$$S = \{1,2,3,4\},\ T = \{5\}: \quad C(S,T) = 3+8 = 11$$

したがって，最小カットは $S = \{1,2\}, T = \{3,4,5\}$ であり，その容量は 3.2 節で計算した最大流の値 8 に等しい．

3.4 もとのネットワークにおける各枝 (i,j) の流れを x_{ij} で表し，それらの枝を複数の枝で置き換えたネットワークにおける各枝 $(i,j)^l$ の流れを y_{ij}^l で表す．枝 (i,j)

の流れ x_{ij} を，x_{ij} の値に応じて，r 本の枝 $(i,j)^l$ $(l=1,2,\ldots,r)$ に次のように分解する．

$$u_{ij}^{k-1} < x_{ij} \leqq u_{ij}^{k} \quad \Longrightarrow \quad \begin{pmatrix} y_{ij}^1 \\ \vdots \\ y_{ij}^{k-1} \\ y_{ij}^{k} \\ y_{ij}^{k+1} \\ \vdots \\ y_{ij}^{r} \end{pmatrix} = \begin{pmatrix} u_{ij}^1 - u_{ij}^0 \\ \vdots \\ u_{ij}^{k-1} - u_{ij}^{k-2} \\ x_{ij} - u_{ij}^{k-1} \\ 0 \\ \vdots \\ 0 \end{pmatrix}$$

このように定められる y_{ij}^l $(l=1,2,\ldots,r)$ に対するコストは

$$\sum_{l=1}^{r} c_{ij}^l y_{ij}^l = \sum_{l=1}^{k-1} c_{ij}^l (u_{ij}^l - u_{ij}^{l-1}) + c_{ij}^k (x_{ij} - u_{ij}^{k-1})$$

となり，もとのネットワークの区分的線形コスト関数 $f_{ij}(x_{ij})$ とおなじ値をとる．また，2 節点間にコスト係数の異なる r 本の枝が並行して存在するようなネットワーク上の最小費用流問題の最適解においては，並行枝の流れはコスト係数の小さいものから順に飽和しているはずであるから，それはもとの区分的線形コスト関数をもつ最小費用流問題の最適解を与える．

第 4 章

4.1 任意の 2 点 $\boldsymbol{x}, \boldsymbol{y} \in \boldsymbol{S}(\xi)$ と任意の実数 $\alpha \in [0,1]$ に対して，$\alpha\boldsymbol{x} + (1-\alpha)\boldsymbol{y} \in \boldsymbol{S}(\xi)$ であることをいえばよい．$\boldsymbol{x}, \boldsymbol{y} \in \boldsymbol{S}(\xi)$ より，$f(\boldsymbol{x}) \leqq \xi$ かつ $f(\boldsymbol{y}) \leqq \xi$ である．また，f は凸関数であるから

$$\begin{aligned} f(\alpha\boldsymbol{x} + (1-\alpha)\boldsymbol{y}) &\leqq \alpha f(\boldsymbol{x}) + (1-\alpha) f(\boldsymbol{y}) \\ &\leqq \alpha\xi + (1-\alpha)\xi \\ &= \xi \end{aligned}$$

が成り立つ．すなわち，$\alpha\boldsymbol{x} + (1-\alpha)\boldsymbol{y} \in \boldsymbol{S}(\xi)$ である．

1 変数関数

$$f(x) = \frac{x^2}{1+x^2}$$

のレベル集合は次式で与えられる．

$$
\boldsymbol{S}(\xi) = \begin{cases} (-\infty, \infty), & \xi \geqq 1 \text{ のとき} \\ \left[-\sqrt{\dfrac{\xi}{1-\xi}}, \sqrt{\dfrac{\xi}{1-\xi}}\right], & 0 \leqq \xi < 1 \text{ のとき} \\ \emptyset, & \xi < 0 \text{ のとき} \end{cases}
$$

任意の ξ に対してレベル集合 $\boldsymbol{S}(\xi)$ は凸集合であるから (空集合 $\emptyset$ も凸集合とみなす)，この関数は準凸関数である．しかし，この関数は凸関数ではない．

4.2 ヘッセ行列はすべての点 $\boldsymbol{x}$ において $\nabla^2 f(\boldsymbol{x}) = \begin{pmatrix} 8 & -2 \\ -2 & 2 \end{pmatrix}$ となる．これは点 $\boldsymbol{x}$ に依存しない定数行列であり，その固有値は特性方程式 $\det(\lambda \boldsymbol{I} - \nabla^2 f(\boldsymbol{x})) = (\lambda-8)(\lambda-2)-4 = \lambda^2 - 10\lambda + 12 = 0$ より，$\lambda = 5 \pm \sqrt{13}$ となる．これらの固有値は二つとも正であるから，ヘッセ行列は正定値．よって，この関数は凸関数である．

4.3 (a) 点 $\boldsymbol{a}, \boldsymbol{b}, \boldsymbol{c}$ はすべて実行可能解である．これらの点における有効制約の集合はそれぞれ $\mathcal{I}(\boldsymbol{a}) = \{1,2\}, \mathcal{I}(\boldsymbol{b}) = \{2,3\}, \mathcal{I}(\boldsymbol{c}) = \{1,3\}$ となる．

(b) 目的関数と制約関数の勾配は次式で与えられる．

$$
\nabla f(\boldsymbol{x}) = \begin{pmatrix} -4x_1^3 - x_2 \\ -4x_2^3 - x_1 + 4 \end{pmatrix}, \quad \nabla c_1(\boldsymbol{x}) = \begin{pmatrix} 3x_1^2 \\ -1 \end{pmatrix},
$$

$$
\nabla c_2(\boldsymbol{x}) = \begin{pmatrix} 2x_1 \\ 2x_2 \end{pmatrix}, \quad \nabla c_3(\boldsymbol{x}) = \begin{pmatrix} -1 \\ 0 \end{pmatrix}
$$

- $\mathcal{I}(\boldsymbol{a}) = \{1,2\}$, $\nabla f(\boldsymbol{a}) = (-5,-1)^\top$, $\nabla c_1(\boldsymbol{a}) = (3,-1)^\top$, $\nabla c_2(\boldsymbol{a}) = (2,2)^\top$ より，$\nabla f(\boldsymbol{a}) + u_1 \nabla c_1(\boldsymbol{a}) + u_2 \nabla c_2(\boldsymbol{a}) = \boldsymbol{0}$ を満たす u_1, u_2 を計算すると，$u_1 = 1$, $u_2 = 1$ を得る．これらは非負であるから，ラグランジュ乗数を $\boldsymbol{u} = (1,1,0)^\top$ とすれば KKT 条件が成り立つ．
- $\mathcal{I}(\boldsymbol{b}) = \{2,3\}$, $\nabla f(\boldsymbol{b}) = (-\sqrt{2}, -8\sqrt{2}+4)^\top$, $\nabla c_2(\boldsymbol{b}) = (0, 2\sqrt{2})^\top$, $\nabla c_3(\boldsymbol{b}) = (-1,0)^\top$ より，$\nabla f(\boldsymbol{b}) + u_2 \nabla c_2(\boldsymbol{b}) + u_3 \nabla c_3(\boldsymbol{b}) = \boldsymbol{0}$ を満たす u_2, u_3 を計算すると，$u_2 = 4 - \sqrt{2}$, $u_3 = -\sqrt{2}$ を得る．$u_3 < 0$ であるから，KKT 条件は成立しない．
- $\mathcal{I}(\boldsymbol{c}) = \{1,3\}$, $\nabla f(\boldsymbol{c}) = (0,4)^\top$, $\nabla c_1(\boldsymbol{c}) = (0,-1)^\top$, $\nabla c_3(\boldsymbol{c}) = (-1,0)^\top$ より，$\nabla f(\boldsymbol{c}) + u_1 \nabla c_1(\boldsymbol{c}) + u_3 \nabla c_3(\boldsymbol{c}) = \boldsymbol{0}$ を満たす u_1, u_3 を計算すると，$u_1 = 4$, $u_3 = 0$ を得る．これらは非負であるから，ラグランジュ乗数を $\boldsymbol{u} = (4,0,0)^\top$ とすれば KKT 条件が満たされる．

4.4 この問題の KKT 条件は次式で与えられる.

$$\begin{cases} x_1 - 3 + 2u_1x_1 + u_2 = 0 \\ x_2 - 2 + 2u_1x_2 + tu_2 = 0 \\ x_1^2 + x_2^2 - 5 \leqq 0,\ u_1 \geqq 0,\ u_1(x_1^2 + x_2^2 - 5) = 0 \\ x_1 + tx_2 - (2+t) \leqq 0,\ u_2 \geqq 0,\ u_2(x_1 + tx_2 - (2+t)) = 0 \end{cases}$$

これに $\boldsymbol{x}^* = (2,1)^\top$ を代入すると

$$\begin{cases} -1 + 4u_1 + u_2 = 0 \\ -1 + 2u_1 + tu_2 = 0 \\ u_1 \geqq 0 \\ u_2 \geqq 0 \end{cases}$$

となる. 第 1 式と第 2 式より

$$\begin{cases} u_1 = \dfrac{t-1}{2(2t-1)} \\ u_2 = \dfrac{1}{2t-1} \end{cases}$$

であるから, ラグランジュ乗数の非負条件 $u_1 \geqq 0$, $u_2 \geqq 0$ より, $2t-1>0$, $t-1 \geqq 0$ となる. 仮定より, $0 \leqq t \leqq 5$ であるから, 結局, 求める t の範囲は $1 \leqq t \leqq 5$ である.

4.5 与えられた問題を目的関数

$$f(\boldsymbol{x}) = -\sum_{k=1}^{n} \sqrt{k}\, x_k$$

を最小化する問題と考えると, KKT 条件は次式のように書ける.

$$\begin{cases} -\sqrt{k} + 2ux_k = 0 \quad (k = 1, 2, \ldots, n) \\ x_1^2 + x_2^2 + \cdots + x_n^2 = 1 \end{cases}$$

最初の n 個の等式より

$$x_k = \frac{\sqrt{k}}{2u} \qquad (k = 1, 2, \ldots, n)$$

であるから, これを最後の式に代入して

$$\frac{1}{4u^2} \sum_{k=1}^{n} k = 1$$

すなわち

$$u^2 = \frac{n(n+1)}{8}$$

を得る．問題の性質より，最適解においては $x_k \geqq 0$ $(k=1,2,\ldots,n)$ であることに注意すると，$u \geqq 0$ となる．したがって

$$u = \sqrt{\frac{n(n+1)}{8}}$$

であり，最適解は

$$x_k = \sqrt{\frac{2k}{n(n+1)}} \qquad (k=1,2,\ldots,n)$$

となる．

次に，制約条件を

$$\sum_{k=1}^{n} x_k^2 \leqq 1, \quad x_k \geqq 0 \quad (k=1,2,\ldots,n)$$

で置き換えた問題を考えると，これは凸最適化問題であるから，KKT 条件を満たす点は最適解である．KKT 条件は

$$\begin{cases} -\sqrt{k} + 2ux_k - v_k = 0 \quad (k=1,2,\ldots,n) \\ x_1^2 + x_2^2 + \cdots + x_n^2 - 1 \leqq 0,\ u \geqq 0,\ u\,(x_1^2 + x_2^2 + \cdots + x_n^2 - 1) = 0 \\ x_k \geqq 0,\ v_k \geqq 0,\ x_k v_k = 0 \quad (k=1,2,\ldots,n) \end{cases}$$

と表される．したがって，前半で得られた等式制約条件の問題に対する最適解 x_k $(k=1,2,\ldots,n)$ とそれに対応するラグランジュ乗数 u は，$v_k = 0$ $(k=1,2,\ldots,n)$ とすることにより，この問題に対する KKT 条件を満たすことがわかる．

4.6 $(\boldsymbol{x}^*, \boldsymbol{u}^*)$ が 2 次の最適性条件を満たすことから

$$\begin{cases} \nabla f(\boldsymbol{x}^*) + \sum_{i=1}^{l} u_i^* \nabla c_i(\boldsymbol{x}^*) = \boldsymbol{0} \\ c_i(\boldsymbol{x}^*) = 0 \quad (i=1,2,\ldots,l) \\ \nabla c_i(\boldsymbol{x}^*)^\top \boldsymbol{y} = 0\ (i=1,2,\ldots,l),\ \boldsymbol{y} \neq \boldsymbol{0} \quad \Longrightarrow \quad \boldsymbol{y}^\top \boldsymbol{L}^* \boldsymbol{y} > 0 \end{cases}$$

が成り立つ．ただし

$$\boldsymbol{L}^* = \nabla^2 f(\boldsymbol{x}^*) + \sum_{i=1}^{l} u_i^* \nabla^2 c_i(\boldsymbol{x}^*)$$

である．関数 G_ρ の勾配は

$$\nabla G_\rho(\boldsymbol{x}) = \nabla f(\boldsymbol{x}) + \sum_{i=1}^{l} \Big(u_i^* \nabla c_i(\boldsymbol{x}) + \rho c_i(\boldsymbol{x}) \nabla c_i(\boldsymbol{x}) \Big)$$

であるから，上の最適性条件より

$$\nabla G_\rho(\boldsymbol{x}^*) = \boldsymbol{0}$$

が成り立つ．したがって $\boldsymbol{x}^*$ は関数 G_ρ の停留点である．
次に，ρ が十分大きいとき，点 $\boldsymbol{x}^*$ において関数 G_ρ のヘッセ行列が正定値になることを示す．関数 G_ρ のヘッセ行列は

$$\nabla^2 G_\rho(\boldsymbol{x}) = \nabla^2 f(\boldsymbol{x}) + \sum_{i=1}^{l} \left(u_i^* \nabla^2 c_i(\boldsymbol{x}) + \rho c_i(\boldsymbol{x}) \nabla^2 c_i(\boldsymbol{x}) + \rho \nabla c_i(\boldsymbol{x}) \nabla c_i(\boldsymbol{x})^\top \right)$$

と書けるが，$c_i(\boldsymbol{x}^*) = 0 \ (i = 1, 2, \ldots, l)$ であるから，点 $\boldsymbol{x}^*$ においては

$$\begin{aligned} \nabla^2 G_\rho(\boldsymbol{x}^*) &= \boldsymbol{L}^* + \rho \sum_{i=1}^{l} \nabla c_i(\boldsymbol{x}^*) \nabla c_i(\boldsymbol{x}^*)^\top \\ &= \boldsymbol{L}^* + \rho \boldsymbol{A}^* (\boldsymbol{A}^*)^\top \end{aligned}$$

となる．ただし，$\boldsymbol{A}^*$ は $\nabla c_i(\boldsymbol{x}^*) \ (i = 1, 2, \ldots, l)$ を第 i 列とする $n \times l$ 行列である．十分大きい $\rho > 0$ に対して，$\boldsymbol{L}^* + \rho \boldsymbol{A}^* (\boldsymbol{A}^*)^\top$ が正定値行列となることを背理法を用いて証明しよう．そのために，$\rho_k \to \infty$ なる正数列 $\{\rho_k\}$ に対して

$$(\boldsymbol{y}^k)^\top \left(\boldsymbol{L}^* + \rho_k \boldsymbol{A}^* (\boldsymbol{A}^*)^\top \right) \boldsymbol{y}^k \leqq 0, \quad \|\boldsymbol{y}^k\| = 1$$

であるようなベクトルの列 $\{\boldsymbol{y}^k\}$ が存在すると仮定する．$\{\boldsymbol{y}^k\}$ は有界であるから，一般性を失うことなく，$\{\boldsymbol{y}^k\}$ はあるベクトル $\tilde{\boldsymbol{y}} \neq \boldsymbol{0}$ に収束すると仮定できる．そのとき

$$\lim_{k \to \infty} (\boldsymbol{y}^k)^\top \left(\frac{1}{\rho_k} \boldsymbol{L}^* + \boldsymbol{A}^* (\boldsymbol{A}^*)^\top \right) \boldsymbol{y}^k = \tilde{\boldsymbol{y}}^\top \boldsymbol{A}^* (\boldsymbol{A}^*)^\top \tilde{\boldsymbol{y}} \leqq 0$$

となるが，$\tilde{\boldsymbol{y}}^\top \boldsymbol{A}^* (\boldsymbol{A}^*)^\top \tilde{\boldsymbol{y}} = \|(\boldsymbol{A}^*)^\top \tilde{\boldsymbol{y}}\|^2 \geqq 0$ であるから，結局，$(\boldsymbol{A}^*)^\top \tilde{\boldsymbol{y}} = \boldsymbol{0}$ が成り立つ．一方，$(\boldsymbol{y}^k)^\top \boldsymbol{L}^* \boldsymbol{y}^k \leqq -\rho_k (\boldsymbol{y}^k)^\top \boldsymbol{A}^* (\boldsymbol{A}^*)^\top \boldsymbol{y}^k \leqq 0$ より，$\tilde{\boldsymbol{y}}^\top \boldsymbol{L}^* \tilde{\boldsymbol{y}} \leqq 0$ である．ところが，仮定より $\operatorname{rank} \boldsymbol{A}^* = l$ であり，2 次の十分条件より

$$(\boldsymbol{A}^*)^\top \boldsymbol{y} = \boldsymbol{0}, \ \boldsymbol{y} \neq \boldsymbol{0} \quad \Longrightarrow \quad \boldsymbol{y}^\top \boldsymbol{L}^* \boldsymbol{y} > 0$$

が成り立つので，$\tilde{\boldsymbol{y}}^\top \boldsymbol{L}^* \tilde{\boldsymbol{y}} > 0$ でなければならない．これは矛盾である．よって，十分大きい $\rho > 0$ に対して，$\boldsymbol{L}^* + \rho \boldsymbol{A}^* (\boldsymbol{A}^*)^\top$ は正定値行列となり，$\boldsymbol{x}^*$ は G_ρ の局所的最小点を与える．

第5章

5.1 (a) p 個の1次独立なベクトルからなる任意の集合 $I_p = \{\boldsymbol{a}_1, \boldsymbol{a}_2, \ldots, \boldsymbol{a}_p\}$ と $p+1$ 個の1次独立なベクトルからなる任意の集合 $I_{p+1} = \{\boldsymbol{b}_1, \boldsymbol{b}_2, \ldots, \boldsymbol{b}_{p+1}\}$ を考える．もし，I_{p+1} のすべてのベクトル $\boldsymbol{b}_i$ が $\boldsymbol{a}_1, \boldsymbol{a}_2, \ldots, \boldsymbol{a}_p$ の1次結合で表されるならば，I_{p+1} が張る空間の次元は p に等しい．これは，I_{p+1} に含まれる $p+1$ 個のベクトルが1次独立であることに矛盾する．したがって，集合 $I_p \cup \{\boldsymbol{b}_i\} = \{\boldsymbol{a}_1, \boldsymbol{a}_2, \ldots, \boldsymbol{a}_p, \boldsymbol{b}_i\}$ が1次独立となるベクトル $\boldsymbol{b}_i$ が存在するので，$(A, \mathcal{I})$ はマトロイドである．

(b) グラフ $G = (V, E)$ の節点数を n，枝数を m とし，各枝 $e \in E$ に次のような m 次元ベクトル $\boldsymbol{a}_e$ を対応させる．

$$(\boldsymbol{a}_e)_i = \begin{cases} 1, & \text{節点 } i \text{ が枝 } e \text{ の端点であるとき} \\ 0, & \text{そうでないとき} \end{cases}$$

ただし $(\boldsymbol{a}_e)_i$ はベクトル $\boldsymbol{a}_e$ の第 i 要素を表す．そのとき，枝集合 $F \subseteqq E$ に対して，それに属する枝に対応するベクトルの和 $\sum_{e \in F} \boldsymbol{a}_e$ を考える．その際，ベクトルの各要素の加算は $0+0=0, 0+1=1, 1+0=1, 1+1=0$ と定義する．このような演算のもとで，枝集合 F に対応するベクトルが1次独立であることは F が森であることと等価になる (閉路を構成する枝に対応するベクトルの和は零ベクトルになることを確かめよ)．したがって，問 (b) は問 (a) に帰着される．

(c) 極大独立集合を求める欲張り法は次のようになる．

(0) 集合 E の要素を重みの小さい順に並べ，$w_1 \leqq w_2 \leqq \cdots \leqq w_n$ を満たすように枝 e_i の番号 (添字) を付けかえる．$I := \{e_1\}, k := 2$ とおく．

(1) 集合 $I \cup \{e_k\}$ が独立集合であれば，$I := I \cup \{e_k\}$ とする．

(2) I が E の極大独立集合になっていれば計算終了．さもなければ $k := k+1$ として，ステップ (1) へ戻る．

このアルゴリズムの正当性は，最小木問題に対するクラスカル法の場合と同様の議論 (5.1節参照) により示すことができるので省略する．

5.2 $f(k, d)$ に対応する部分問題 (つまり容量 d のナップサックに品物 $1, 2, \ldots, k$ を価値が最大となるように詰め込む問題) の最適解 $(\hat{x}_1, \hat{x}_2, \ldots, \hat{x}_k)$ において，$\hat{x}_k = 0$ の場合と $\hat{x}_k = 1$ の場合がある．前者の場合，$(\hat{x}_1, \hat{x}_2, \ldots, \hat{x}_{k-1})$ は $f(k-1, d)$ に対応する部分問題の最適解になっているはずである．後者の場合，最適性の原理より，$(\hat{x}_1, \hat{x}_2, \ldots, \hat{x}_{k-1})$ は容量 $d - a_k$ のナップサックに品物 $1, 2, \ldots, k-1$ を価値が最大となるように詰め込む問題の最適解になっていなければならない．そのときの価値は品物 k の価値とあわせて $f(k-1, d-a_k)+c_k$ となる．よって，$f(k,d)$ は $f(k-1,d)$ と $f(k-1,d-a_k)+c_k$ の大きいほうに等しい．

5.3 与えられた不等式制約つき問題の最適解を $\boldsymbol{x}^*$ とする．そのとき，任意の $\boldsymbol{w} \geqq \boldsymbol{0}$ に対して

$$\begin{aligned} g(\boldsymbol{w}) &= \max_{\boldsymbol{x}\in\boldsymbol{X}}\{\boldsymbol{c}^\top\boldsymbol{x} - \boldsymbol{w}^\top(\boldsymbol{A}\boldsymbol{x}-\boldsymbol{b})\} \\ &\geqq \boldsymbol{c}^\top\boldsymbol{x}^* - \boldsymbol{w}^\top(\boldsymbol{A}\boldsymbol{x}^*-\boldsymbol{b}) \\ &\geqq \boldsymbol{c}^\top\boldsymbol{x}^* \end{aligned}$$

が成り立つ．ここで，最後の不等式は $\boldsymbol{w} \geqq \boldsymbol{0}$ かつ $\boldsymbol{A}\boldsymbol{x}^* \leqq \boldsymbol{b}$ であることからしたがう．

5.4 アルゴリズムの構成に関しては 5.2 節で述べた分枝限定法における「連続緩和問題」を「ラグランジュ緩和問題」で置き換えればよい．そのような分枝限定法の有効性はラグランジュ緩和問題から得られる上界値の質に依存する．すなわち，できるだけ小さい上界値を用いるほうが一般に部分問題を終端できる可能性が大きいので，生成される部分問題の数は少なくなると期待できる．より小さい上界値を得るためにはラグランジュ緩和問題の最大値 $g(\boldsymbol{w})$ が最小となるような $\boldsymbol{w}$，すなわち最小化問題

$$\begin{array}{ll} \text{目的関数：} & g(\boldsymbol{w}) \longrightarrow \text{最小} \\ \text{制約条件：} & \boldsymbol{w} \geqq \boldsymbol{0} \end{array}$$

の (近似) 最適解を用いるのがよい．

この最小化問題の目的関数 g は凸関数である．実際

$$h(\boldsymbol{x}, \boldsymbol{w}) = \boldsymbol{c}^\top\boldsymbol{x} + \boldsymbol{w}^\top(\boldsymbol{b} - \boldsymbol{A}\boldsymbol{x})$$

とすれば，任意の $\boldsymbol{w}^1, \boldsymbol{w}^2$ と $\alpha \in (0,1)$ に対して

$$\begin{aligned} g(\alpha\boldsymbol{w}^1 + (1-\alpha)\boldsymbol{w}^2) &= \max_{\boldsymbol{x}\in\boldsymbol{X}} h(\boldsymbol{x}, \alpha\boldsymbol{w}^1 + (1-\alpha)\boldsymbol{w}^2) \\ &= \max_{\boldsymbol{x}\in\boldsymbol{X}} \left\{\alpha h(\boldsymbol{x}, \boldsymbol{w}^1) + (1-\alpha)h(\boldsymbol{x}, \boldsymbol{w}^2)\right\} \\ &\leqq \alpha \max_{\boldsymbol{x}\in\boldsymbol{X}} h(\boldsymbol{x}, \boldsymbol{w}^1) + (1-\alpha)\max_{\boldsymbol{x}\in\boldsymbol{X}} h(\boldsymbol{x}, \boldsymbol{w}^2) \\ &= \alpha g(\boldsymbol{w}^1) + (1-\alpha)g(\boldsymbol{w}^2) \end{aligned}$$

であるから g は凸関数である．さらに，$\boldsymbol{w}$ を固定したとき

$$g(\boldsymbol{w}) = \max_{\boldsymbol{x}\in\boldsymbol{X}} h(\boldsymbol{x}, \boldsymbol{w})$$

の右辺の最大を与える $\boldsymbol{x} \in \boldsymbol{X}$ が唯一ならば，関数 g は $\boldsymbol{w}$ において微分可能であり，勾配 $\nabla g(\boldsymbol{w})$ はその $\boldsymbol{x}$ を用いて

$$\nabla g(\boldsymbol{w}) = \boldsymbol{b} - \boldsymbol{A}\boldsymbol{x}$$

と表される．しかし，与えられた $\boldsymbol{w}$ に対して，$h(\boldsymbol{x}, \boldsymbol{w})$ を集合 $\boldsymbol{X}$ 上で最大にする $\boldsymbol{x}$ は一般に唯一ではない．その場合，関数 g は点 $\boldsymbol{w}$ において微分可能とは限らないが，$h(\boldsymbol{x}, \boldsymbol{w})$ を最大にする任意の $\boldsymbol{x} \in \boldsymbol{X}$ によって定まるベクトル $\boldsymbol{b} - \boldsymbol{A}\boldsymbol{x}$ は関数 g の点 $\boldsymbol{w}$ における**劣勾配**と呼ばれるものになっている．**劣勾配法**は，劣勾配を用いて関数 g を最小化する次のような反復法である．

$$\boldsymbol{w}^{(k+1)} := \left[\boldsymbol{w}^{(k)} - \frac{\lambda_k(g(\boldsymbol{w}^{(k)}) - \bar{g})}{\|\boldsymbol{b} - \boldsymbol{A}\boldsymbol{x}^{(k)}\|^2}(\boldsymbol{b} - \boldsymbol{A}\boldsymbol{x}^{(k)})\right]_+$$

ここで，$\boldsymbol{x}^{(k)}$ は集合 $\boldsymbol{X}$ 上で $h(\boldsymbol{x}, \boldsymbol{w}^{(k)})$ を最大にするようなベクトル $\boldsymbol{x}$，$\bar{g}$ は g の最小値の推定値，λ_k は $\varepsilon \leqq \lambda_k \leqq 2 - \varepsilon$ を満たすパラメータ (ε は十分小さい正数) であり，記号 $[\boldsymbol{z}]_+$ はベクトル $\boldsymbol{z}$ に対して，その各要素 z_i を $\max\{0, z_i\}$ で置き換えたベクトルを表している．劣勾配法は計算が比較的簡単なことから，微分不可能な凸関数を最小化するアルゴリズムとしてよく用いられている．

参 考 文 献

本書で取り扱った問題は数理最適化全般にわたるため，関連する参考文献を網羅的にあげることは困難である．そこで，以下では各分野ごとに比較的新しい書物をいくつか選んで紹介することにする．さらに進んで数理最適化を勉強しようとする読者の参考になれば幸いである．なお，入手の容易さを考えて日本語の書物あるいは訳書が入手可能な書物のみをあげ，外国語の書物や研究論文の類はあえて省略した．それらの文献については，ここにあげた書物に記された参考文献などを参照していただきたい．

まず，数理最適化全般についてまとめたハンドブックをあげる．

- G. L. Nemhauser, A. H. G. Rinnooy Kan and M. J. Todd (eds.): *Optimization: Handbooks in Operations Research and Management Science, Vol. 1*, North-Holland, 1989. [伊理正夫・今野　浩・刀根　薫 (監訳)，最適化ハンドブック，朝倉書店，1995.]
- 久保幹雄・田村明久・松井知己 (編)：応用数理計画ハンドブック，朝倉書店，2002.
- 山川　宏 (編)：最適設計ハンドブック — 基礎・戦略・応用，朝倉書店，2003.

最初の本は数理最適化の重要な分野ごとに，その分野を代表する研究者が執筆したハンドブックである．2 番目の本はわが国の若手研究者たちを執筆陣に配した意欲的な書物である．3 番目の本は工学における最適設計の観点から体系的にまとめられたハンドブックである．

以下の本は数理最適化全般を対象とした教科書である．本書と共通するところもあるが，それぞれ特徴のある話題を含んでいるので，本書と併せて読むとより幅広い知識が得られるであろう．

- 茨木俊秀・福島雅夫：最適化の手法，共立出版，1993.
- 加藤直樹：数理計画法，コロナ社，2008.
- 坂和正敏：数理計画法の基礎，森北出版，1999.
- 田村明久・村松正和：最適化法，共立出版，2002.
- 山下信雄・福島雅夫：数理計画法，コロナ社，2008.
- 寒野善博 (著)，駒木文保 (編)：最適化手法入門，講談社，2019.
- 梅谷俊治：しっかり学ぶ数理最適化 — モデルからアルゴリズムまで，講談社，2020.

さらに，日本オペレーションズ・リサーチ学会が運営するインターネットサイト「OR事典 Wiki」(https://orsj-ml.org/orwiki/wiki/index.php) も数理最適化関係の事柄を調べるのに便利である.

第 1 章：数理最適化モデル

数理最適化の手法を取り扱った書物に比べて，数理最適化モデルの構築や分析の方法を重点的に取り扱ったものは少ない．以下の書物には，数理最適化だけでなくオペレーションズ・リサーチ全般をカバーしているものも多いが，数理最適化モデルの実際の定式化に対するヒントを与えてくれるという点で貴重である.

- 大鹿　譲・一森哲男：オペレーションズ・リサーチ — モデル化と最適化，共立出版，1993.
- 今野　浩：数理決定法入門 — キャンパスの OR，朝倉書店，1992.
- 坂和正敏・矢野　均・西崎一郎：わかりやすい数理計画法，森北出版，2010.
- 高井英造・真鍋龍太郎：問題解決のためのオペレーションズ・リサーチ入門 — Excel の活用と実務的例題，日本評論社，2000.
- 藤澤克樹・梅谷俊治：応用に役立つ 50 の最適化問題，朝倉書店，2009.
- 松井泰子・根本俊男・宇野毅明：入門オペレーションズ・リサーチ，東海大学出版会，2008.
- 岩永二郎・石原響太・西村直樹・田中一樹：Python ではじめる数理最適化 (第 2 版) — ケーススタディでモデリングのスキルを身につけよう，オーム社，2024.

第 2 章：線形最適化

線形最適化については優れたテキストが数多く出版されている．ここでは次の 4 冊をあげておこう.

- 伊理正夫：線形計画法，共立出版，1986.
- 今野　浩：線形計画法，日科技連出版社，1987.
- 並木　誠：線形計画法，朝倉書店，2008.
- V. Chvátal: *Linear Programming*, W. H. Freeman, 1983. [阪田省二郎・藤野和建・田口　東 (訳)，線形計画法 (上・下)，啓学出版，1986/1988.]

次の本は，線形最適化問題だけでなく線形相補性問題や半正定値計画問題など，より一般的な問題も取り扱った，内点法の優れたテキストである.

- 小島政和・土谷　隆・水野眞治・矢部　博：内点法，朝倉書店，2001.

第 3 章：ネットワーク最適化

ネットワーク最適化は組合せ最適化の一分野ともみなせるため，両者を総合的に取り扱った書物が多い．以下にあげる書物は，いずれもそれぞれの特徴をもった優れた教科書である．

- 茨木俊秀：離散最適化法とアルゴリズム，岩波書店，1993.
- 伊理正夫・藤重　悟・大山達雄：グラフ・ネットワーク・マトロイド，産業図書，1986.
- 片山直登：ネットワーク設計問題，朝倉書店，2008.
- 藤重　悟：グラフ・ネットワーク・組合せ論，共立出版，2002.
- R. E. Tarjan: *Data Structures and Network Algorithms*, SIAM Publications, 1983. [岩野和生 (訳)，新訳 データ構造とネットワークアルゴリズム，毎日コミュニケーションズ，2008.]
- 宮崎修一：グラフ理論入門 — 基本とアルゴリズム，森北出版，2015.

第 4 章：非線形最適化

非線形最適化の最適性や双対性など理論的な側面を取り扱ったものとして，次の 2 冊をあげておく．

- 川崎英文：極値問題，横浜図書，2004.
- 福島雅夫：非線形最適化の基礎，朝倉書店，2001.

また，非線形最適化のアルゴリズムを中心に説明した書物に以下のようなものがある．

- 今野　浩・山下　浩：非線形計画法，日科技連出版社，1978.
- 藤田　宏・今野　浩・田邉國士：最適化法，岩波書店，1994.
- 矢部　博・八巻直一：非線形計画法，朝倉書店，1999.
- 矢部　博：工学基礎 最適化とその応用，数理工学社，2006.
- 山下信雄：非線形計画法，朝倉書店，2015.
- 金森敬文・鈴木大慈・竹内一郎・佐藤一誠：機械学習のための連続最適化，講談社，2016.

第 5 章：組合せ最適化

上にも述べたように，組合せ最適化とネットワーク最適化をまとめて取り扱った書物は多い．次の 2 冊はグラフ理論やネットワークフローも含む様々な組合せ問題を網羅している．

- J. Kleinberg and É. Tardos: *Algorithm Design*, Addison Wesley, 2005. [浅野孝夫・浅野泰仁・小野孝男・平田富夫 (訳)，アルゴリズムデザイン，共立出版，2008.]
- B. Korte and J. Vygen: *Combinatorial Optimization: Theory and Algorithms*, 6th ed., Springer, 2018. [浅野孝夫・浅野泰仁・平田富夫 (訳)，組合せ最適化 原書 6 版 — 理論とアルゴリズム，丸善出版，2022.]

様々な組合せ最適化問題が整数計画問題として定式化できる．以下の本は整数計画問題を取り扱ったものである．

- 茨木俊秀：組合せ最適化 — 分枝限定法を中心として，産業図書，1983.
- 今野　浩：整数計画法，産業図書，1981.
- 今野　浩：役に立つ一次式 — 整数計画法「気まぐれな王女」の 50 年，日本評論社，2005.
- 坂和正敏：離散システムの最適化 — 一目的から多目的へ，森北出版，2000.

また，様々なメタヒューリスティックスを知るには以下の本が役に立つ．

- 久保幹雄・J. P. ペドロソ：メタヒューリスティクスの数理，共立出版，2009.
- 柳浦睦憲・茨木俊秀：組合せ最適化 — メタ戦略を中心として，朝倉書店，2001.

索　　引

サ 行

タ 行

ナ 行

ハ 行

マ 行

ヤ 行

ラ 行

ワ 行

欧数字

人 名

Memo

Memo

著者略歴

福島雅夫（ふくしままさお）

1950年　大阪府に生まれる
1974年　京都大学大学院工学研究科修士課程修了
現　在　京都情報大学院大学教授
　　　　京都大学名誉教授
　　　　工学博士

山下信雄（やましたのぶお）

1969年　愛知県に生まれる
1996年　奈良先端科学技術大学院大学情報科学研究科博士後期課程修了
現　在　京都大学大学院情報学研究科教授
　　　　博士（工学）

数理計画入門 第3版
—最適化の数理モデルとアルゴリズム—　　定価はカバーに表示

1996年 9月15日　初　版第 1 刷
2010年 2月20日　　　　第14刷
2011年 2月15日　新　版第 1 刷
2023年 4月10日　　　　第13刷
2024年10月 1日　第3版第 1 刷

著　者　福　島　雅　夫
　　　　山　下　信　雄
発行者　朝　倉　誠　造
発行所　株式会社 朝　倉　書　店
東京都新宿区新小川町 6-29
郵便番号　162-8707
電　話　03(3260)0141
FAX　03(3260)0180
https://www.asakura.co.jp

〈検印省略〉

中央印刷・渡辺製本

ISBN 978-4-254-28006-7　C 3050　Printed in Japan

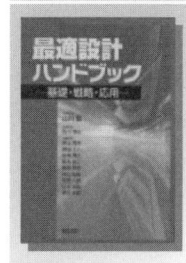

応用最適化シリーズ 1 線形計画法

並木 誠 (著)

A5 判／200 頁　978-4-254-11786-8 C3341　定価 3,740 円（本体 3,400 円＋税）

工学，経済，金融，経営学など幅広い分野で用いられている線形計画法の入門的教科書。例，アルゴリズムなどを豊富に用いながら実践的に学べるよう工夫された構成〔内容〕線形計画問題／双対理論／シンプレックス法／内点法／線形相補性問題

応用最適化シリーズ 2 ネットワーク設計問題

片山 直登 (著)

A5 判／216 頁　978-4-254-11787-5 C3341　定価 3,960 円（本体 3,600 円＋税）

通信・輸送・交通システムなどの効率化を図るための数学的モデル分析の手法を詳説〔内容〕ネットワーク問題／予算制約をもつ設計問題／固定費用をもつ設計問題／容量制約をもつ最小木問題／容量制約をもつ設計問題／利用者均衡設計問題／他

応用最適化シリーズ 3 応用に役立つ 50 の最適化問題

藤澤 克樹·梅谷 俊治 (著)

A5 判／184 頁　978-4-254-11788-2 C3341　定価 3,520 円（本体 3,200 円＋税）

数理計画・組合せ最適化理論が応用分野でどのように使われているかについて，問題を集めて解説した書〔内容〕線形計画問題／整数計画問題／非線形計画問題／半正定値計画問題／集合被覆問題／勤務スケジューリング問題／切出し・詰込み問題

応用最適化シリーズ 6 非線形計画法

山下 信雄 (著)

A5 判／208 頁　978-4-254-11791-2 C3341　定価 3,740 円（本体 3,400 円＋税）

基礎的な理論の紹介から，例示しながら代表的な解法を平易に解説した教科書〔内容〕凸性と凸計画問題／最適性の条件／双対問題／凸 2 次計画問題に対する解法／制約なし最小化問題に対する解法／非線形方程式と最小 2 乗問題に対する解法／他

非線形最適化の基礎

福島 雅夫 (著)

A5 判／260 頁　978-4-254-28001-2 C3050　定価 5,280 円（本体 4,800 円＋税）

コンピュータの飛躍的な発達で現実の問題解決の強力な手段として普及してきた非線形計画問題の最適化理論とその応用を多くの演習問題もまじえてていねいに解説。〔内容〕最適化問題とは／凸解析／最適性条件／双対性理論／均衡問題

上記価格は 2024 年 9 月現在